高等职业教育智能制造系列新形态教材

数控加工工艺制订与实施

主　编　陈秋霞　王淑霞　刘宝君
副主编　赵金凤　郭　君　王英博　马长辉　王泽磊　刘秀霞

同济大学 出版社
TONGJI UNIVERSITY PRESS
·上海·

内 容 提 要

《数控加工工艺制订与实施》以典型零件为载体,设置了轴类、套类、轮廓类、孔系类四类典型零件的加工项目,每一个项目下又根据企业的实际生产特点设计典型的工作任务,通过对典型工作任务的讲解,详细介绍机械零件数控加工工艺设计的全过程。工作任务由简单到复杂,从零件的材料、热处理、生产批量、结构形式等多方面阐述数控加工工艺设计的要点,并对影响机械产品加工质量的工艺装备、切削用量等因素进行详细讲解。为检验学生对所学知识的掌握程度,在每个学习活动后设置了任务实施、拓展训练和课后练习,其中环节2的参考答案以二维码形式呈现,便于学生扫码核对,巩固所学知识点与技能。本书具有配套教学资源,教师可借助教学平台,实现线上、线下混合式教学。

本书以工作页、活页形式展现,使用方便、灵活,体现了以学生为主体、以就业为导向、以教师为主导的教育理念,内容翔实,通俗易懂,可作为高职高专数控技术专业教材,同时也适合机械类工程技术人员自学参考。

图书在版编目(CIP)数据

数控加工工艺制订与实施 / 陈秋霞,王淑霞,刘宝君主编. —上海:同济大学出版社,2022.12
 ISBN 978-7-5765-0486-6

Ⅰ.①数… Ⅱ.①陈… ②王… ③刘… Ⅲ.①数控机床-加工-高等职业教育-教材 Ⅳ.①TG659

中国版本图书馆 CIP 数据核字(2022)第 220889 号

高等职业教育智能制造系列新形态教材
数控加工工艺制订与实施
主 编 陈秋霞 王淑霞 刘宝君
副主编 赵金凤 郭 君 王英博 马长辉 王泽磊 刘秀霞

责任编辑 任学敏   **助理编辑** 竺奕辰   **责任校对** 徐春莲   **封面设计** 陈益平

出版发行	同济大学出版社 www.tongjipress.com.cn
	(地址:上海市四平路1239号 邮编:200092 电话:021-65985622)
经 销	全国各地新华书店
排 版	南京文脉图文设计制作有限公司
印 刷	常熟市大宏印刷有限公司
开 本	787mm×1092mm 1/16
印 张	16.25
字 数	406 000
版 次	2022年12月第1版
印 次	2022年12月第1次印刷
书 号	ISBN 978-7-5765-0486-6
定 价	62.00元

本书若有印装质量问题,请向本社发行部调换   版权所有   侵权必究

前 言

为全面贯彻党的二十大精神，深入推动习近平新时代中国特色社会主义思想进教材、进课堂、进头脑，落实立德树人的根本任务，培养更多"大国工匠"和"高技能人才"，我校根据《国家职业教育改革实施方案》（国发〔2019〕4号）提出的"倡导使用新型活页式、工作手册式教材并配套开发信息化资源"教材改革要求，组织课程组有关教师和企业专家、能工巧匠，结合专业学科特点、企业需要，编写了本书。

本书的编写贯彻了以学生为主体、以就业为导向、以能力为核心的理念，以及"实用、够用、好用"的原则，以典型工作任务为载体组织教材内容，具有以下特色。

1. 本书采用活页式形式，使用方便、灵活，便于随时更新教学内容。

本书将理论知识按照相应教学载体进行重构，并对知识内容进行层次划分，如任务描述、任务分析、拓展训练等，每一个学习任务后还设置了任务工作页。学生可自主完成每个教学环节，掌握所学知识。

2. 本书配有微课、课件、视频等教学资源，方便教师授课和学生自学。

本书配有丰富的教学资源，学生可以通过扫描书中二维码观看动画和视频，查阅习题答案等教学资源，结合教学平台实现自主预习，完成课后作业、测验，做到了时时、处处可学，实现了线上、线下混合式教学。

3. 根据课程内容和教学实际，编写工作页。

根据学生对工作页的完成情况可补充、更新本书内容，满足教学需要，提高教学质量，这体现了本书的灵活性。

本书由德州职业技术学院陈秋霞、王淑霞，德州亚太集团有限公司刘宝君任主编，德州职业技术学院赵金凤、郭君、王英博、马长辉、王泽磊、刘秀霞任副主编。具体分工如下：王淑霞编写项目一的学习任务一，陈秋霞编写项目一的学习任务二，王泽磊、刘秀霞编写项目一的学习任务三；郭君编写项目二的学习任务一，赵金凤编写项目二的学习任务二；刘宝君编写项目三；王英博、马长辉编写项目四。全书由陈秋霞负责统稿和定稿。

在本书的编写过程中，我们参考、引用了众多资料，在此对这些资料的作者表示深深的谢意！由于时间较仓促，调研不够深入，且编者水平有限，本书中仍难免存在一些疏漏和不妥之处，诚恳地希望专家和广大读者多提宝贵意见和建议，以便下次修订时改进。

编 者
2022年5月

目　　录

前言

项目一　轴类零件的数控加工工艺制订与实施 …………………………………………… 001
　学习任务一　台阶轴的数控加工工艺制订与实施 ……………………………………… 001
　　学习活动1　明确工作任务，分析台阶轴的工艺 …………………………………… 002
　　学习活动2　选择台阶轴的机床、刀具，编制刀具卡片 …………………………… 019
　　学习活动3　选择台阶轴的定位基准，确定装夹方法 ……………………………… 033
　　学习活动4　选择切削用量，计算时间定额 ………………………………………… 045
　　学习活动5　选择加工方法，编制数控加工工艺卡 ………………………………… 057
　学习任务二　螺纹轴的数控加工工艺制订与实施 ……………………………………… 075
　　学习活动1　选择螺纹轴的材料和毛坯 ……………………………………………… 076
　　学习活动2　确定加工余量、工序尺寸及公差 ……………………………………… 085
　学习任务三　传动轴的数控加工工艺制订与实施 ……………………………………… 103
　　学习活动　制订传动轴的数控加工工艺 ……………………………………………… 104

项目二　套类零件的数控加工工艺制订与实施 …………………………………………… 111
　学习任务一　轴套的数控加工工艺制订与实施 ………………………………………… 111
　　学习活动1　明确工作任务，分析轴套的工艺 ……………………………………… 112
　　学习活动2　选择轴套的加工刀具 …………………………………………………… 119
　　学习活动3　选择轴套的装夹方法 …………………………………………………… 129
　　学习活动4　选择加工方法，编制数控加工工艺卡 ………………………………… 147
　学习任务二　薄壁套的数控加工工艺制订与实施 ……………………………………… 159
　　学习活动　制订薄壁套的数控加工工艺 ……………………………………………… 160

项目三　轮廓类零件的数控加工工艺制订与实施 ………………………………………… 167
　学习任务一　盖板的数控加工工艺制订与实施 ………………………………………… 167

学习活动1　分析盖板的结构工艺性,选择盖板的机床、刀具 …………… 168
　　学习活动2　选择加工方法,编制盖板数控加工工艺卡 ………………… 187
　学习任务二　凸台槽孔板的数控加工工艺制订与实施 ……………………… 199
　　学习活动　制订凸台槽孔板的数控加工工艺 ………………………………… 200

项目四　孔系类零件的数控加工工艺制订与实施 …………………………… 209
　学习任务一　端盖的数控加工工艺制订与实施 ……………………………… 209
　　学习活动　制订端盖的数控加工工艺 ………………………………………… 210
　学习任务二　蜗轮减速器箱体的数控加工工艺制订与实施 ………………… 223
　　学习活动　制订蜗轮减速器箱体的数控加工工艺 …………………………… 224

习题答案 …………………………………………………………………………… 237

参考文献 …………………………………………………………………………… 252

项目一

轴类零件的数控加工工艺制订与实施

轴是各种机器中最常用的一种典型零件。虽然不同的轴类零件结构形状各异,但因为它们主要用于支承齿轮、带轮等传动零件,并传递运动和转矩,所以其结构上一般少不了圆柱面、圆锥面、阶台、端面、轴肩、螺纹、螺纹退刀槽、砂轮越程槽和键槽等表面。外圆柱面用于安装轴承、齿轮和带轮等;圆锥面多用于具有配合的结构;轴肩用于轴上零件和轴本身的轴向定位;螺纹用于安装各种锁紧螺母和调整螺母;螺纹退刀槽供加工螺纹时退刀用;砂轮越程槽用于同时正确地磨出外圆和端面;键槽用来安装键,以传递运动和转矩。

常见的轴类零件有台阶轴、细长轴、曲面轴、螺纹轴等,它们的特点是径向尺寸较小,而长度方向尺寸较大,加工的部位主要是外表面。

学习任务一
台阶轴的数控加工工艺制订与实施

📚 任务描述

如图 1-1-1 所示为一台阶轴零件,毛坯尺寸为 $\phi 50 \text{ mm} \times 105 \text{ mm}$,材料为 45 钢,生产类型为单件或小批生产,无热处理工艺要求。试分析技术要求,选择刀具、切削用量、装夹方法,确定加工工艺方案,制订数控加工工艺。

视频——台阶轴的加工

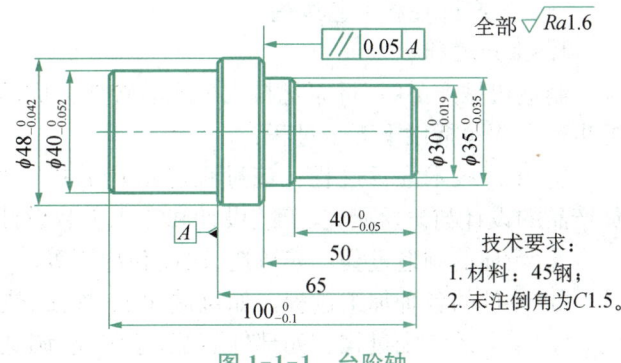

图 1-1-1 台阶轴

任务目标

1. 素质目标
① 通过自主学习,培养学生分析问题、解决问题的能力;
② 通过小组合作,培养学生的团队合作意识;
③ 通过分析零件结构工艺及编制工艺文件,培养学生严谨细致、精益求精的工匠精神。

2. 知识目标
① 掌握数控车床的主要加工对象;
② 掌握加工台阶轴的刀具、夹具及切削用量的选择方法;
③ 掌握轴类零件的装夹方法;
④ 掌握轴类零件的加工路线、加工方案的选择方法。

3. 能力目标
① 能够分析台阶轴的加工工艺;
② 能够合理选择台阶轴的毛坯、刀具、夹具、机床、切削用量、工件装夹方法、加工方法;
③ 能够制订台阶轴的加工工艺。

任务分析

图 1-1-1 所示的台阶轴有 6 处标注公差,其余为自由公差,精度要求不高;表面粗糙度全部为 $Ra\ 1.6\ \mu m$,要求较高;外圆端面加工较为简单,注意保证精度要求即可。通过学习台阶轴的数控加工工艺制订方法,使学生能分析简单轴类零件的数控加工工艺,掌握工件安装方法,刀具、夹具、设备、毛坯的选择方法等。

学习活动 1 明确工作任务,分析台阶轴的工艺

知识点 1 机械加工工艺规程基础知识

一、生产过程和工艺过程

1. 生产过程

制造机械产品时,将原材料或半成品转变为成品的全过程,称为生产过程。机械产品的生产主要包括以下五个过程:

① 生产技术准备过程。该过程包括产品投入生产前的各项生产和技术准备工作。如产品的设计与试验研究、工艺设计和专用工装设计与制造等。

② 毛坯的制造过程。如铸造、锻造和冲压等。

③ 零件的各种加工过程。如机械加工、焊接、热处理和其他表面处理等。

④ 产品的装配过程。如部件装配、总装配、调试等。

⑤ 各种生产服务活动。如生产中原材料、半成品和工具的供应、运输、保管以及产品

的包装和发运等。

2．工艺过程

在机械产品的生产过程中，那些与原材料变为成品直接相关的过程，如毛坯制造、机械加工、热处理和装配等，称为工艺过程。

3．机械加工工艺过程

采用机械加工的方法直接改变生产对象的尺寸、形状和表面质量，使之成为产品零件的过程称为机械加工工艺过程。本节主要的研究对象就是机械加工工艺过程中的有关问题。

二、机械加工工艺过程的组成

在机械加工工艺过程中，根据被加工对象的结构特点和技术要求，常需要采用各种不同的加工方法和设备，并通过一系列加工步骤，才能将毛坯变成零件。因此，机械加工工艺过程是由一个或几个顺次排列的工序组成的，而工序又可细分为若干工步、安装和进给。

1．工序

一个（或一组）工人在一台机床（或一个工作地）对一个（或同时对几个）零件所连续完成的那一部分工艺过程，称为工序。工序是组成机械加工工艺过程的基本单元。

区分工序的主要依据是看工作地是否变动和加工过程是否连续。加工中工作地是否变化很容易判断，但加工过程的连续性较难判断，它并非时间上的连续。例如，在加工台阶轴端面和外圆的过程中，如果是先加工完一端后马上调头加工另一端，则此加工内容为一道工序；如果把一批工件的一端全部加工完后再加工全部工件的另一端，那么同样是这些加工内容，由于对每个工件而言是不连续的，应算作两道工序。

2．工步

在加工表面、加工工具和切削用量（指转速与进给量）都不变的情况下，所连续完成的那部分工序内容称为工步。一个工序可包括一个工步，也可包括几个工步。

构成工步的任一因素（加工表面、切削工具或切削用量）改变后，一般即变为另一工步。有关工步的特殊情况有以下三种：

① 为了提高生产率，用几把刀具同时加工几个表面的工步，称为复合工步，如图1-1-2所示。在工艺文件上，复合工步应视为一个工步。

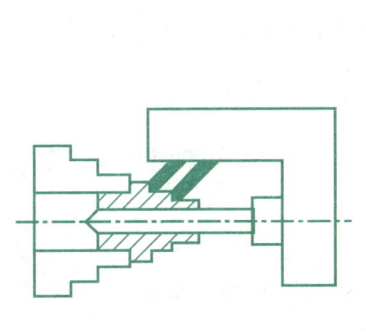

图1-1-2　复合工步

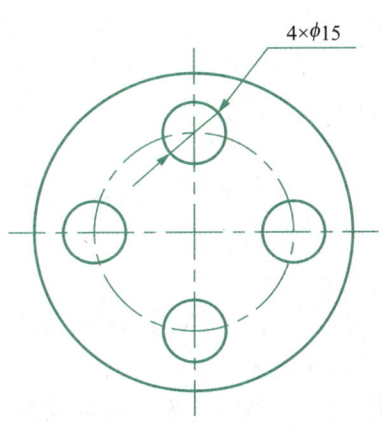

图1-1-3　加工四个相同表面的工步

视频——
复合工步

视频——
加工四个相同表面的工步

② 为简化工序内容的叙述,在一次安装中连续进行的若干相同的工步,通常被看作一个工步。例如,对于图1-1-3所示零件上4个$\phi 15$ mm孔的钻削,可写成一个工步。

③ 在数控机床加工中,往往将用同一把刀加工出不同表面的全部加工内容看作一个工步。在一个工步中,若被加工表面需切去的金属层很厚,需要几次切削,则每一次切削就称为一次进给。一个工步包括一次或几次进给。

3. 装夹与工位

在工件的加工过程中,为了保证被加工零件的几何参数正确,必须保证加工过程中工件与刀具的相对位置关系正确。为此在加工工件之前首先应保证其位置正确,找出工件正确位置的过程称为定位。其次,在加工过程中切削力产生后,为保证工件在该力作用下不改变定位时确定的正确位置,应对工件进行固定,该过程称为夹紧。在加工工件前将其在机床或夹具中定位、夹紧的过程称为装夹。在一个工序中,工件可能只需要装夹一次,也可能需要装夹几次。一次装夹后,工件在机床上占据的每一个加工位置称为一个工位。

三、生产纲领和生产类型

不同的生产类型,生产过程、生产组织、车间的机床布置、毛坯的制造方法、采用的工艺装备、加工方法以及工人的熟练程度等都有很大的不同,因此在制订工艺规程时必须明确该产品的生产类型。

1. 生产纲领

根据市场需要和企业的生产能力编制企业在计划期内应当生产的产品产量和生产进度计划。产品产量主要指包括备品和废品在内的产品的年产量。可按需求计算产品数量,零件的生产纲领按以下公式计算:

$$N = Qn(1+\alpha\%)(1+\beta\%)$$

式中,N——零件的生产纲领(件/年);

Q——产品的生产纲领(台/年);

n——每台产品所需该零件数量(件/台);

α——备品率;

β——废品率。

2. 生产类型

生产类型是企业(或车间、工段、班组、工作地)生产专业化程度的分类。一般分为单件生产、成批生产和大量生产。

(1) 单件生产

基本特点:产品品种繁多,数量少,只做一件或几件,很少重复生产。如新产品试制、重型机器、大型船舶制造等属此类型。

(2) 成批生产

同一产品(或零件)每批投入生产的数量称为批量。根据批量的大小又可分为大批生产、中批生产和小批生产。

成批生产的基本特点:生产品种较多,每一种产品均有一定的数量且按周期生产。如通用机床、数控电加工制造等属此类型。

（3）大量生产

基本特点：生产的品种少、数量多，大多数工作地点长期重复地进行某一道工序的加工。如自行车制造、轴承制造等属此类型。

3. 生产类型的划分

划分生产类型的参考数据见表 1-1-1。

表 1-1-1 划分生产类型的参考数据

生产类型		同类零件的年产量（件）		
		重型零件	中型零件	轻型零件
单件生产		5 以下	10 以下	100 以下
成批生产	小批	5～100	10～200	100～500
	中批	100～300	200～500	500～5 000
	大批	300～1 000	500～5 000	5 000～50 000
大量生产		1 000 以上	5 000 以上	50 000 以上

为取得好的经济效益，不同生产类型的制造工艺有不同特征，小批生产的生产特点接近于单件生产，中批生产的生产特点介于小批生产和大批生产之间，大批生产的生产特点接近于大量生产。各种生产类型的工艺特征见表 1-1-2。

表 1-1-2 各种生产类型的工艺特点

工艺特点	生产类型		
	单件、小批生产	中批生产	大批、大量生产
产品数量	少	中等	大量
加工对象	经常变换	周期性变换	固定不变
毛坯的制造方法及加工余量	铸件用木模手工造型，锻件用自由锻。毛坯精度低，加工余量大	部分铸件用金属模造型，部分锻件用模锻，毛坯精度和加工余量中等	广泛采用金属模机器造型和模锻，以及其他高效率的毛坯制造方法。毛坯精度高，加工余量小
零件互换性	一般配对制造，广泛采用调整和修配法	大部分零件有互换性，少数用钳修配	全部零件有互换性，某些零件要求精度高的配合，采用分组装配
机床设备及其布置形式	采用通用机床，按机床类别采用机群式排列	部分采用通用机床和高效率专用机床，按零件加工分工段排列	广泛采用生产率高的专用机床和自动机床，按流水线形式排列
工艺装备	采用通用夹具、刀具和量具，靠划线和试切法达到设计要求	较多采用专用夹具、专用刀具和专用量具，部分用找正装夹达到设计要求	广泛用高生产率的工艺装备，用调整法达到精度要求
对技术工人的要求	需要技术水平高的工人	需要有一定技术熟练程度的工人	需要调整工技术水平高，机床操作工技术熟练程度要求低
对工艺文件的要求	只编制简单的工艺过程卡	有详细的工艺过程卡，零件的关键工序有详细的工序卡	详细编制工艺过程卡和工序卡
生产率	低	一般	高
成本	高	一般	低

四、加工工艺规程

1. 机械加工工艺规程

机械加工工艺规程是规定零件制造工艺过程和操作方法的技术文件。

(1) 工艺规程的作用

工艺规程是指导生产的主要技术文件。制订工艺规程首先要确保其科学性与合理性,并在生产实践中不断改进和完善,而在生产中,则必须严格地执行既定的工艺规程,这是产品质量、生产效率和经济效益的保障。

工艺规程是组织生产和管理工作的基本依据。产品投产前原材料及毛坯的供应、通用工艺装备的准备、机床负荷的调整、专用工艺装备的设计与制造、作业计划的编排、劳动力的组织以及生产成本的核算等,都是以工艺规程为依据的。工艺规程是工厂基础建设的基本资料。

(2) 工艺规程的类型和格式

在机械制造工厂里,常用的工艺文件的类型有机械加工工艺过程卡片和机械加工工序卡片。

① 机械加工工艺过程卡片。机械加工工艺过程卡片是以工序为单位,说明零件的整个机械加工过程的一种工艺文件。由于这种卡片对各工序的说明不够具体,一般不能直接指导工人操作,而多在生产管理方面使用。但在单件和小批生产中,通常不编制其他较详细的工艺文件,而用该卡片指导零件加工。

② 机械加工工序卡片。机械加工工序卡片是用来具体指导工人进行操作的一种工艺文件,多用于大批生产中的重要零件。工序卡片中详细记载了该工序所必需的工艺资料,如定位基准的选择,工件的装夹方法,工序尺寸及公差,机床、刀具、量具、切削用量的选择和工时定额的确定等,其格式见表 1-1-3。

表 1-1-3 机械加工工序卡片

产品名称			零件图号			毛坯		件数		
工序号	工序内容	工艺装备	车间	刀具	切削用量				工时	
					主轴转速(r/min)	进给量(mm/r)	背吃刀量(mm)	进给次数	机动	辅助
编制			审核			批准				

2. 制订工艺规程的步骤

① 分析研究零件图样,了解该零件在产品或部件中的作用,找出其要求较高的主要表面及主要技术要求,并了解各项技术要求的制订依据,审查其结构工艺性。

② 选择和确定毛坯。

③ 拟订工艺路线。

④ 详细拟订工序具体内容。

⑤ 对工艺方案进行技术经济分析。

⑥ 填写工艺文件。

另外,在制订数控加工工艺规程时,制订的方法、原则和制订一般机械加工工艺规程是非常相似的,但在制订时的具体操作上有一些区别,最后的工艺文件也有所不同。数控工艺规程除了上述的工艺过程卡片和工序卡片外,还需要有一份数控加工刀具卡片,其格式见表1-1-4,该表为数控车床用加工刀具卡片,数控铣床和加工中心的刀具卡片形式与之略有差别。

表 1-1-4 数控加工刀具卡片

产品名称或代号:			零件名称:		零件图号:	
序号	刀具号	刀具规格及名称	材质	数量	加工表面	备注
编制:			审核:		批准:	

知识点 2　轴类零件的功用与分类

一、轴类零件的功用与结构特点

1. 轴类零件的功用

轴类零件主要用于支承传动零件(如齿轮、带轮、凸轮等)、传递转矩,并保证安装在轴上的零件(或刀具)具有一定的回转精度。

2. 结构特点

轴类零件是回转体零件,其长度大于直径,由圆柱面、圆锥面、阶台、螺纹、内孔及相应端面组成。圆柱面一般用于支承传动零件和传递扭矩,端面和阶台一般用来确定装在轴上的零件的轴向位置。轴类零件的加工表面除了圆柱面、圆锥面、螺纹、端面外,通常还有花键、键槽、沟槽及横向孔等。

二、轴的分类

按照轴的不同结构形状,可以把轴分为光轴、台阶轴、空心轴、异形轴(常见的有花键轴、曲轴、偏心轴等);按照轴的长度与直径比(长径比)可分为刚性轴($L/d \leqslant 12$)和挠性轴($L/d > 12$);按照轴所受载荷的不同,又可以分为心轴、传动轴和转轴,如图1-1-4所示。

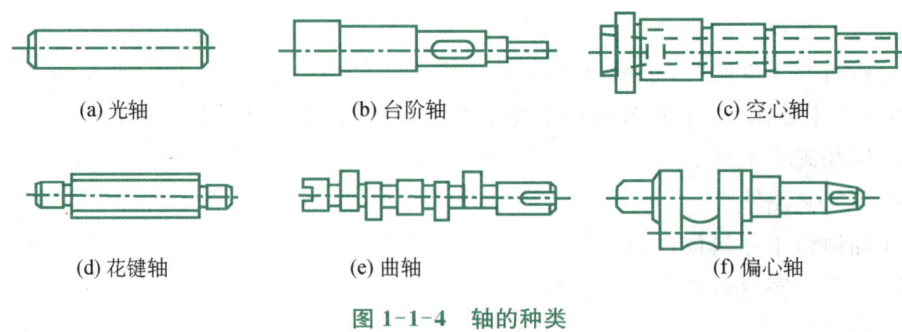

图 1-1-4 轴的种类

知识点 3 轴类零件的工艺分析

一、轴颈的主要技术要求

轴颈是指轴上与其他零件相配合的外圆表面,是轴类零件的重要表面,它的加工质量好坏直接影响轴工作时的回转精度。轴颈分为配合轴颈和支承轴颈,配合轴颈是与轴上传动零件相配合的轴颈;支承轴颈是与轴承相配合的轴颈。轴颈的主要技术要求包括以下五方面。

1. 尺寸精度

根据轴的不同使用要求,轴颈的尺寸精度通常为 IT9～IT6 级,高精度的轴颈尺寸精度为 IT5 级。支承轴颈的尺寸精度应高于配合轴颈的尺寸精度。

2. 形状精度

轴颈的形状精度(一般指圆度、圆柱度)误差,应限制在轴颈的直径公差范围内,精度要求高的轴应在零件图上直接标注形状公差。支承轴颈的形状精度应高于配合轴颈的形状精度。

3. 位置精度

主要的相互位置精度是指配合轴颈轴线相对支承轴颈轴线的同轴度或配合轴颈轴线相对支承轴颈轴线的圆跳动,以及轴肩端面对轴线的垂直度。

普通精度的轴,径向圆跳动为 0.03～0.01 mm,高精度的轴为 0.005～0.001 mm。端面圆跳动为 0.01～0.005 mm。

4. 表面粗糙度

轴类零件的各加工表面均有表面粗糙度的要求。一般来说,支承轴颈的表面粗糙度值应小于配合轴颈的表面粗糙度值。支承轴颈的表面粗糙度值为 Ra 0.63～0.16 μm;配合轴颈的表面粗糙度值为 Ra 2.5～0.63 μm。随着机器运转速度的增大和精密程度的提高,轴类零件表面粗糙度值的要求也将越来越高。

5. 其他要求

除上面的技术要求之外,根据轴的材料和需要,常进行正火、调质、淬火、表面淬火及表面渗氮或渗碳等热处理工艺,以获得一定的强度、硬度、韧性和耐磨性等。

二、工艺分析的内容

1. 零件的结构及其工艺性分析

在制订零件的工艺规程时,必须首先对零件进行工艺分析。对零件进行工艺分析主要需注意以下问题。

(1) 零件组成表面的形式

各种零件都是由一些基本表面和特形表面组成的。基本表面有内、外圆柱表面,圆锥面和平面等,特形表面有螺旋面、渐开线齿形面和一些成形面等。因为表面形状是选择加工方法的基本依据,所以认清零件的组成表面是正确确定各表面的加工方法的基础。

(2) 构成零件的各表面的组合关系

同种类型的表面的不同组合决定了零件结构上的不同特点。例如以内、外圆为主要表面,既可组成盘、环类零件,也可组成套类零件。对于套类零件,既可以是一般的轴套,也可以是形状复杂或刚性很差的薄壁套。显然,上述不同零件在选用加工工艺方案时存在很大差异。

(3) 零件的结构工艺性

零件的结构工艺性是指零件的结构在保证使用要求的前提下,能以较高的生产率和最低的成本方便地制造出来的特性。许多功能作用完全相同而在结构上却不相同的两个零件,它们的加工方法和制造成本往往差别很大。

零件结构工艺性是评价零件结构设计优劣的主要技术经济指标之一。零件结构工艺性问题比较复杂,涉及毛坯制造、机械加工及装配等各个方面。在制订机械加工工艺规程时,主要进行零件切削加工工艺性分析。归纳起来,主要有以下九方面的要求:

① 工件应便于装夹,减少装夹次数;
② 应减少刀具的调整与走刀次数;
③ 应采用标准刀具,减少刀具种类;
④ 应减少刀具切削空行程;
⑤ 应避免内凹表面及内表面的加工;
⑥ 加工时应便于进刀、退刀和测量;
⑦ 应减少加工表面数和缩小加工表面面积;
⑧ 应增强刀具的刚度和寿命;
⑨ 应保证零件加工时有必要的刚度。

表 1-1-5 列出了常见部分零件切削加工工艺性改进前后的对比示例。

表 1-1-5 部分零件切削加工工艺性改进前后的对比示例

序号	结构改进前	结构改进后
1	孔距箱壁太近:①需加长钻头才能加工;②钻头在圆角处容易引偏	①需加长钻耳,不需加长钻头即可加工;②如结构上允许,装箱耳可设计在某一端,不需加开箱耳

（续表）

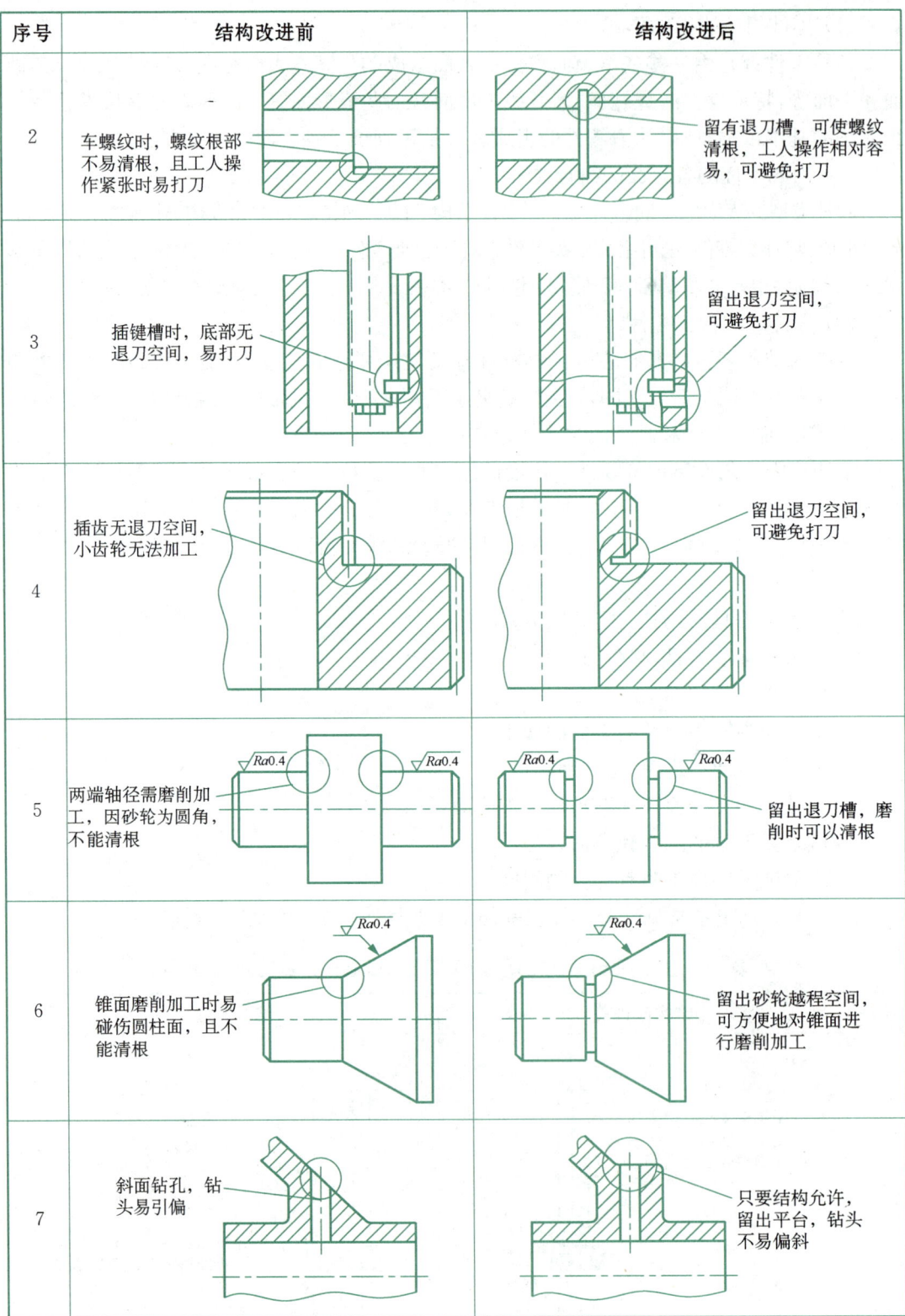

序号	结构改进前	结构改进后
2	车螺纹时，螺纹根部不易清根，且工人操作紧张时易打刀	留有退刀槽，可使螺纹清根，工人操作相对容易，可避免打刀
3	插键槽时，底部无退刀空间，易打刀	留出退刀空间，可避免打刀
4	插齿无退刀空间，小齿轮无法加工	留出退刀空间，可避免打刀
5	两端轴径需磨削加工，因砂轮为圆角，不能清根	留出退刀槽，磨削时可以清根
6	锥面磨削加工时易碰伤圆柱面，且不能清根	留出砂轮越程空间，可方便地对锥面进行磨削加工
7	斜面钻孔，钻头易引偏	只要结构允许，留出平台，钻头不易偏斜

（续表）

序号	结构改进前	结构改进后
8	孔壁出口处有台阶面，钻孔时钻头易引偏，易折断	只要结构允许，内壁出口处做成平面，钻孔位置容易保证
9	钻孔过深，加工量大，钻头损耗大，且钻头易偏斜	钻头一端留空刀，减小钻头工作量
10	加工面高度不同，需两次调整加工，影响加工效率	加工面在同一高度，一次高度调整可完成两个平面的加工
11	三个空刀槽宽度不一致，需使用三把不同尺寸的刀具进行加工	空刀槽宽度尺寸相同，使用一把刀具即可加工
12	键槽方向不一致，需两次装夹才能完成加工	键槽方向一致，一次装夹即可完成加工
13	加工面大，加工时间长，平面度要求不易保证	加工面减小，加工时间短，平面度要求容易保证

2. 零件的技术要求分析

零件的技术要求分析包括下列五个方面：

① 加工表面的尺寸精度；

② 主要加工表面的形状精度；

③ 主要表面之间的相互位置精度；

④ 各加工表面的粗糙度以及表面质量方面的其他要求；

⑤ 热处理要求及其他要求（如动平衡等）。

任务实施

环节 1　课前预习轴类零件的相关知识

1. 完成预习测试,归纳遇到的问题。

_____

_____

2. 针对学生提交的问题,教师进行讲解、指导,组织学生进行讨论、抢答、头脑风暴等活动,上述活动通过教学平台完成。

（1）什么是工序?如何区分一道工序?

_____

_____

_____

（2）轴类零件技术要求主要分析哪几个方面?

_____

_____

_____

（3）进行零件工艺分析时主要需注意哪些问题?

_____

_____

_____

环节 2　实战演练,锻炼技能

请你根据台阶轴的零件图(图 1-1-1),分析台阶轴的数控加工工艺。

_____

_____

_____

参考答案

环节 3　检查评价,评定反馈

请你认真检查自己与同学们的学习过程,进行自评、小组互评,取长补短。根据小组互评、教师点评,查找不足,写出总结报告。

分析台阶轴加工工艺的评价表

序号	过程考核	项目名称	考核内容与要求	配分	得分		备注
					自评	小组互评	
1	课前 （15分）	看视频、微课	回答问题	5			
		在线测试	完成测试	5			
		总结提问	问题的质量、难度	5			
2	课中 （50分）	分析台阶轴的加工技术、工艺	考勤	按时上课	5			
			活动参与	积极参与活动	10			
			技术分析	全面、正确	15			
			工艺分析	合理	20			
3	课后 （15分）	课程内容巩固	典型零件工艺分析	课后习题完成情况	15			
4	综合素质 （10分）	自主学习创新能力	线下、线上自主学习，分析解决问题的能力，创新意识	3			
		团队协作	团队合作、协调沟通、语言表达、竞争意识	2			
		工匠精神	崇尚、尊重劳动；吃苦耐劳、一丝不苟的工匠精神	5			
5	评定反馈 （10分）	任务完成	任务完成情况	5			
		任务测试	任务测试达标情况	5			
	合计						
	总分						

教师点评：

总结报告

拓展训练

根据图 1-1-5 所示台阶轴零件图,分析零件的数控加工工艺。

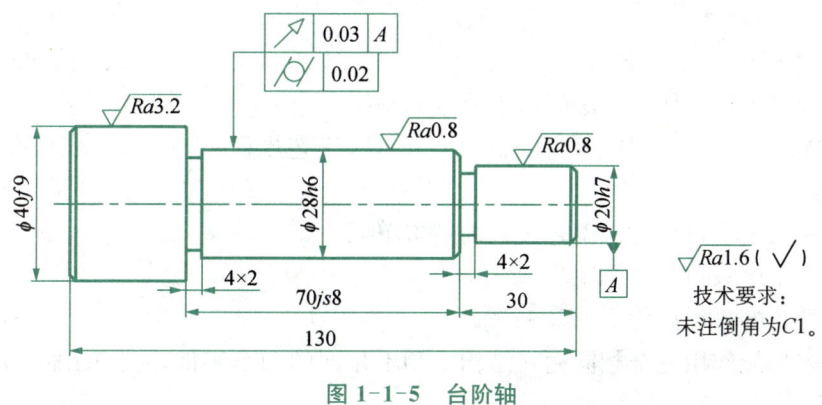

图 1-1-5 台阶轴

课后练习

一、填空题

1. 制造机械产品时,将原材料或半成品转变为成品的全过程,称为_____。
2. 在机械产品的生产过程中,那些与原材料变为成品直接相关的过程,如毛坯制造、机械加工、热处理和装配等,称为_____。
3. _____是企业(或车间、工段、班组、工作地)生产专业化程度的分类。
4. _____是指导生产的主要技术文件。
5. 一般在轴毛坯锻造后首先安排_____处理,以消除锻造内应力,细化晶粒,改善机械加工时的切削性能。
6. 采用机械加工的方法直接改变生产对象的_____、_____和_____,使之成为产品零件的过程称为机械加工工艺过程。
7. _____是组织生产和管理工作的基本依据。

二、选择题

1. 在加工表面、加工工具和切削用量(指转速与进给量)都不变的情况下,所连续完成的那部分工序内容称为(　　)。
   A. 工步　　　　B. 工序　　　　C. 工位　　　　D. 进给
2. 一个(或一组)工人在一台机床(或一个工作地)对一个(或同时对几个)零件所连续完成的那一部分工艺过程,称为(　　)。
   A. 工步　　　　B. 工序　　　　C. 工位　　　　D. 进给
3. 工件在一次装夹后,其在机床上占据的每一个加工位置称为一个(　　)。
   A. 工步　　　　B. 工序　　　　C. 工位　　　　D. 装夹
4. 对技术工人的要求为调整工技术水平高,机床操作工技术熟练程度可以较低,这属于(　　)生产。
   A. 单件或小批　B. 中批生产　　C. 大批　　　　D. 中批
5. 机械加工工艺过程卡片是以(　　)为单位,说明零件整个机械加工过程的一种工艺文件。
   A. 工艺规程　　B. 工序　　　　C. 工步　　　　D. 生产纲领
6. 下列属于选择加工方法的基本依据的是(　　)。
   A. 材料　　　　B. 零件类型　　C. 工艺规程　　D. 表面形状

三、判断题

1. 工序是组成机械加工工艺过程的基本单元。(　　)
2. 一个工序只包括一个工步。(　　)
3. 刚性轴的长径比为 $L/d > 12$。(　　)
4. 许多功能作用完全相同而在结构上却不相同的两个零件,它们的加工方法和制造成本往往差别很大。(　　)
5. 机械加工工艺过程卡片可以直接指导工人操作。(　　)

6. 在生产中,必须严格地执行既定的工艺规程,这是产品质量、生产效率和经济效益的保障。 (　　)

7. 在制订零件的工艺规程时,必须首先对零件进行工艺分析。 (　　)

四、简答题

1. 零件的技术要求分析包括哪几个方面?

2. 制订工艺规程的步骤是什么?

3. 夹紧和定位有何区别?

五、分析题

如图 1-1-6 所示传动轴,毛坯尺寸为 $\phi 65\ \text{mm} \times 205\ \text{mm}$,零件材料为 45 钢,分析该零件的数控加工工艺。

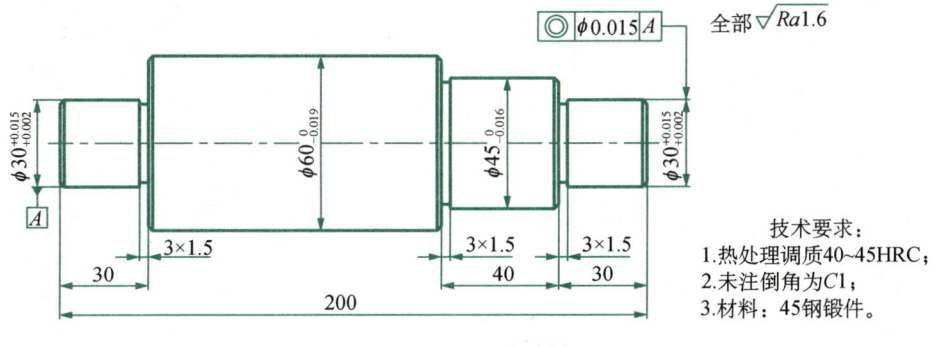

图 1-1-6　传动轴

学习活动 2　选择台阶轴的机床、刀具，编制刀具卡片

知识点 1　数控车床

一、数控车床的种类

数控车床是数字程序控制车床的简称，它集通用性好的万能型车床、加工精度高的精密型车床和加工效率高的专用型普通车床的特点于一身，是国内使用量最大、覆盖面最广的一种数控机床，占数控机床总数的 25% 左右。

数控车床的分类方法较多，但通常采用和普通车床相似的分类方法，主要按车床主轴位置分类。

1. 立式数控车床

立式数控车床简称为数控立车，其车床主轴垂直于水平面，并有一个直径很大的圆形工作台，供装夹工件用（图 1-1-7）。立式数控车床的主要特点：工作台在水平面内，工件的装夹调整比较便利。工作台由导轨承托，刚性好，工件稳定，有几个刀架，并能快速换刀。立式数控车床归属于大型机械设备，用于加工径向尺寸大而轴向尺寸相对来说较小，形状复杂的大型和重型工件，例如各种盘、轮和套类工件的圆柱面、端面、圆锥面、圆柱孔、圆锥孔等。立式数控车床的主轴呈垂直状态布局，并有一安装工件的圆形工作台，台面处于水平平面内，因此工件的装夹和找正较为便捷。另外，因为这种布局减少了主轴和轴承的负荷，所以立式数控车床能在较长的使用时间内保持加工工件的精度。

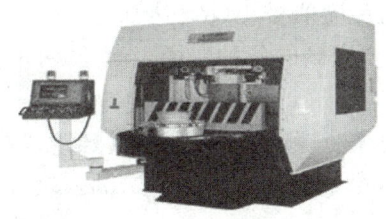

图 1-1-7　立式数控车床

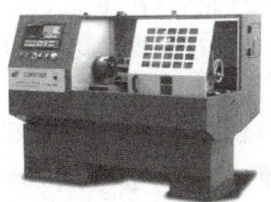

图 1-1-8　卧式数控车床

2. 卧式数控车床

卧式数控车床是在车间中较为常见的一种数控车床设备（图 1-1-8）。它以圆柱体的方式旋转特定的金属工件，并且当实体旋转时，卧式数控车床使用工具对材料进行操作，以使其具有所需的形状。与立式数控车床相比，此类车床的占地面积更大。卧式数控车床没有固定的主轴，而是使用安装在卧式刀杆上的各种刀头。这种车床可适应多种形状和尺寸，可在加工过程中保持工件清洁。大多数卧式数控车床都配备有自动棒料给料机。卧式数控车床广泛用于高精度加工操作中。

卧式数控车床又分为数控水平导轨卧式车床和数控倾斜导轨卧式车床。倾斜导轨结构可以使车床具有更大的刚性，并易于排除切屑。

二、数控车削加工的对象

1. 轮廓形状特别复杂或难以控制尺寸的回转体零件

因车床数控装置都具有直线和圆弧插补功能,还有部分车床数控装置具有某些非圆曲线插补功能,故能车削由任意平面曲线轮廓所组成的回转体零件,包括通过拟合计算处理后的、不能用方程描述的列表曲线类零件及难以控制尺寸的零件(如具有封闭内成形面的壳体零件以及图 1-1-9 所示"口小肚大"的特形内表面零件)。

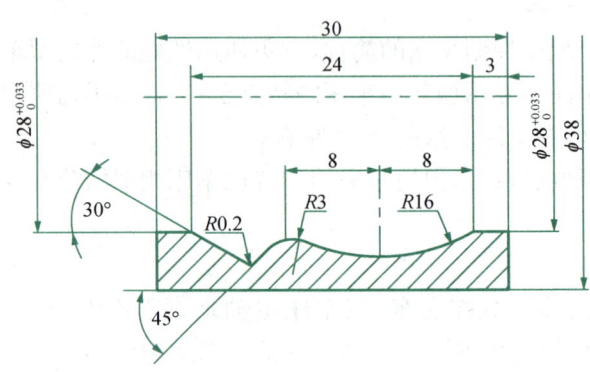

图 1-1-9 特形内表面零件

2. 精度要求高的零件

零件的精度要求主要指尺寸、形状、位置和表面等精度要求,其中表面精度主要指表面粗糙度。精度要求高的零件包括尺寸精度高(达 0.001 mm 或更小)的零件,圆柱度要求高的圆柱体零件,素线直线度、圆度和倾斜度均要求高的圆锥体零件及线轮廓度要求高的零件(其轮廓形状精度可超过用数控线切割加工的样板精度)。特种精密数控车床还可加工出几何轮廓精度极高(达 0.001 mm)、表面粗糙度值极小(Ra 达 0.02 μm)的超精度零件,以及通过恒线速度切削功能,加工表面精度要求高的各种变径表面类零件等。

3. 特殊的螺旋零件

这些螺旋零件是指特大螺距(或导程)、变(增/减)螺旋、等螺距与变螺距或圆柱与圆锥螺旋面之间作平滑过渡的螺旋零件,高精度的模数螺旋零件(如圆柱、圆弧蜗杆)和端面盘形螺旋零件等。

知识点 2 数控车床刀具

在数控车床加工中,产品质量和生产率在相当大的程度上受到刀具的制约。数控刀具的切削原理与普通车床刀具基本相同,与传统的车削方法相比,数控车削对刀具的要求更高,不仅要求精度高、刚度高、耐用度高,而且要求尺寸稳定、安装调整方便。这就需要采用新型优质材料制造数控加工刀具,并优选刀具参数。

但由于数控加工的特性,在刀具参数的选择上,特别是切削部分的几何参数选择上,要满足一定的条件,才能达到数控车床的加工要求,充分发挥数控车床的优势。数控车床对刀具的要求如下。

一、车刀的性能

1. 强度高

为使刀具在粗加工或对高硬度材料加工时,能满足大切深和快走刀的要求,刀具必须具有较高的强度;刀杆细长的刀具(如深孔车刀),还应有较好的抗振性。

2. 精度高

为适应数控加工的高精度和自动换刀等要求,刀具及其夹具都必须具有较高的精度。

3. 适应高速和大进给量切削

为提高生产效率并适应一些特殊加工的需要,刀具应能满足高切削速度的要求。

4. 可靠性好

为保证数控加工中不会因刀具的意外损坏及潜在缺陷而影响到加工的顺利进行,刀具必须具有很好的可靠性和较强的适应性。

5. 寿命长

刀具在切削过程中的不断磨损,会造成加工尺寸的变化,伴随着刀具的磨损,刀刃变钝,使切削力增大,导致被加工零件的表面粗糙度下降,这又会加剧刀具磨损,形成恶性循环。因此在数控车床加工中使用的刀具,不论在粗加工、精加工还是特殊加工中都应比普通车床刀具具有更长的使用寿命,以减少更换或修磨刀具及对刀的次数,从而保证零件的加工质量,提高生产效率。

二、车刀的类型

由于工件材料、生产批量、加工精度以及机床类型、工艺方案不同,车刀的种类也非常多。

1. 根据车刀切削刃分类

根据车刀切削刃的不同,数控车削常用的车刀一般分为三类,即尖形车刀、圆弧形车刀和成形车刀。

(1) 尖形车刀

以直线形切削刃为特征的车刀一般称为尖形车刀。这类车刀的刀尖(同时也为其刀位点)由直线形的主、副切削刃构成,如 90°内、外圆车刀,左、右端面车刀,切槽(断)车刀及刀尖倒棱很小的各种外圆和内孔车刀。用这类车刀加工零件时,其零件的轮廓形状主要由一个独立的刀尖或一条直线形主切削刃产生位移后得到,它与另两类车刀加工时得到零件轮廓形状的原理是截然不同的。

选择尖形车刀的几何角度,要考虑能否避免干涉,可用作图或计算的方法确定。如副偏角的大小大于作图或计算所得不发生干涉的极限角度值 6°～8°即可。当确定几何角度困难或无法确定(如尖形车刀加工接近于半个凹圆弧的轮廓等)时,则应考虑选择其他类型车刀,再确定其几何角度。

(2) 圆弧形车刀

圆弧形车刀是较为特殊的数控加工用车刀(图 1-1-10)。其特征是构成主切削刃的刀刃形状为一圆度误差或轮廓误差很小的圆弧;该圆弧上的每一点都是圆弧形车刀的刀尖,因此,刀位点不在圆弧上,而在该圆弧的

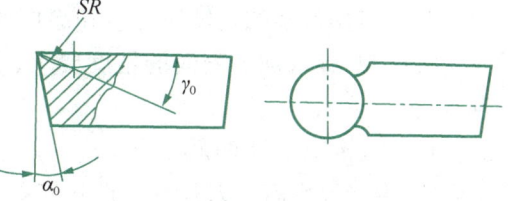

图 1-1-10　圆弧形车刀

圆心上。车刀圆弧半径理论上与被加工零件的形状无关,可按需要灵活确定或经测定后确认。当某些尖形车刀或成形车刀(如螺纹车刀)的刀尖具有一定的圆弧形状时,也可作为这类车刀使用。圆弧形车刀可以用于车削内、外表面,特别适宜于车削各种光滑连接(凹形)的成形面,能使精车余量相当均匀而改善切削性能,还能一刀车出跨多个象限的圆弧面。

圆弧形车刀的几何参数除了前角及后角外,主要就是车刀圆弧切削刃的形状及半径。选择车刀圆弧半径的大小时,应考虑两点:第一,车刀切削刃的圆弧半径应当小于或等于零件凹形轮廓上的最小曲率半径,以免发生加工干涉;第二,该半径不宜太小,否则既难以制造,还会因刀头强度太弱或刀体散热能力差,容易使车刀受到损坏。

(3) 成形车刀

成形车刀俗称样板车刀,其加工零件的轮廓形状完全由车刀刀刃的形状和尺寸决定。数控车削加工中,常见的成形车刀有小半径圆弧车刀、非矩形车槽刀和螺纹车刀等。在数控加工中,应尽量少用或不用成形车刀,当确有必要选用时,则应在工艺文件或加工程序单上进行详细说明。

2. 根据与刀体的连接固定方式分类

根据与刀体的连接固定方式的不同,车刀主要可分为焊接式、机夹式和可转位式三大类。

焊接式车刀将硬质合金刀片用焊接的方法固定在刀体上。这种车刀的优点是结构简单,制造方便,刚性较好。缺点是由于存在焊接应力,刀具材料的使用性能会受到影响,甚至出现裂纹。另外,刀杆不能重复使用,硬质合金刀片不能充分回收利用,造成刀具材料的浪费。

机夹式车刀是用机械夹固的方法将普通刀片夹持在刀杆上的车刀,避免了因焊接使车刀的硬质合金刀片产生裂纹、降低刀具耐用度,也弥补了使用时出现脱焊和刀杆只能使用一次等缺点;刀杆利用率高,刀片用钝后可重新刃磨获得所需参数,使用方便、灵活,适合用于铰孔,切断和外圆、端面、螺纹的加工。

可转位车刀避免了焊接式车刀的缺点,有利于新型车刀材料的发展,在数控车床中应用广泛。

(1) 可转位车刀的概念及组成

① 可转位车刀就是有合理的几何参数,能保证(在一定的切削用量范围内)卷屑、断屑,并且刀片有几个刀刃,用机械夹固的方法,把它装夹在标准的刀杆(或刀体)上。使用时不需要刃磨(或只需稍加修磨),一个刀刃用钝后,只需把夹紧机构松开,把刀片转一个角度,即可用另一个新的刀刃进行切削。待多角形刀片的各刀刃均已磨钝后,换上新的刀片又可继续使用。

② 可转位车刀的组成。可转位车刀由刀杆、夹紧元件、刀片及刀垫组成(图 1-1-11)。刀片的材料主要有高速钢、硬质合金、涂层硬质合金、陶瓷、立方氮化硼和金刚石等。

其中应用最多的是硬质合金和涂层硬质合金刀片。选择刀片材料,主要依据有被加工工件的材料、被加工表面的精度要求、切削载荷的大小以及切削过程中有无冲击和振动等。

(2) 可转位车刀的优点

① 生产效率高。刀片有合理几何参数,可用较高切削用量,且能使排屑顺利;刀片转位迅速,更换方便。因此能提高切削效率,又能减轻工人劳动强度。

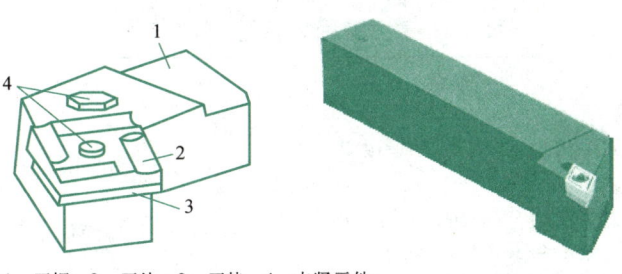

视频——可转位车刀的组成

1—刀把；2—刀片；3—刀垫；4—夹紧元件

图 1-1-11 可转位车刀及组成

② 节省刀杆材料，降低刀具成本。因为可转位车刀省去了刃磨工作及砂轮的消耗，刀杆又可长期使用，所以刀具费用降低。

③ 有利于刀具的标准化和集中生产，可充分保证刀具的制造质量。随着可转位刀具标准化工作的完善，刀具储备量可大大减少，可以实现在一把刀杆上配备多种牌号的硬质合金刀片，简化了刀具管理。

④ 有利于新材料、新技术的研制、推广和应用。可转位刀具减少了焊接环节，避免了焊接引起的缺陷，为新型硬质合金的研制、开发和应用创造了条件，涂层刀片也得到了广泛应用。

⑤ 刀具耐用度高。由于刀片未经焊接，可避免热应力，提高了刀具耐磨性和抗破损能力。

（3）可转位车刀刀片简介

刀片形状、代号的选择可根据《切削刀具用可转位刀片 型号表示规则》（GB/T 2076—2021）中的相关规定进行，可转位车刀刀片的型号由代表一定意义的字母和数字代号按一定顺序和位置排列组成，共有 10 个号位（图 1-1-12），表示了可转位刀片的形状、尺寸、精度、结构特点、刀片厚度等。一般情况下，第 8 位和第 9 位代码不被使用，当有要求时才予以填写。第 10 位代码因厂商而异。具体见表 1-1-6。

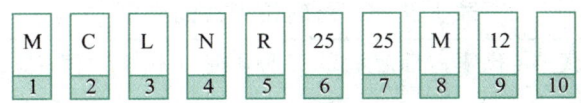

图 1-1-12 可转位车刀代码实例

表 1-1-6 可转位刀片型号标注

号位	1	2	3	4	5	6	7	8	9	10
号位含义	刀片形状	法后角	刀片精度	刀片类型	刀片边长	刀片厚度	刀尖圆弧半径	刀刃截面形状	切削方向	断屑槽型与槽宽
实例	T	N	U	M	16	06	08	E	R	A4
实例说明	三角形	0°	普通级	单面断屑槽及有中心固定孔	16 mm	6 mm	0.8 mm	倒圆形	右切方向	A 型断屑槽，槽宽 4 mm

① 刀片形状。可转位刀片形状最常用的是正三边形和四边形，应根据不同的使用要求来选用不同形状的刀片，具体分类见表 1-1-7。

表 1-1-7 常用刀片形状的选用

刀片形状	特点	应用场合
正三边形 T	刀尖角小,强度差,耐用度低	可用于 60°、90°、93°外圆、端面及内孔车刀,适用于较小的切削用量
正四边形 S	刀尖角为 90°,强度及耐用度介于三边形与五边形之间	可进行外圆、端面加工及车孔和倒角
正五边形 P	刀尖角为 108°,强度及耐用度好	用于加工系统刚性较好的零件,且不能同时兼作外圆车刀与端面车刀
带副偏角三角边 F,凸三边形 W	刀尖角都为 80°,刀尖强度、耐用度均比三边形好	用于 90°外圆、端面、内孔车刀,工艺系统刚性差者不宜采用
菱形刀片 V,D	刀尖角小,强度差,耐用度低	适用于仿形车床和数控车床刀具
圆形刀片 R	强度及耐用度好	可用于曲面、成形面或精车刀具

② 刀片法后角。法后角共有 A(3°)、B(5°)、C(7°)、D(15°)、E(20°)、F(25°)、G(30°)、N(0°)、P(11°)、Q(其他)10 种型号,其中后角为 0°的 N 型刀片是最常用的,刀具后角由刀片安装在刀杆上的倾斜形成。若使用平装刀片结构时,则需按后角要求选择相应刀片。N 型法后角一般用于粗、半精车;B、C、P 型法后角一般用于半精、精车仿形及内孔加工。

③ 刀片精度。刀片尺寸偏差共有 12 个精度等级,通常用于具有修光刃的可转位刀片,允许偏差取决于刀片尺寸的大小,每种刀片的尺寸允许偏差应按其相应的尺寸标准进行表示。普通车床粗、半精加工的刀片精度用 U 级,对刀尖位置要求较高的机床或数控机床刀片精度用 M 级,更高级的用 G 级。

④ 刀片类型。用一位字母表示刀片有无断屑槽和中心固定孔,共有 15 种,见表 1-1-8。带孔刀片一般用孔来夹紧,无孔刀片则采用上压式夹紧。

表 1-1-8 可转位刀片的类型

代号	固定方式	断屑槽	代号	固定方式	断屑槽	代号	固定方式	断屑槽
N	无固定孔	无	A	圆形孔	无	B	单面70°~90°沉孔	无
R		单面有	M		单面有	H		单面有
F		双面有	G		双面有	C	双面70°~90°沉孔	无
W	单面40°~60°沉孔	无	Q	双面40°~60°沉孔	无	J		双面有
T		单面有	U		双面有	X	其他,需图形并附加说明	

⑤ 刀片边长。选取舍去小数部分的刀片切削刃长度值作代号。若舍去小数部分后,只剩下一位数字,则必须在数字前加"0"。如切削刃长度分别为 16.5 mm、9.525 mm,则数字代号分别为 16 和 09。

⑥ 刀片厚度。刀片厚度用两位数字表示,选取舍去小数部分的刀片厚度值作代号。若舍去小数部分后,只剩下一位数字,则必须在数字前加"0"。当刀片厚度的整数值相同,而小数部分不同,则用"T"代替"0"作为小数部分大的刀片的代号,以示区别。如刀片厚

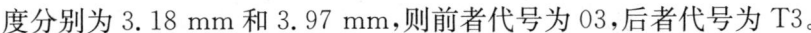

度分别为 3.18 mm 和 3.97 mm,则前者代号为 03,后者代号为 T3。

⑦ 刀尖圆弧半径。刀尖圆弧半径的代号形式如下:若刀尖转角为圆角,则用省去小数点的圆角半径毫米数表示,如刀尖圆角半径为 0.8 mm,代号为 08,刀尖圆角半径为 1.2 mm,代号为 12;当刀尖转角为夹角时,代号为 00。刀尖圆弧半径的大小直接影响刀尖的强度及被加工零件的表面粗糙度。刀尖圆弧半径大,表面粗糙度值增大,切削力增大且易产生振动,切削性能变坏,但刀刃强度增加,刀具前后刀面磨损减少。通常在进行切深较小的精加工、细长轴加工,机床刚度较差的情况下,选用刀尖圆弧较小的刀具;而在需要刀刃强度高、工件直径大的粗加工中,选用的刀尖圆弧要大一些。国家标准《硬质合金可转位刀片圆角半径》(GB/T 2077—1987)规定刀尖圆弧半径的尺寸系列为 0.2 mm,0.4 mm,0.8 mm,1.2 mm,1.6 mm,2.0 mm,2.4 mm,3.2 mm。刀尖圆弧半径一般选取进给量的 2～3 倍。

⑧ 刀刃截面形状。用一个字母表示刀片的刀刃截面形状,F 代表尖锐刀刃,E 代表倒圆刀刃,T 代表倒棱刀刃,S 代表既倒棱又倒圆的刀刃。

⑨ 切削方向。R 表示供右切的外圆刀,L 表示供左切的外圆刀或右切的车孔刀。N 表示左右均有切削刃,既能左切又能右切。

⑩ 断屑槽型与槽宽。断屑槽有开口式和封闭式两种,可用字母表示断屑槽型,如 A、Y、K、V、M、W 等。舍去小数位部分的槽宽毫米数为表示刀片断屑槽宽度的数字代号。例如,槽宽为 0.8 mm,代号为 0;槽宽为 3.5 mm,代号为 3。

项目一 轴类零件的数控加工工艺制订与实施

📚 任务实施

环节 1 课前预习数控车床、数控车床刀具的相关知识

1. 完成预习测试,归纳遇到的问题。

_____

_____

2. 针对学生提交的问题,教师进行讲解、指导,组织学生进行讨论、抢答、头脑风暴等活动,上述活动通过教学平台完成。

(1)常用刀具材料有哪几种?如何选择刀具材料?

_____

_____

(2)数控车床有哪几种?主要用于加工什么零件?

_____

_____

_____

环节 2 实战演练,锻炼技能

请你根据台阶轴的零件图(图 1-1-1),选择数控车床及刀具,编制刀具卡片。

1. 选择数控车床及介绍选择理由。

_____

_____

参考答案

2. 根据台阶轴的结构选择刀具,编制刀具卡片。

数控加工刀具卡片

产品名称或代号:			零件名称:台阶轴		零件图号:	
序号	刀具规格及名称	刀具号	材质	数量	加工表面	备注
1						
2						
3						
4						
编制:			审核:			

027

环节 3　检查评价，评定反馈

请你认真检查自己与同学们的学习过程，进行自评、小组互评，取长补短。根据小组互评、教师点评，查找不足，写出总结报告。

选择台阶轴的车床、刀具的评价表

序号	过程考核	项目名称	考核内容与要求	配分	得分 自评	得分 小组互评	备注
1	课前 （15分）	看视频、微课	回答问题	5			
		在线测试	完成测试	5			
		总结提问	问题的质量、难度	5			
2	课中 （50分）	选择数控车床，编制刀具卡片	考勤	按时上课	5		
			活动参与	积极参与活动	10		
			机床选择	正确	5		
			刀具选择	合理	15		
			编制刀具卡片	合理	15		
3	课后 （15分）	课程内容巩固	典型零件车床、刀具选择	课后习题完成情况	15		
4	综合素质 （10分）	自主学习创新能力	线下、线上自主学习，分析解决问题的能力，创新意识	3			
		团队协作	团队合作、协调沟通、语言表达、竞争意识	2			
		工匠精神	崇尚、尊重劳动；吃苦耐劳、一丝不苟的工匠精神	5			
5	评定反馈 （10分）	任务完成	任务完成情况	5			
		任务测试	任务测试达标情况	5			
			合计				
			总分				

教师点评：

总结报告

_____

_____
_____
_____
_____
_____
_____
_____
_____
_____
_____
_____
_____
_____
_____
_____
_____
_____
_____
_____

拓展训练

根据图 1-1-5 所示零件图,选择数控车床及刀具,编制刀具卡片。

数控加工刀具卡片

产品名称或代号:		零件名称:台阶轴		零件图号:	
序号	刀具规格及名称	材质	数量	加工表面	备注
1					
2					
3					
4					
编制:		审核:			

课后练习

一、填空题

1. 数控车床按车床主轴位置分为_____、_____两类。
2. 根据车刀切削刃的不同,数控车削常用的车刀一般分为_____、_____、_____三类。
3. 根据与刀体的连接固定方式的不同,车刀主要可分为_____、_____、_____三大类。
4. 数控车削加工的对象有_____、_____、_____。
5. 如切削刃长度分别为 6.35 mm,19.05 mm,则数字代号分别为_____、_____。

二、选择题

1. 机械加工选择刀具时一般应优先采用(   )。
   A. 标准刀具   B. 专用刀具   C. 复合刀具   D. 都可以
2. 以下哪项不是数控车床对刀具性能的要求?(   )
   A. 精度高   B. 硬度高   C. 寿命长   D. 可靠性好
3. 可转位车刀刀尖圆弧半径的大小直接影响刀尖的强度及被加工零件的(   )。
   A. 形状   B. 尺寸   C. 公差   D. 表面粗糙度
4. 以直线形切削刃为特征的车刀一般称为尖形车刀,这类车刀的刀尖(同时也为其刀位点)由(   )的主、副切削刃构成。
   A. 直线形   B. 圆形   C. 曲线形   D. 锥形
5. 圆弧形车刀的刀位点在该圆弧的(   )上。
   A. 圆弧   B. 轴线   C. 端面   D. 圆心

三、判断题

1. 卧式车床主要用于加工径向尺寸大、轴向尺寸相对较小的大型复杂零件。(   )
2. 卧式车床的倾斜导轨结构可以使车床具有更大的刚性,并易于排除切屑。(   )
3. B,C,P 型法后角一般用于半精、精车仿形及内孔加工。(   )
4. 刀片尺寸偏差共有 13 个精度等级。(   )
5. 普通车床粗、半精加工的刀片精度用 U 级,对刀尖位置要求较高的机床或数控机床刀片精度用 M 级,更高级的用 G 级。(   )
6. 成形车刀加工零件的轮廓形状完全由车刀刀刃的形状和材料决定。(   )
7. 选择刀具通常要考虑机床的加工能力、工序内容、工件材料等因素。(   )

四、简答题

1. 数控车床有哪几种?适用于哪些场合?

2. 解释下列可转位车刀刀片的型号中每个号位所代表的含义。

C	N	M	G	12	04	08
1	2	3	4	5	6	7

3. 数控车床使用的刀具应满足哪些性能？

五、分析题

分析前文图 1-1-6 所示零件，试选择该零件的机床、刀具，并说明选择依据。

学习活动 3　选择台阶轴的定位基准,确定装夹方法

知识点 1　基　　准

一、基准的分类

工件是一个几何体,它是由一些几何元素(点、线、面)构成的。其上任何一个点、线、面的位置总是用它与另一些点、线、面的相互关系(距离尺寸、平行度、同轴度)来确定的。用来确定生产对象(工件)上几何要素间的几何关系所依据的那些点、线、面叫作基准。根据作用的不同,基准可分为两类,即设计基准和工艺基准。

1. 设计基准

在设计图样上所采用的基准称为设计基准。如图 1-1-13 所示的轴套零件,外圆的设计基准是它的中心线;端面 A 是端面 B,C 的设计基准;内孔 D 的轴线是 $\phi 25h6$ 外圆径向跳动的设计基准。

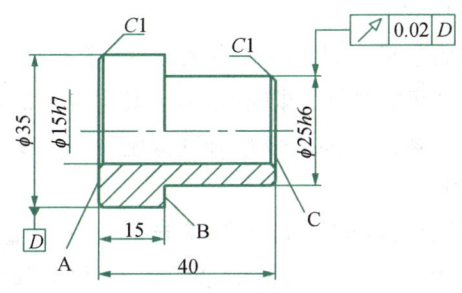

图 1-1-13　轴套

对于某一位置的要求(包括两个表面之间的尺寸或者位置精度)而言,在没有特殊指明的情况下,两个表面之间常是互为设计基准的。图 1-1-13 中,对于尺寸 40 mm 来说,A 面是 C 面的设计基准,也可认为 C 面是 A 面的设计基准。

2. 工艺基准

在工艺过程中所使用的基准称为工艺基准。按其用途的不同又可分为定位基准、测量基准、装配基准和工序基准。

(1) 定位基准

在加工过程中用作定位的基准称为定位基准。定位基准一般由工艺人员选定,它对于保证零件的尺寸和位置精度起着重要作用。

(2) 测量基准

测量工件时所采用的基准称为测量基准。如图 1-1-13 中的零件,对于用卡尺测量的尺寸 15 mm 和 40 mm 来说,表面 A 是表面 B,C 的测量基准。

(3) 装配基准

用来确定零件或部件在产品中的相对位置所采用的基准称为装配基准。如主轴的轴

颈、齿轮的孔和端面等。

（4）工序基准

在工序图上，用来确定本工序所加工表面加工后的尺寸、形状、位置的基准称为工序基准。工序基准应尽量与设计基准一致，当考虑到定位或试切测量方便时也可以与定位基准或测量基准一致。

二、基准的选择

1. 粗基准的选择

图 1-1-14 为某轴类零件的毛坯示意图，该毛坯结构简单，其加工可在车床上利用三爪自定心卡盘夹持外圆后进行，因而粗基准只有两种选择，即以左端外圆为粗基准或以右端外圆为粗基准。由图可知，毛坯制造存在较大误差，使左、右两段圆柱产生了 3 mm 的偏心，因此应考虑工件各加工面的余量是否足够，合理确定定位的粗基准。

在零件的起始工序中，只能选择未经机械加工的毛坯表面作定位基准，这种基准称为粗基准。选择粗基准时，应重点考虑两个问题：一是保证主要加工面有足够而均匀的余量且各待加工面有足够的余量；二是保证加工面和不加工面之间的相互位置精度。具体选择的原则有四点。

（1）不加工面作定位基准

为了保证加工面与不加工面之间的位置要求，应选择不加工面作定位基准。当工件上有多个不加工面与加工面之间的位置要求时，则应以其中要求最高的不加工面为粗基准。

（2）粗基准的选择应使各加工面的余量合理分配

在分配余量时应考虑以下两点：

① 为保证各加工面都有足够的加工余量，应选择毛坯余量最小的面为粗基准。例如图 1-1-14 所示的阶梯轴，因 $\phi 55$ mm 外圆的余量较小，故应选择 $\phi 55$ mm 外圆为粗基准。如果选择 $\phi 108$ mm 外圆为粗基准加工 $\phi 50$ mm 外圆，由于两外圆有 3 mm 的偏心，则可能因 $\phi 50$ mm 外圆的余量不足而使工件报废。

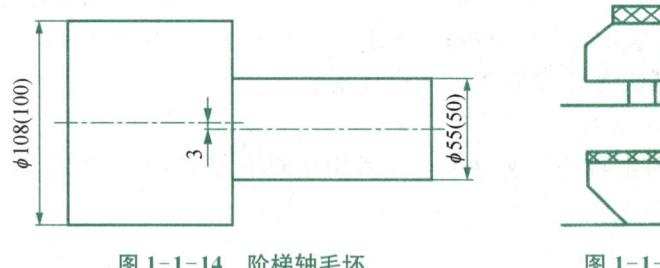

图 1-1-14　阶梯轴毛坯　　　图 1-1-15　床身加工粗基准选择

② 为了保证重要加工表面的余量均匀，应选择重要表面为粗基准。如图 1-1-15 所示的床身，其导轨表面是重要表面，粗加工车床床身时，应选择导轨表面作为粗基准先加工床脚面，再以床脚面为精基准加工导轨面。

（3）在同一尺寸方向上通常只允许使用一次粗基准

粗基准是毛面，一般来说表面比较粗糙，形状误差也大，如重复使用就会造成较大的定位误差，因此应避免重复使用粗基准。应以粗基准为定位首先加工好精基准，为后续工序准备好精基准。

(4) 粗基准表面平整、光洁

被选作粗基准的表面应平整、光洁,要避开锻造飞边和铸造浇冒口、分型面等缺陷,以保证定位准确,夹紧可靠。

另外,当使用夹具装夹时,选择的粗基准面最好使夹具结构简单、操作方便。

2. 精基准的选择

在零件的整个加工过程中,除首道机械加工工序外的所有机械加工工序都应采用已经加工过的表面定位,这种定位基准称为精基准。选择精基准时,重点是考虑如何减小工件的定位误差、保证工件的加工精度,同时也要考虑使装夹工件方便、夹具结构简单。选择精基准时一般遵循下列原则。

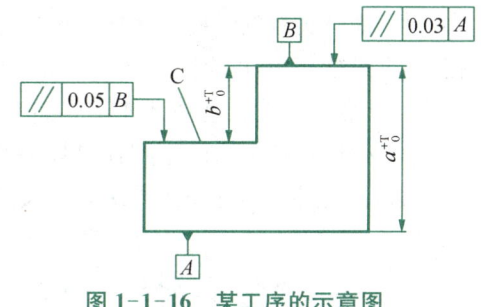

图 1-1-16　某工序的示意图

(1) 基准重合原则

选择工件的设计基准(或工序基准)作为定位基准,以避免由于定位基准与设计基准(或工序基准)不重合而引起的定位误差。如图 1-1-16 所示零件,由于本工序加工面为 C 面,加工 C 面时的工序基准为 B 面,如果定位时选择 B 面即满足基准重合的要求,如选择 A 面则定位基准与工序基准不重合。

(2) 基准统一原则

当工件以某一组精基准定位,可以比较方便地加工其他各表面时,应尽可能在多数工序中采用同一组精基准定位,这就是"基准统一"原则。例如,轴类零件的大多数工序都采用顶尖孔为定位基准。

(3) 自为基准原则

某些要求加工余量小而均匀的精加工工序,可选择加工表面本身作为定位基准。这时本工序的位置精度是不能得到提高的,因而其位置精度应在前工序得到保证。如图 1-1-17 所示,在导轨磨床上磨削床身导轨面时,就是以导轨面本身为基准,用百分表来找正定位的。

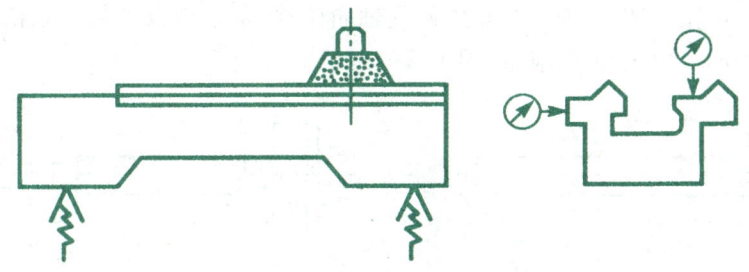

图 1-1-17　自为基准实例

(4) 互为基准原则

为了获得均匀的加工余量或较高的位置精度,可采用互为基准,反复加工的原则。例如加工精密齿轮时,先以内孔定位加工齿形面,齿面淬硬后需进行磨齿,因齿面淬硬层较薄,所以要求磨削余量小而均匀,此时可用齿面为定位基准磨内孔,再以内孔为定位基准磨齿面,从而保证齿面的磨削余量均匀,且与内孔的相互位置精度又较容易得到保证。

(5) 便于装夹原则

定位基准的选择应便于工件的装夹,并使夹具的结构简单。仍以图 1-1-16 所示零件为例,当加工 C 面时,如果采用"基准重合"原则,应选择 B 面为定位基准,但这样不仅工件的装夹不便,而且夹具的结构也将复杂得多。如果采用 A 面作为定位基准,虽然可使工件装夹方便、夹具结构简单,但会产生基准不重合的误差。如果本工序加工要求不是很高,则采用 A 面为定位基准是合适的,但如果本工序加工要求很高,则采用 B 面为定位基准就比较合理。

上述定位基准选择原则在具体使用时常常会互相矛盾,必须结合具体的生产条件进行分析,抓住主要矛盾,兼顾其他要求,灵活运用这些原则。

知识点 2 轴类零件的装夹方法

一、轴类零件的装夹

工件的正确安装可使工件在整个切削过程中始终保持正确的位置,保证工件的加工质量和生产效率。在车床上常采用下面三种装夹方式。

1. 三爪自定心卡盘装夹

三爪自定心卡盘装夹较为普遍,工件安装后一般不需要校正,控制装夹长度即可。三爪自定心卡盘能自动定心,装夹工件方便、省时,但夹紧力较小,适用于装夹外形规则的中小型工件,且工件较短(图 1-1-18)。当装夹直径较大的工件时,可用反爪进行装夹。

2. 一夹一顶装夹

装夹时将工件的一端用三爪自定心卡盘夹紧,而另一端用后顶尖支顶的装夹方式,称为一夹一顶装夹。这种方法安装刚性好,轴向定位正确,且比较安

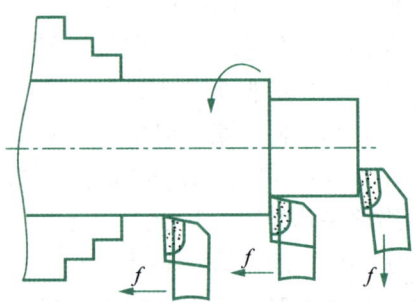

图 1-1-18 三爪自定心卡盘装夹

全,能承受较大的轴向切削力,因此应用很广泛。这种装夹方法精度低,适用于较长、较重、精度要求不高的工件。为了防止工件的轴向位移,须在卡盘内装一限位支撑[图 1-1-19(a)],或利用工件的台阶作限位[图 1-1-19(b)]。

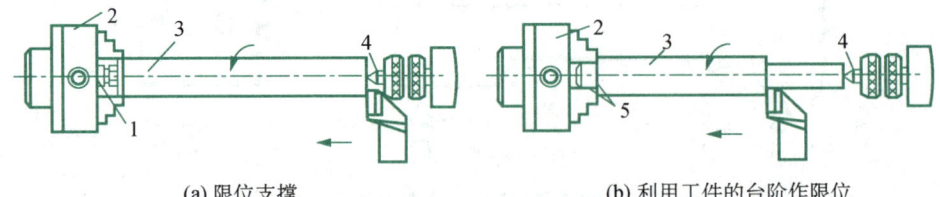

(a) 限位支撑   (b) 利用工件的台阶作限位

1—标准排法;2—卡盘;3—工件;4—后顶尖;5—限位台阶

图 1-1-19 一夹一顶装夹

3. 在两顶尖间装夹

采用两顶尖装夹工件的优点是装夹方便,不需找正,装夹精度高;缺点是装夹刚度低,影响了切削用量的提高。这种方法用于较长的或必须经过多次装夹加工的轴类零件,或工序较多,车削后还要铣削和磨削的轴类零件,以保证每次装夹时的装夹精度。两顶尖装夹形式如图1-1-20所示,工件由前、后顶尖定位,用鸡心夹夹紧并带动工件同步运动。

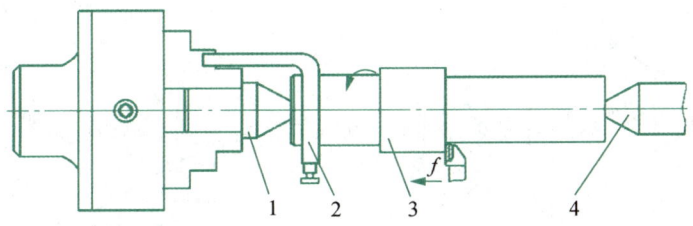

1—前顶尖;2—鸡心夹头;3—工件;4—后顶尖

图1-1-20 在两顶尖间装夹

顶尖的作用是定中心,承受工件的质量与切削时的切削力。顶尖分前顶尖和后顶尖。前顶尖是安装在主轴上的顶尖(图1-1-21),它随主轴和工件一起回转。因此,与工件中心孔无相对运动,不产生摩擦。

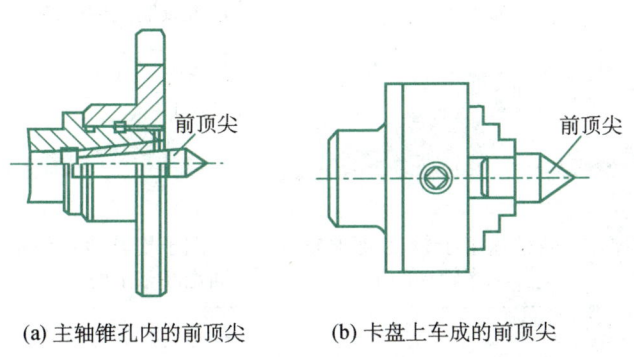

(a) 主轴锥孔内的前顶尖　　(b) 卡盘上车成的前顶尖

图1-1-21 前顶尖

后顶尖是插入尾座套筒锥孔中的顶尖,分固定顶尖[图1-1-22(a)、(b)]和回转顶尖[图1-1-22(c)]两种。固定顶尖定心好,刚度高,切削时不易产生振动,但与工件中心孔有相对运动,容易发热和磨损。回转顶尖可克服发热和磨损的缺点,但定心精度稍差,刚度也稍低。

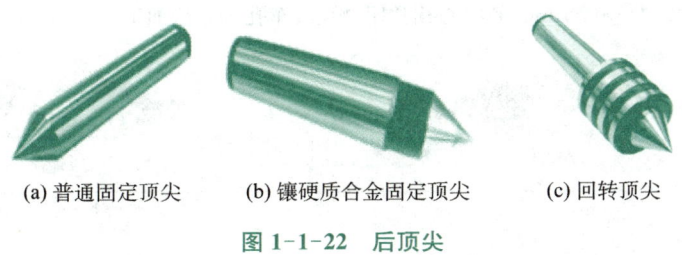

(a) 普通固定顶尖　　(b) 镶硬质合金固定顶尖　　(c) 回转顶尖

图1-1-22 后顶尖

二、中心孔

当加工轴类零件,用顶尖装夹工件时就会用到中心孔。根据中心孔的结构,中心孔分A型、B型、C型、R型四种,中心孔的结构与用途见表1-1-9。

表1-1-9 中心孔类型、用途、结构及其作用一览表

类型		A型	B型	C型	R型
结构图					
结构说明		由圆锥孔和圆柱孔两部分组成	在A型中心孔的端部再加工一个120°的圆锥面,用以保护60°锥面,不致其碰毛,并使工件端面容易加工	在B型中心孔的60°锥孔后面加工一个短圆柱孔(保证攻制螺纹时不碰毛60°锥孔),后面用丝锥攻制成内螺纹	形状与A型中心孔相似,只是将A型中心孔的60°圆锥面改成圆弧面,使其与顶尖的配合变成线接触
中心钻					
适用场合		适用于精度要求一般的工件	适用于精度要求较高或工序较多的工件	适用于把其他零件轴向固定在轴上时	适用于轻型和高精度轴类工件
结构及作用	圆锥孔	圆锥孔的圆锥角一般为60°,重型工件用75°或90°。它与顶尖锥面配合,起定心作用并承受工件重力和切削力,因此圆锥孔的表面质量要求较高			线接触的圆弧面在轴类工件装夹时,能自动纠正少量的位置偏差
	圆柱孔	中心孔的基本尺寸为圆柱孔的直径d,它是选取中心钻的依据,圆柱孔可储存润滑脂,并能防止顶尖头部触及工件,保证顶尖锥面和中心孔锥面配合贴切,以达到正确定心。直径$d \leqslant \phi 6.3$ mm 的中心孔常用高速钢制成的中心钻直接钻出,$d > \phi 6.3$ mm 的中心孔常用锪孔或车孔等方法加工			
常用中心钻		A型		B型	

任务实施

环节 1 课前预习基准、轴类零件装夹方法的相关知识

1. 完成预习测试,归纳遇到的问题。

2. 针对学生提交的问题,教师进行讲解、指导,组织学生进行讨论、抢答、头脑风暴等活动,上述活动通过教学平台完成。

(1)基准是如何进行分类的?

(2)如何选择粗基准、精基准?

(3)零件在车床上常用的装夹方式有哪几种?各有何特点?

环节 2 实战演练,锻炼技能

请你根据台阶轴的零件图(图1-1-1),选择定位基准、装夹方法,介绍选择理由。

参考答案

环节 3 检查评价,评定反馈

请你认真检查自己与同学们的学习过程,进行自评、小组互评,取长补短。根据小组互评、教师点评,查找不足,写出总结报告。

分析台阶轴基准、装夹方法的评价表

序号	过程考核	项目名称	考核内容与要求	配分	得分 自评	小组互评	备注
1	课前 （15分）	看视频、微课	回答问题	5			
		在线测试	完成测试	5			
		总结提问	问题的质量、难度	5			
2	课中 （50分）	选择台阶轴基准、确定装夹方法	考勤	按时上课	5			
			活动参与	积极参与活动	10			
			认识基准	全面、正确	10			
			认识装夹方法	合理	10			
			选择基准、确定装夹方法	正确	15			
3	课后 （15分）	课程内容巩固	选择基准、确定装夹方法	课后习题完成情况	15			
4	综合素质 （10分）	自主学习创新能力	线下、线上自主学习，分析解决问题的能力，创新意识	3			
		团队协作	团队合作、协调沟通、语言表达、竞争意识	2			
		工匠精神	崇尚、尊重劳动；吃苦耐劳、一丝不苟的工匠精神	5			
5	评定反馈 （10分）	任务完成	任务完成情况	5			
		任务测试	任务测试达标情况	5			
			合计				
			总分				

教师点评：

总结报告

拓展训练

根据图 1-1-5 所示零件图,选择台阶轴的定位基准、装夹方法,介绍选择理由。

课后练习

一、填空题

1. 根据基准作用的不同,可分为_____和_____两类。
2. _____一般由工艺人员选定,它对于保证零件的尺寸和位置精度起着重要作用。

3. 精基准的选择原则是_____、_____、_____、_____、_____。
4. 一般轴类零件，在车、铣、磨等工序中，始终用中心孔作为精基准，符合_____原则。
5. 选择精基准应力求基准重合，即_____基准与_____基准重合。
6. 装夹时将工件的一端用三爪自定心卡盘夹紧，而另一端用后顶尖支顶的装夹方式为_____装夹。
7. 在车床上常用的装夹方式有_____、_____、_____。

二、选择题

1. 用来确定生产对象（工件）上几何要素间的几何关系所依据的那些点、线、面叫作（　　）。
   A. 设计基准　　　B. 基准　　　C. 工艺基准　　　D. 装配基准
2. 在加工过程中用作定位的基准称为（　　）基准。
   A. 定位　　　B. 装配　　　C. 工序　　　D. 测量
3. 应避免重复使用（　　）基准，在同一尺寸方向上通常只允许使用一次。
   A. 粗　　　B. 精　　　C. 定位　　　D. 测量
4. 在下列内容中，不属于工艺基准的是（　　）。
   A. 定位基准　　　B. 测量基准　　　C. 装配基准　　　D. 设计基准
5. 选择加工表面的设计基准为定位基准的原则称为（　　）原则。
   A. 基准重合　　　B. 基准统一　　　C. 自为基准　　　D. 互为基准
6. 工件上有些表面需要加工，有些表面不需要加工，选择粗基准时，应选（　　）为粗基准。
   A. 不加工表面　　　B. 要加工表面　　　C. 重要表面　　　D. 次要表面
7. 对于较长的或必须经过多次装夹加工的轴类零件，选择（　　）。
   A. 三爪自定心卡盘装夹　　　B. 一夹一顶装夹
   C. 在两顶尖间装夹　　　D. 四爪自定心卡盘装夹
8. 在机械加工工艺过程中安排零件表面加工顺序时，要"基准先行"的目的是（　　）。
   A. 避免孔加工时轴线偏斜　　　B. 避免加工表面产生加工硬化
   C. 消除工件残余应力　　　D. 使后续工序有精确的定位基准

三、判断题

1. 工序基准要与设计基准完全一致。　　　　　　　　　　　　　　　　（　　）
2. 采用两顶尖装夹工件的优点是装夹方便，不需找正，装夹精度高。　　（　　）
3. 前顶尖是安装在主轴上的顶尖，它随主轴和工件一起回转。　　　　　（　　）
4. 为保证各加工面都有足够的加工余量，应选择毛坯余量最小的面为粗基准。（　　）
5. 主轴的轴颈可以作为装配基准。　　　　　　　　　　　　　　　　　（　　）

四、简答题

1. 工艺基准包括哪些？
2. 粗基准的选择原则是什么？

3. 中心孔有哪几种？各用于哪些场合？

五、分析题

根据图 1-1-23 所示心轴零件图，试完成该零件定位基准的选择。

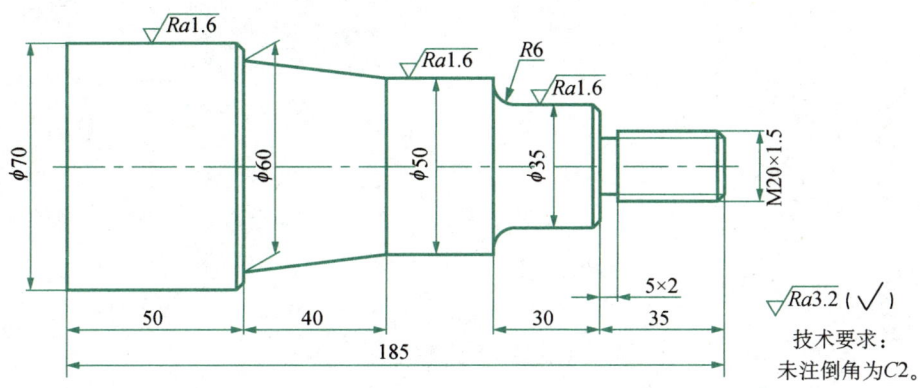

图 1-1-23　心轴

学习活动 4　选择切削用量，计算时间定额

知识点 1　切削用量

一、金属切削加工的基本概念

任何机器零件的表面均可看成是由曲面和平面（外圆面、内圆面、平面或成形面等）组成的。因此，只要能对这些基本表面进行加工，就能完成所有零件的加工。要完成零件表面的切削加工，必须了解刀具与工件（零件）之间的基本相对运动。

1. 切削运动

切削运动是指在切削过程中刀具相对于工件的运动，即在切削过程中，刀具和工件应具备形成零件表面的基本运动，包括车削和刨削。按其在切削过程中所起的作用，具体可分为主运动和进给运动，如图 1-1-24 所示。

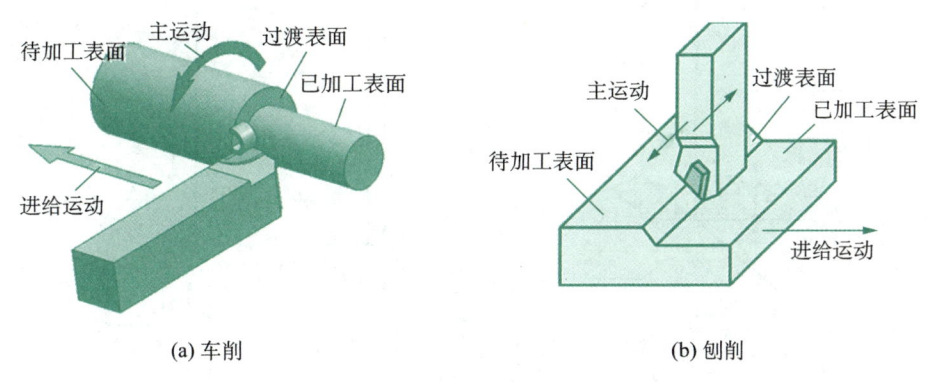

(a) 车削　　　　　　　　　　　(b) 刨削

图 1-1-24　切削运动

（1）主运动

直接切除工件上的切削层，使之转变为切屑，以形成工件新表面的运动称为主运动，用主运动速度（v_c）来表示。通常主运动的速度较高，消耗的切削功率也较大，约占功率总消耗量的 90%。主运动可以由工件完成，例如车削时工件的回转运动；也可以由刀具完成，例如，铣削、钻削时铣刀、钻头的旋转运动及刨削加工时刨刀的往复直线运动均为主运动。在金属切削过程中，无论有哪种切削运动，主运动都只有一个。

（2）进给运动

新的切削层不断投入切削的运动称为进给运动。切削过程中，钻头的向下运动就属于进给运动。根据零件表面形成的需要，进给运动可以是一个（如钻削加工）或多个（如磨削加工）。进给运动，通常速度较低，消耗功率较小，例如，车削外圆时，进给运动仅消耗总功率的 10% 左右。

在切削过程中，当进给速度 v_f 较小时，加工中常以主运动速度 v_c 作为切削速度。

2. 切削过程中的三个表面

工件在切削过程中形成了三个不断变化着的表面(图 1-1-24)。

(1) 已加工表面

已切除多余金属后形成的新表面。

(2) 加工表面

刀刃正在切削的表面,也叫过渡表面。

(3) 待加工表面

即将被切去金属层的表面。

二、切削用量三要素

切削用量是表示主运动和进给运动大小的参数。合理选择切削用量利于提高劳动生产率,提高加工质量及经济性。切削用量有切削速度(v_c)、进给量(f)和背吃刀量(a_p)三要素(图 1-1-25)。

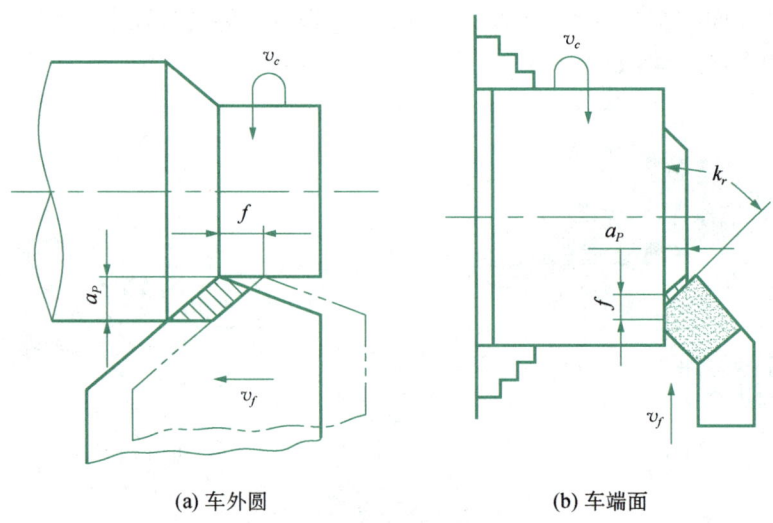

(a) 车外圆　　　　　　(b) 车端面

图 1-1-25　切削用量的三要素

1. 切削速度 v_c

切削速度是刀具切削刃上的某一点相对于待加工表面在主运动方向上的瞬时速度,即主运动的线速度,单位为 m/s 或 m/min。当主运动为旋转运动时(如车削加工运动),切削速度按下式计算:

$$v_c = \frac{\pi D n}{1\,000} (\text{m/min})$$

式中,n——工件或刀具每分钟转速(r/min);

　　　D——工件待加工表面直径或刀具的最大直径(mm)。

在转速 n 值一定时,切削刃上各点的切削速度是不相同的,考虑到刀具的磨损和已加工表面质量等因素,在计算时,一般应取最大的切削速度。

2. 进给量 f

进给量是工件每转一转,车刀沿进给方向移动的距离,单位为 mm/r。

3. 背吃刀量 a_p

背吃刀量是工件上已加工表面和待加工表面之间的垂直距离,单位为 mm。

车外圆时,参见图 1-1-25,背吃刀量按下式计算:

$$a_p = \frac{d_w - d_m}{2} \text{ (mm)}$$

式中,d_w——待加工表面直径(mm);
　　d_m——已加工表面直径(mm)。

钻孔时:

$$a_p = \frac{d_m}{2} \text{ (mm)}$$

式中,d_m——钻孔的直径或钻头直径(mm)。

背吃刀量 a_p 的大小直接影响刀具主切削刃的工作长度,可以反映出切削负荷的大小。

三、切削用量的合理选择

合理选择切削用量,是指在刀具角度选好以后,合理确定背吃刀量、进给量和切削速度,以充分发挥机床和刀具的效能,提高劳动生产率。

1. 切削用量与生产率的关系

衡量生产率高低的指标之一是基本(机动)时间 t_m。

由图 1-1-26 可知,车削外圆时的基本时间可由下式计算:

$$t_m = \frac{l}{nf} \cdot \frac{A}{a_p} = \frac{\pi A d l}{1\,000 v f a_p}$$

式中,t_m——基本时间(min);
　　d——工件直径(mm);
　　l——刀具行程长度(mm);
　　A——单边加工余量(mm);
　　n——工件转速(r/min)。

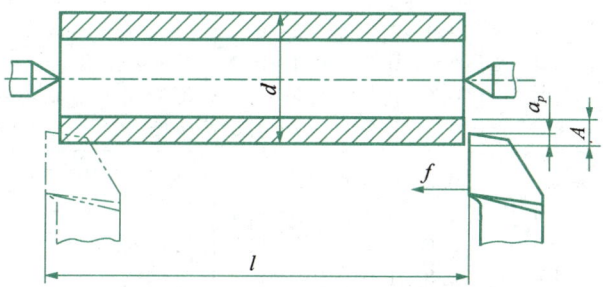

图 1-1-26　车削外圆时基本时间的计算示意图

从上式可知,在工件毛坯确定的情况下,提高切削用量中任何一个要素,都可以缩短基本时间,提高生产率。但在提高切削用量时必须考虑机床功率、工艺系统刚性和刀具耐用度等因素。

2. 粗加工时切削用量的选择原则

粗加工时的切削用量选择以提高生产率为主,并应考虑加工成本。从上式可知提高三要素中的任何一项都能达到提高生产率、降低成本的目的。但是三个要素中,最影响刀具耐用度的是切削速度,其次是进给量,影响最小的则是背吃刀量。因此,在选择粗加工切削用量时,应优先采用大的背吃刀量,其次采用较大的进给量,最后根据耐用度的要求选择合理的切削速度。

（1）背吃刀量

背吃刀量根据加工余量多少而定,除留给下道工序的余量外,其余的尽可能一次切除。当余量太大或工艺系统刚性较差时,所有加工余量 A 应分两次或多次切除。第一次进给的背吃刀量应选得大些,最后一次进给的背吃刀量选得小些。

第一次进给的背吃刀量为：$a_{p1}=\left(\dfrac{2}{3}\sim\dfrac{3}{4}\right)A$

第二次进给的背吃刀量为：$a_{p2}=\left(\dfrac{1}{3}\sim\dfrac{1}{4}\right)A$

当粗车灰铸铁件或锻件毛坯时,由于毛坯表皮硬度较高,且往往有沙眼、气孔等铸造缺陷,为了保护刀尖,使它尽可能不跟表皮接触,第一刀的背吃刀量应选得大些。

（2）进给量

粗加工时,限制进给量提高的因素是切削力,所以在选择进给量时应考虑到机床进给机构强度、刀杆和刀片的强度、工件刚性等。在工艺系统刚性和强度许可时,可选用大一些的进给量,反之则应适当减小进给量。硬质合金车刀粗车外圆时的进给量参考值见表 1-1-10。

表 1-1-10　硬质合金车刀粗车外圆时的进给量参考值

工件材料	刀杆截面尺寸 $B\times H$(mm)	工件直径 d_w(mm)	背吃刀量 a_p(mm)				
			≤3	>3～5	>5～8	>8～12	12 以上
			进给量 f(mm/r)				
碳素结构钢和合金结构钢	16×25	20	0.3～0.4	—	—	—	—
		40	0.4～0.5	0.3～0.4	—	—	—
		60	0.5～0.7	0.4～0.6	0.3～0.5	—	—
		100	0.6～0.9	0.5～0.7	0.5～0.6	0.4～0.5	—
		400	0.8～1.2	0.7～1.0	0.6～0.8	0.5～0.6	—
	20×30 25×25	20	0.3～0.4	—	—	—	—
		40	0.4～0.5	0.3～0.4	—	—	—
		60	0.6～0.7	0.5～0.7	0.4～0.6	—	—
		100	0.8～1.0	0.7～0.9	0.5～0.7	0.4～0.7	—
		600	1.2～1.4	1.0～1.2	0.8～1.0	0.6～0.9	—

（3）切削速度

背吃刀量、进给量确定之后,在保证刀具耐用度的前提下,选择合理的切削速度。切削速度的选择与机床允许的切削功率有关,如果超过了机床许用功率,则应适当降低切削速度。

3. 半精加工和精加工时切削用量的选择原则

半精加工和精加工时首先要保证工件的加工精度和表面质量,同时兼顾必要的刀具耐用度和生产率。所以切削用量的选择方法是首先选择切削速度,其次选择进给量,而背吃刀量则是上一工序留下的。

(1) 背吃刀量

背吃刀量由粗加工或半精加工留下的余量确定,原则上取一次切除的余量数。当使用硬质合金车刀精车时,考虑到刀尖圆弧半径与刃口圆弧半径的挤压和摩擦作用,背吃刀量不宜过小,一般大于 0.5 mm,而用高速钢刀具时背吃刀量不宜过大,一般小于 0.2 mm。

(2) 进给量

由于半精加工和精加工产生的切削力不大,故增大进给量对加工工艺系统的强度和刚性影响较小。增大进给量主要受到表面粗糙度限制。为了减轻工艺系统弹性变形和减小已加工表面残留面积,一般选用较小的进给量。常取 $f=(0.08\sim0.3)$ mm/r。普通硬质合金外圆车刀半精加工和精加工时的进给量选取可参考表 1-1-11。

表 1-1-11 普通硬质合金外圆车刀半精加工和精加工时的进给量参考值

工件材料	表面粗糙度 $Ra(\mu m)$	切削速度范围 (m/min)	刀尖圆弧半径 r(mm)		
			0.5	1.0	2.0
			进给量(mm/r)		
铸铁青铜铝合金	6.3	不限	0.25~0.40	0.40~0.50	0.50~0.60
	3.2		0.15~0.25	0.25~0.40	0.40~0.60
	1.6		0.10~0.15	0.15~0.20	0.20~0.35
碳钢合金钢	6.3	<50	0.30~0.50	0.45~0.60	0.55~0.70
		>50	0.40~0.55	0.55~0.65	0.65~0.70
	3.2	<50	0.20~0.25	0.25~0.30	0.30~0.40
		>50	0.25~0.30	0.30~0.35	0.35~0.40
	1.6	<50	0.1	0.11~0.15	0.15~0.22
		50~100	0.11~0.16	0.16~0.25	0.25~0.35
		>100	0.16~0.20	0.20~0.25	0.25~0.35

(3) 切削速度

由于半精加工和精加工所消耗的切削功率不大,切削速度主要受刀具耐用度的限制。在保证刀具耐用度的前提下,还要抑制积屑瘤和鳞刺的产生。一般硬质合金刀具应选用较高的切削速度(大于 70 m/min),而高速钢刀具则应选用较低的切削速度(小于 5 m/min),以避开积屑瘤和鳞刺产生的速度范围。

在实际生产中,选择切削速度还应遵循以下原则:

① 加工材料的强度及硬度较高时,应选较低的切削速度;反之则选较高的切削速度。

材料的加工性越差,例如奥氏体不锈钢、钛合金和高温合金,则切削速度也应选得越低。易切钢的切削速度比同硬度的普通碳钢高。加工灰铸铁的切削速度比中碳钢低。加工铝合金和铜合金的切削速度比加工钢的要高得多。

② 刀具材料的切削性能越好时,切削速度也应选得越高。

③ 在断续切削或者是加工锻、铸件等带有硬皮的工件时,为了减小冲击和热应力,要适当降低切削速度。

④ 加工大件、细长轴和薄壁工件时,要选用较低的切削速度;在工艺系统刚度较差的情况下,切削速度就应避开产生自激振动的临界速度。

4. 切削用量确定的原则

数控机床加工中的切削用量是表示机床主运动和进给运动速度大小的重要参数,包括背吃刀量、切削速度和进给量三个要素。在加工程序的编制工作中,选择好切削用量,确定最佳切削参数,是工艺处理的重要内容之一,也是保证产品质量和提高效率的重要措施。

(1) 背吃刀量的确定

在"机床—夹具—刀具—零件"这一工艺系统刚性允许的条件下,应尽可能选取较大的背吃刀量,以减少走刀次数,提高生产效率。当零件的精度要求较高时,则应考虑适当留出精车余量,所留精车余量一般比普通车床车削时所留余量小,常取 0.1~0.5 mm。

(2) 切削速度的确定

确定加工时的切削速度可参考表 1-1-12 列出的数值,还可以根据实践经验来确定。

表 1-1-12 切削速度参考表

零件材料	刀具材料	背吃刀量 a_p(mm)			
		0.12~0.38	0.38~2.40	2.40~4.70	4.70~9.50
		进给量 f(mm/r)			
		0.05~0.13	0.13~0.38	0.38~0.76	0.76~1.30
		切削速度 v_c(m/min)			
低碳钢	高速钢	—	70~90	45~60	20~40
	硬质合金	215~365	165~215	120~165	90~120
中碳钢	高速钢	—	45~60	30~40	15~20
	硬质合金	130~165	100~130	75~100	55~75
灰铸铁	高速钢	—	35~45	25~35	20~25
	硬质合金	135~185	105~135	75~105	60~75
黄铜青铜	高速钢	—	85~105	70~85	45~70
	硬质合金	215~245	185~215	150~185	120~150
铝合金 低碳钢	高速钢	105~150	70~105	45~70	30~45
	高速钢	—	70~90	45~60	20~40

除螺纹加工外,主轴转速的确定方法与普通车削加工一样,可根据零件上被加工部位的直径、零件结构和刀具的材料、加工要求等条件所允许的切削速度来确定。在实际生产中,主轴转速可按下式计算:

$$n = \frac{1\,000 v_c}{\pi d}$$

式中,n——主轴转速(r/min);
  d——工件待加工表面直径(mm);
  v_c——切削速度(m/min)。

车削螺纹时,车床的主轴转速受螺纹螺距(或导程)的大小、驱动电机的降频特性及螺纹插补运算速度等多种因素的影响,故对于不同的数控系统,推荐的主轴转速范围会有所不同,如用大多数经济型数控车床系统车螺纹时的主轴转速范围如下:

$$n \leqslant \frac{1\,200}{P} - k$$

式中,p——螺纹的螺距或导程(mm),英制螺纹为换算后的毫米值;
  k——保险系数,一般取 80;
  v——切削速度(m/min)。

(3) 进给量的确定

进给量是指工件每转一周,车刀沿进给方向移动的距离,单位为 mm/r。它与背吃刀量有着较密切的关系。

进给量的选择原则如下:

① 在满足表面质量的情况下,为提高生产效率,可选择较大的进给量。

② 切断、车削深孔或用高速钢刀具车削时,宜选择较小的进给量,如切断时取 (0.05~0.2)mm/r。

③ 刀具空行程,特别是远距离"回零"时,可设定尽量大的进给量。

④ 在粗车时进给量的取值可大一些,精车时应小一些,如一般粗车时取(0.3~0.8)mm/r。

⑤ 进给量应与切削速度和背吃刀量相适应。

进给速度的确定:

进给速度 F 包括纵向进给速度 F_v 和横向进给速度 F_x。进给速度的计算公式为:

$$F = nf \quad (\text{m/min})$$

式中,n——主轴转速(r/min);
  f——进给量(mm/r)。

进给量与进给速度可以相互进行换算,换算公式为 mm/r=(mm/min)/n 或 mm/min=n(mm/r)。

知识点 2 时间定额

一、时间定额的概念

所谓时间定额是指在一定生产条件下,规定生产一件产品或完成一道工序所需消耗的时间。它是安排生产计划、核算生产成本、确定设备数量、编制人员安排以及规划生产面积的重要依据。

二、时间定额的组成

1. 基本时间 T_j

基本时间是指直接改变生产对象的尺寸、形状、相对位置以及表面状态或材料性质等工艺过程所消耗的时间。对于切削加工而言，基本时间是指切除金属材料所消耗的机动时间（包括刀具的切入和切出时间在内）。

2. 辅助时间 T_f

辅助时间是为实现工艺过程而必须进行的各种辅助动作所消耗的时间。辅助动作包括装卸工件、开停机床、引进或退出刀具、改变切削用量、试切和测量工件等。

基本时间和辅助时间的总和称为作业时间，即直接用于制造产品或零部件的时间。

辅助时间的确定方法主要取决于生产类型，具体方法如下：

① 大批生产时，为使辅助时间规定得合理，需将辅助动作分解，再分别确定各分解动作的时间，最后予以综合；

② 中批生产时，可根据以往统计资料来确定辅助时间；

③ 单件、小批生产时，常用基本时间的百分比估算辅助时间，并在实际生产中进行修改，使之趋于合理。

3. 布置工作地时间 T_b

布置工作地时间是为了使加工正常进行，工人照管工作地（如更换刀具、润滑机床、清理切屑、收拾工具等）所消耗的时间。它不是直接消耗在每个零件上的，而是将消耗在一个工作班内的时间，再折算到每个零件上，按作业时间的 2%～7% 估算。

4. 休息与生理需要时间 T_x

休息与生理需要时间是工人在工作班内恢复体力和满足生理上的需要所消耗的时间。T_x 是按一个工作班为计算单位，再折算到每个零件上。对机床操作工人来说，一般按作业时间的 2% 估算。

5. 准备与终结时间 T_e

准备与终结时间是指工人为了生产一批产品或零部件，进行准备和结束工作所消耗的时间，包括工人在加工一批产品时，熟悉工艺文件、领取毛坯材料和工艺装备、安装刀具和夹具、调整机床等准备工作以及拆下和归还工艺装备、送交成品等结束工作所消耗的时间。它不是直接消耗在每个工件上的，而是消耗在一批工件上的时间，因而分解到每个工件的时间为 T_e/n，其中 n 为批量。

综上所述，单个工件的时间定额计算方法为：

$$T = T_j + T_f + T_b + T_x + T_e/n$$

任务实施

环节 1 课前预习切削用量、时间定额的相关知识

1. 完成预习测试,归纳遇到的问题。
___
___

2. 针对学生提交的问题,教师进行讲解、指导,组织学生进行讨论、抢答、头脑风暴等活动,上述活动通过教学平台完成。

(1) 粗加工时,如何选择切削用量?
___
___
___

(2) 时间定额由哪几部分组成?
___
___
___

环节 2 实战演练,锻炼技能

请你根据台阶轴的零件图(图 1-1-1),选择切削用量,并介绍选择理由。
___
___
___

参考答案

环节 3 检查评价,评定反馈

请你认真检查自己与同学们的学习过程,进行自评、小组互评,取长补短。根据小组互评、教师点评,查找不足,写出总结报告。

台阶轴的切削用量选择与时间定额计算的评价表

序号	过程考核	项目名称	考核内容与要求	配分	得分		备注
					自评	小组互评	
1	课前 (15分)	看视频、微课	回答问题	5			
		在线测试	完成测试	5			
		总结提问	问题的质量、难度	5			

(续表)

序号	过程考核	项目名称	考核内容与要求	配分	得分		备注
					自评	小组互评	
2	课中 (50分)	选择切削用量,计算时间定额	考勤	按时上课	5			
			活动参与	积极参与活动	10			
			切削用量选择	全面、正确	20			
			时间定额计算	合理	15			
3	课后 (15分)	课程内容巩固	选择切削用量、计算时间定额	课后习题完成情况	15			
4	综合素质 (10分)	自主学习 创新能力	线下、线上自主学习,分析解决问题的能力,创新意识	3				
		团队协作	团队合作、协调沟通、语言表达、竞争意识	2				
		工匠精神	崇尚、尊重劳动;吃苦耐劳、一丝不苟的工匠精神	5				
5	评定反馈 (10分)	任务完成	任务完成情况	5				
		任务测试	任务测试达标情况	5				
			合计					
			总分					

教师点评:

总结报告

拓展训练

根据图 1-1-5 所示零件，选择台阶轴的切削用量，并介绍选择理由。

课后练习

一、填空题
1. 切削运动是指在切削过程中刀具相对于_____的运动。
2. 切削过程中的三个表面是指_____、_____、_____。
3. 切削用量是表示_____和_____大小的参数。
4. 切削用量有_____、_____和_____三个要素。

5. ＿＿＿＿和＿＿＿＿的总和称为作业时间。

二、选择题

1. 下列哪个参数不是切削用量的基本参数？（　　）
   A. 切削速度　　B. 进给速度　　C. 进给量　　D. 背吃刀量
2. 下列属于作业时间的是（　　）。
   A. 刀具切入切出时间　　　　　　B. 布置工作地时间
   C. 休息与生理需要时间　　　　　D. 准备与终结时间

三、判断题

1. 无论有哪些切削运动，主运动都只有一个。（　　）
2. 进给运动可以是一个或多个。（　　）
3. 切削速度是刀具切削刃上的某一点相对于待加工表面在进给运动方向上的瞬时速度。（　　）
4. 刀具材料的切削性能越好时，切削速度也选得越高。（　　）
5. 加工大件、细长轴和薄壁工件时，要选用较高的切削速度。（　　）
6. 切断、车削深孔或用高速钢刀具车削时，宜选择较大的进给量。（　　）
7. 刀具空行程，特别是远距离"回零"时，可设定尽量大的进给量。（　　）
8. 在粗车时进给量的取值应小一些，精车时可大一些。（　　）
9. 时间定额是安排生产计划、核算生产成本、确定设备数量、编制人员安排以及规划生产面积的重要依据。（　　）

四、简答题

1. 数控加工过程中的切削用量指哪些内容？确定原则是什么？
2. 什么是时间定额？时间定额是由什么组成的？
3. 简述车削和钻削的主运动和进给运动。

学习活动 5　选择加工方法，编制数控加工工艺卡

知识点 1　加工方法

一、外圆表面的主要加工方法

外圆表面的加工方法主要包括车削加工和磨削加工。

1. 外圆表面的车削加工

工件旋转做主运动，车刀做纵向、横向或斜向进给运动的切削方法称为车削。车削是加工外圆表面最主要的方法之一，主要用来加工各种回转面。如车外圆柱面、外圆锥面、车端面，车螺纹，车成形面，车槽和切断等，如图 1-1-27 所示。

视频——
外圆表面的
车削加工

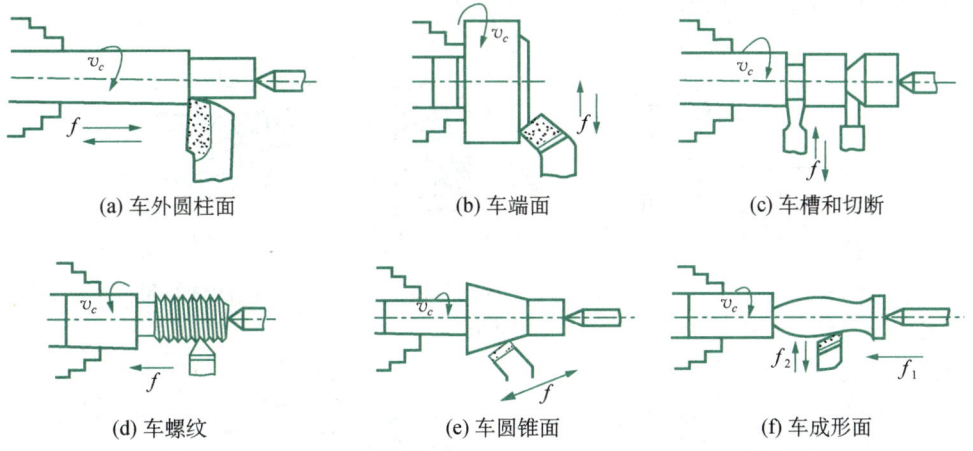

图 1-1-27　外圆表面的车削加工

2. 外圆表面的磨削加工

磨削加工是用磨具（砂轮、油石、砂带等）以较高的线速度对工件表面进行加工的方法，常作为车削外圆的后续加工，是外圆表面精加工的主要方法之一，既可以加工淬硬后的表面，又可以加工未经淬火的表面。

（1）磨削加工的特点和应用

① 加工精度高。磨削加工属高速多刃微刃切削，磨粒硬度高，能在工件表面上切除极薄的材料。磨削过程是磨粒切削、刻划和滑擦综合作用的过程，有一定的研磨和抛光作用，可获得较高的加工精度和表面质量。

② 表面质量好。磨钝的砂粒在外力作用下会脱落、更新，具有自锐性，故磨粒的等高性好，能获得较好的表面质量。

③ 磨削温度高。磨削加工速度快，砂轮与工件之间发生剧烈的摩擦，容易引起工件退火和出现烧伤现象。

④ 加工范围广。磨削不仅可加工铸铁、碳钢、合金钢等一般结构材料，还可加工高硬

度的淬硬钢、硬质合金、陶瓷、玻璃等难加工材料,应用越来越广泛。

(2) 磨削加工方法的分类

根据磨削时工件定位方式的不同,外圆磨削可分为中心磨削和无心磨削两大类。

中心磨削即普通的外圆磨削,被磨削的工件由中心孔定位,在外圆磨床或万能外圆磨床上加工。磨削后工件尺寸精度可达 IT8～IT6 级,表面粗糙度值为 $Ra\ 0.8 \sim 0.1\ \mu m$。中心磨削主要有纵向磨削法、横向磨削法、深度磨削法和综合磨削法四种。

① 纵向磨削法。纵向磨削法如图 1-1-28(a)所示,砂轮的高速旋转为主运动,工件的低速回转为圆周进给运动,工作台做纵向往复进给运动,实现对工件整个外圆表面的加工。每一纵向行程或往复行程终了时,砂轮做周期性的横向移动,直至达到所需的磨削深度。当接近最终尺寸时,需进行无横向进给的光磨过程,直至火花消失为止。

纵向磨削法每次的径向进给量少,磨削力小,散热条件好,充分提高了工件的磨削精度和表面质量,能满足较高的加工质量要求,但磨削效率较低,主要适用于单件、小批生产或精磨加工较大工件的外圆。

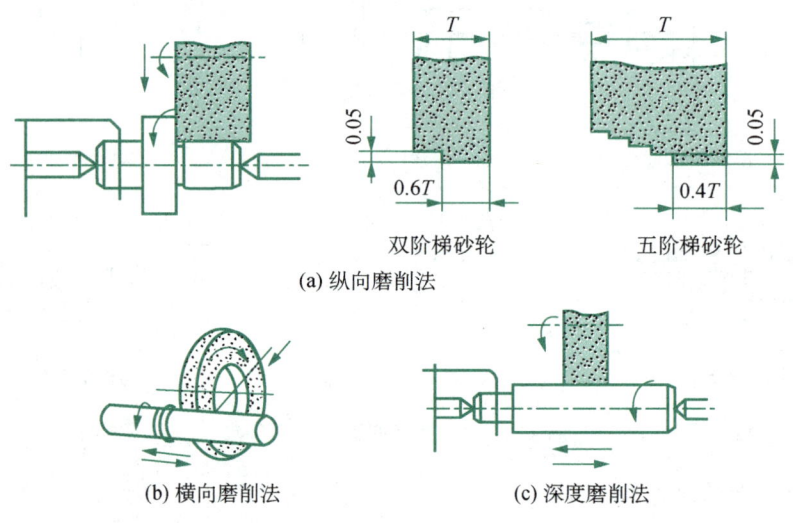

图 1-1-28 外圆表面的中心磨削

② 横向磨削法。横向磨削法如图 1-1-28(b)所示,又称切入磨削法。磨削外圆时,砂轮宽度大于工件的磨削长度,工件不须做纵向进给运动。砂轮的高速旋转为主运动,工件的低速回转为圆周进给运动,同时砂轮以缓慢的速度连续地或断续地向工件做横向进给运动,直至达到所需尺寸要求。

横向磨削法充分发挥了砂轮的切削能力,磨削效率高。但在磨削过程中砂轮与工件接触面积大,使得磨削力增大,工件易发生变形和烧伤。另外,砂轮形状误差直接影响工件几何形状精度,磨削精度较低,表面粗糙度值较大。横向磨削法主要适用于磨削长度较短的外圆表面。

③ 深度磨削法。深度磨削法如图 1-1-28(c)所示,这是一种比较先进的加工方法,在一次纵向进给运动中切除工件全部磨削余量,磨削机动时间缩短,故生产率高。但磨削抗

力大,主要适用于批量生产中在功率大、刚性好的磨床上磨削较大的工件。

④ 综合磨削法。综合磨削法又称分段磨削法,它是纵向磨削法和横向磨削法的综合应用。磨削时,先采用横向磨削法分段粗磨外圆,并留精磨余量,然后再用纵向磨削法精磨至规定尺寸。这种磨削方法既有横磨法生产效率高的优点,又有纵磨法加工精度高的优点。综合磨削法主要适用于磨削余量大、刚性好的工件。

无心磨削是一种高生产率的精加工方法,磨削后工件的尺寸精度可达 IT7~IT6 级,表面粗糙度值可达 Ra 0.8~0.2 μm。磨削时把工件放在砂轮与导轮之间的托板上,以被磨削的外圆本身作为定位基准,不用中心孔支承,故称为无心磨削,如图 1-1-29(a)所示。

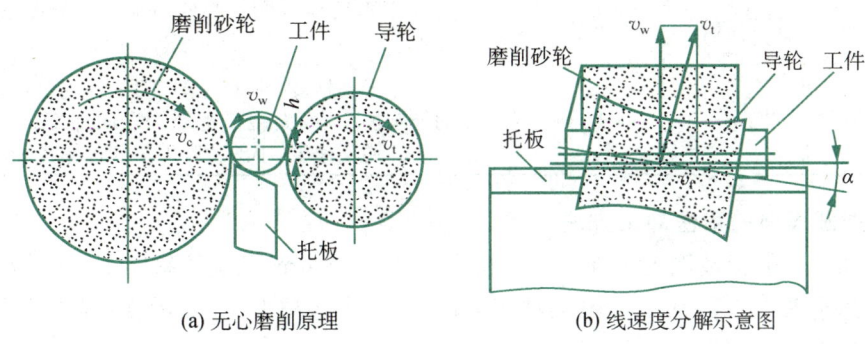

(a) 无心磨削原理　　(b) 线速度分解示意图

图 1-1-29　外圆表面的无心磨削

导轮是用摩擦系数较大的橡胶结合剂制作的磨粒较粗的砂轮,其转速很低(20~80 mm/min),靠摩擦力带动工件旋转。无心磨削时砂轮和工件的轴线总是水平放置的,而导轮的轴线通常要在垂直平面内倾斜一个 α 角,其线速度分解为两个分速度:$v_{导水平}$ 和 $v_{导垂直}$,分别带动工件做圆周进给运动和轴向进给运动[图 1-1-29(b)]。

无心磨削的生产效率高,容易实现工艺过程的自动化,但所能加工的零件具有一定的局限性,不能磨削带长键槽和平面的圆柱表面,也不能磨削同轴度要求较高的阶梯轴外圆表面。无心磨削可分为纵磨法和横磨法,分别用于磨削光轴和阶梯轴。

(3) 磨削加工的过程

一般外圆表面的磨削加工分为粗磨、精磨、精密磨削和超精密磨削。

① 粗磨。粗磨的加工精度一般可达 IT9~IT8 级,表面粗糙度值可达 Ra 10~1.25 μm。

② 精磨。精磨的加工精度一般可达 IT8~IT6 级,表面粗糙度值可达 Ra 1.25~0.63 μm。

③ 精密磨削。精密磨削是一种精密加工方法,加工精度一般可达 IT6~IT5 级,表面粗糙度值可达 Ra 0.16~0.01 μm。

④ 超精密磨削。超精密磨削属于精密加工范畴,加工精度一般可达 IT5 级以上,表面粗糙度值小于 Ra 0.025 μm。

3. 加工阶段

通常外圆表面的车削加工可分为粗车、半精车、精车和精细车四个加工阶段。选择哪一个加工阶段作为外圆表面的最终加工,需要根据车削各加工阶段所能达到的尺寸精度和表面粗糙度,并结合零件表面的技术要求来确定,可参照表 1-1-13。

表 1-1-13　车削外圆的加工经济精度及表面粗糙度

序号	加工阶段	加工经济精度(IT)	表面粗糙度 $Ra(\mu m)$	使用场合
1	粗车	IT13～IT11	50～12.5 μm	主要用于迅速切去多余的金属,常采用较大的背吃刀量、较大的进给量和中低速车削
2	半精车	IT10～IT9	6.3～3.2 μm	主要用于磨削加工和精加工的预加工,或中等精度表面的终加工
3	精车	IT7～IT6	1.6～0.8 μm	主要用于较高精度外圆的终加工或光整加工的预加工
4	精细车	IT6～IT5	0.4 μm 左右	主要用于高精度、小型且不宜磨削的有色金属零件的外圆加工,或大型精密外圆表面加工。一般应采用高的切削速度、小的背吃刀量和进给量加工

二、外圆表面的精密加工方法

精密加工一般指被加工工件的尺寸精度为 3～0.3 μm,公差等级达 IT5 级以上,表面粗糙度值达到 Ra 0.3～0.03 μm 的加工方法,主要指超精加工、高精度磨削、珩磨、研磨、抛光和金刚石刀具切削等。

1. 外圆表面的精密车削

加工外圆表面时,用刃口圆弧半径很小的车刀进行高速、微量切削而获得高精度零件的工艺方法称为精密车削。

精密车削主要用于铜、铝及其合金制件的最终加工,其他如纯金属、塑料、玻璃纤维、合成树脂及石墨等不宜采用磨削且精度要求高的零件,也常使用精密车削。对于表面粗糙度值要求很高的铜、铝及其合金制件的外圆表面或反射镜的曲面,常使用金刚石车刀进行镜面车削,表面粗糙度值可小于 Ra 0.05 μm。

精密车削还用作黑色金属或其他表面硬度高的精密零件光整加工前的预加工工序。

精密车削除必须在精密车床上进行外,还需要对所用的三爪自定心卡盘、弹簧夹头和心轴等回转组件进行动平衡,并精密测定其跳动量,以及仔细选取刀具材料和切削用量。精密车削所用刀具主要有金刚石车刀和硬质合金精密车刀两种。

2. 外圆表面的精密磨削

在精密磨床上用经过精细修整的细粒度砂轮进行加工的方法称为精密磨削。精密磨削用于高精度、表面粗糙度值小的零件磨削,可以获得 IT5 级的尺寸精度和高的几何形状精度。

根据获得的表面粗糙度值的不同,将精密磨削细分为三类:表面粗糙度值为 Ra 0.16～0.04 μm 的称为精密磨削,Ra 0.04～0.01 μm 的称为超精密磨削,小于或等于 Ra 0.01 μm 的称为镜面磨削。

精密磨削主要用于机床主轴、高精度轴承、液压滑阀、标准量具测量仪以及宇航工业中的精密零件、计算机磁盘等元件的制造。

3. 外圆表面的超精加工

超精加工是用细粒度磨具对工件施加很小的压力,油石做往复振动并慢速沿工件轴向运动,以实现微量磨削的一种光整加工方法。

超精加工设备可用专用机床或其他设备改装,其主要机构是振动磨头,用以安装油石,并以电气和机械产生振动;工件安装在能使其运动的工作台上,采用两顶尖装夹,选择一定的切削工艺参数,开动机床,使油石和工件产生各种所需的运动,即可进行超精加工。

加工时,装有细粒度油石的磨头以恒定压力 F 轻压于工件表面上,以快而短促的往复振动对低速旋转的工件进行表面光整加工,磨头与工件之间有三个主要运动:工件的低速转动(1)(工件的圆周速度一般为 30 m/min)、磨头的纵向进给运动(2)(粗加工时纵向进给量取 0.5～1 mm/r,精加工时为 0.1～0.2 mm/r)、油石的高速往复振动(3),如图 1-1-30 所示。

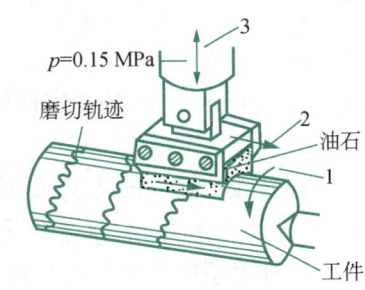

图 1-1-30 外圆表面的超精加工

超精加工主要特点:

① 生产效率高、加工表面粗糙度值小。经过超精加工工序,可以使预加工表面粗糙度值为 Ra 0.4 μm 的工件很快减小到 Ra 0.012～0.006 μm。

② 加工精度高。尺寸精度和几何精度可以控制在 IT5 级公差的 1/2 以内,并可消除工件表面的螺旋形、多边形、波纹等缺陷。

③ 切削速度低、油石压力小。超精加工工件低速旋转,因而切削速度低,油石压力一般小于 5 MPa,可改善加工表面的力学性能,减少表面烧伤、退火变质等现象的发生。

④ 使用设备简单、油石价格低廉。

⑤ 由于超精加工的刀具处于悬浮状态,因此,不能提高加工表面的相互位置精度。超精加工适用于需进一步提高外圆表面尺寸精度和表面质量的加工。

4. 工件表面的研磨

研磨是用研磨工具和研磨剂,从工件上研去一层极薄表面材料的精密加工方法。研磨的实质是有游离的磨粒,通过研磨工具对工件进行包括物理和化学综合作用的微量切削,可完成外圆、内孔、平面的研磨。

研磨分手工研磨和机械研磨两种。手工研磨是手持研具进行研磨,研磨外圆时,可将工件装夹在车床卡盘上或顶尖上做低速旋转运动,研具套在工件上,用手推动研具做往复运动。机械研磨在研磨机上进行。

研磨属精整、光整加工,研磨前加工面要进行良好的精加工,研磨余量在直径上一般为 0.1～0.03 mm。研磨的工艺特点如下:

① 工件研磨后,尺寸、形状精度高,表面粗糙度值小。如果加工条件控制得好,研磨外圆可获得很高的尺寸精度(IT6～IT4 级)、极小的表面粗糙度值以及较高的形状精度(圆度误差为 0.003～0.001 mm)。

② 研磨后的工件表面耐磨性和耐腐蚀性提高,可延长工件的使用寿命。

③ 加工设备和研具操作方便简单、成本低。

④ 适应性好。研磨可加工钢、铸铁、硬质合金、光学玻璃、陶瓷等多种材料。
⑤ 研磨不能提高位置精度,生产效率较低。

知识点2　数控加工工艺路线

数控加工工艺路线制订与通用机床加工工艺路线制订的主要区别在于,它往往不是指从毛坯到成品的整个工艺过程,而仅仅是几道数控加工工序工艺过程的具体描述。由于数控加工工序一般都穿插于零件加工的整个工艺过程中,因而应注意与普通加工工艺的衔接。

一、工序的划分

根据数控加工的特点,数控加工工序的划分一般可按下列方法进行。

(1) 以一次安装、加工作为一道工序

这种方法适合加工内容较少的工件,加工完毕后即达到待检状态。

(2) 以同一把刀具加工的内容划分工序

有些工件虽然能在一次安装中加工出很多表面,但因程序太长,可能会受到某些限制,如控制系统的限制(内存容量)和机床连续工作时间的限制(一道工序在一个工作班内不能结束)等。此外,程序太长会增加错误及检索难度。因此,每道工序的内容不可太多,可以同一把刀具加工的内容作为一道工序。

(3) 以加工部位划分工序

对于加工表面较多或不能一次装夹完成的工件,可按其结构特点将加工部位分成几个部分,如内腔、外形、曲面或端面,并将每一部分的加工作为一道工序。如图1-1-31(a)所示,第一次先进行圆柱面加工,然后二次装夹(调头),车削如图1-1-31(b)所示的圆球。

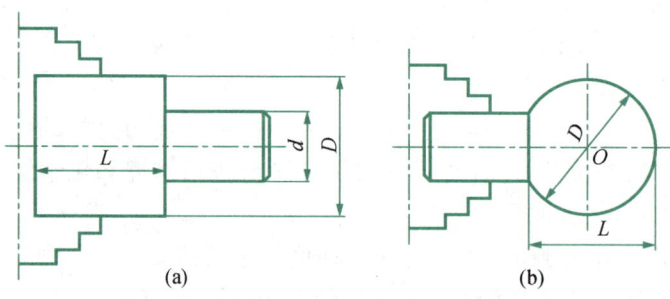

图1-1-31　以加工部位划分工序

(4) 以粗、精加工划分工序

对于加工中易发生变形和要进行中间热处理的工件,粗加工后的变形常常需要进行校直,故要进行粗、精加工的零件一般都要将工序分开。

二、加工路线的确定

1. 常用的加工路线

(1) 先粗后精

这是数控加工与普通加工都常采用的加工路线,目的是提高生产效率、保证零件的精加工质量。其过程是先安排较大背吃刀量及进给量的粗加工工序,以便在较短的时间内,将大量的加工余量去掉。例如,车削如图 1-1-32 所示零件时,粗车工序应较快完成,将图中虚线外部分车去。

在制订该方案的过程中,因考虑到精车过程是连续进行的,故粗车后应尽量满足精加工余量均匀性的要求。图 1-1-32 中的零件粗车时,余量是不均匀的,在该方案中增加一个半精车过程,即可满足精车要求。

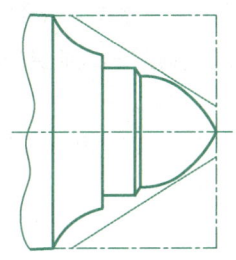

图 1-1-32　粗车示意图

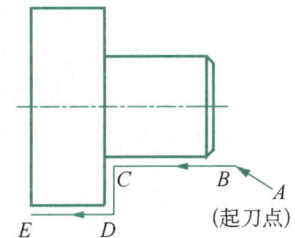

图 1-1-33　先近后远加工路线

（2）先近后远

这里所说的近与远,是按加工部位相对于起刀点的位置而言的。在一般情况下,特别是在粗加工时,通常安排离起刀点近的部位先加工,远的部位后加工,以便缩短刀具移动距离,减少空行程时间(图 1-1-33)。对于车削加工,先近后远还有利于保持坯件或半成品的刚性,改善其切削条件。

视频——
先近后远
加工路线

（3）先内后外

对既有内表面又有外表面的零件,在制订其加工方案时,通常应安排先加工内表面,后加工外表面。这是因为控制内表面的尺寸和形位精度较困难,刀具刚性相应较差,刀尖或刀刃的使用寿命易受到切削热的影响,以及在加工内表面时清除切屑较困难等。

2. 制订加工路线的要求

在制订加工路线过程中,除了必须严格保证零件的加工质量外,还应注意以下三个方面的要求。

（1）程序段最少

在加工程序的制订过程中,为使程序简洁、减少出错率及提高编程工作的效率等,尽量以最少的程序段实现对零件的加工。

由于机床数控装置具有直线和圆弧插补等运算功能,除非圆曲线等特殊插补功能要求外,精加工程序的段数一般可由构成零件的几何要素及工艺路线确定的各条程序段直接得到。这时,应重点考虑如何使粗车的程序段数和辅助程序段数为最少。例如,在粗加工时尽量采用车床数控系统的固定、复合循环等功能。

（2）进给路线最短

确定进给路线的重点主要在于确定粗加工和空行程路线,因为精加工切削过程的进给路线基本上都是沿其零件轮廓顺序进行的。进给路线泛指刀具从对刀点开始运动,直至返回该点并结束加工程序所经过的路径,包括切削加工的路径及刀具引入、切出等非切削空行程的路径。

在保证加工质量的前提下,使加工程序具有最短的进给路线,不仅可以节省整个加工过程的执行时间,还能减少一些不必要的刀具消耗及机床进给机构中滑动部件的磨损等。

缩短进给路线可巧用起刀点。图 1-1-34 所示为采用矩形循环方式进行粗车的一般情况。其起刀点 A 的设定考虑到精车等加工过程中需方便地换刀,故设置在离工件较远的位置,同时将起刀点和对刀点重合在一起,按三刀粗车的走刀路线安排如下。

第一刀:A—B—C—D—A。第二刀:A—E—F—D—A。第三刀:A—G—H—D—A。

图 1-1-35 所示则是巧将起刀点和对刀点分离。起刀点设于图示 A 点位置,仍按相同的切削用量进行三刀粗车,走刀路线安排如下。

第一刀:A—B—C—D—A。第二刀:A—E—F—D—A。第三刀:A—G—H—D—A。

视频——起刀点和对刀点的重合与分离

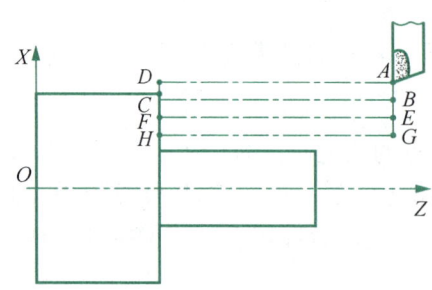

图 1-1-34 起刀点和对刀点重合   图 1-1-35 起刀点和对刀点分离

显然,图 1-1-35 所示的走刀路线比图 1-1-34 中的短。该方法也可用于其他循环指令格式的加工程序中。

选择最短的切削进给路线,不仅可有效地提高生产效率,还可大大降低刀具的损耗。在安排粗加工或半精加工的切削进给路线时,应同时兼顾到被加工零件的刚性及加工的工艺要求,不要顾此失彼。

粗车同一零件时安排的几种不同切削进给路线的示意图如图 1-1-36 所示。其中,图 1-1-36(a)表示利用数控系统的封闭复合循环功能,控制车刀每次均按与零件轮廓相同的轨迹进给;图 1-1-36(b)表示利用数控系统的固定循环功能安排的"三角形"进给路线;图 1-1-36(c)表示利用数控系统的轴向粗车复合循环功能安排的"矩形"进给路线。

视频——切削进给路线对比

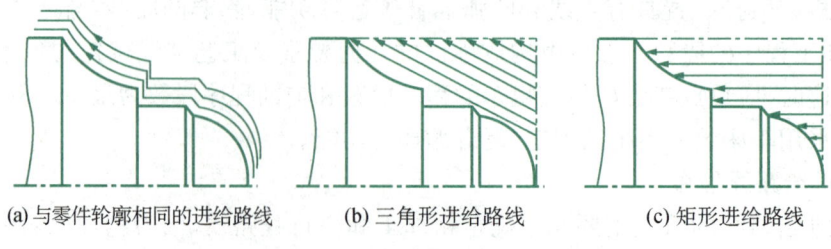

(a) 与零件轮廓相同的进给路线　(b) 三角形进给路线　(c) 矩形进给路线

图 1-1-36 切削进给路线对比

对以上三种切削进给路线,经分析和判断后可知矩形循环进给路线的走刀长度总和最短。因此,在同等条件下,其切削所需时间短,刀具的损耗就小。矩形循环加工的程序段格式较简单,所以这种进给路线在制订加工方案时应用较多。

(3) 灵活选用不同形式的切削路线

切削半圆弧凹表面时,可供选用的四种常见的切削路线的形式如图 1-1-37 所示。

 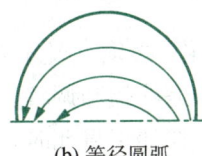  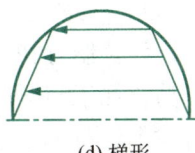

(a) 同心圆　　　　　　(b) 等径圆弧　　　　　　(c) 三角形　　　　　　(d) 梯形

图 1-1-37　切削半圆弧的路线

不同形式的切削路线有不同的特点,了解它们各自的特点,有利于合理安排其进给路线。

3. 工序的安排

工序的安排应根据零件的结构和毛坯状况,以及安装定位与夹紧的需要来考虑。工序安排一般应按以下原则进行:

① 上道工序的加工不能影响下道工序的定位与夹紧,中间穿插有普通车床加工工序的也应综合考虑。

② 先进行内腔加工,后进行外形加工。

③ 以相同定位、夹紧方式或同一把刀具加工的工序,最好连续加工,以减少重复定位次数和换刀次数。

4. 数控加工工序与普通工序的衔接

数控加工工序前后一般都穿插有其他普通加工工序,如衔接得不好就容易产生矛盾。因此,在熟悉整个加工工艺内容的同时,要清楚数控加工工序与普通加工工序各自的技术要求、加工目的、加工特点,如留不留加工余量、留多少,定位面与孔的精度要求及形位公差,对校直工序的技术要求,加工过程中的热处理等,这样才能使各工序达到加工需要。

三、数控加工工艺处理的原则和步骤

1. 工艺处理的一般原则

数控加工工艺的分析及安排涉及的因素很多,所需知识面较广,因此,数控车床操作工应具有一定的数控技术基础知识,才能适应数控加工的要求。

工艺处理的一般原则如下:

(1) 因地制宜

根据本单位的技术力量,数控设备种类、分布与数量,以及操作者的技术能力等实际条件,力求工艺处理过程简单易行,并能满足加工的需要。

(2) 总结经验

在积累普通车床加工的工艺经验的基础上,探索、总结数控加工的工艺经验。普通车床加工的某些工艺经验对数控加工仍具有一定的指导意义。

(3) 灵活运用

不同操作者在同一台普通车床上加工同一个零件,可以凭借自己的技能,采取不同的工序、工步达到图样要求。在数控编程过程中,不同的编程者仍可通过不同的处理途径,

达到相同的加工目的。如何使工艺处理环节更加合理、先进,这就要求编程者灵活应用有关工艺处理的知识和经验,不断丰富自己的工艺处理能力,具体问题具体分析,提高应变能力。

(4) 考虑周全

设计及制订加工工艺是一项十分缜密的工作,必须一丝不苟地进行。因为数控加工是自动化加工,其加工过程中不能因故而随意中途停顿和调整。所以,必须对加工过程中的每一个细节都给予充分的分析和考虑。例如,在加工盲孔时,要考虑其孔内是否已经塞满了切屑;又如钻深孔时,应分几段安排慢钻、快退工艺才能有效解决散热及排屑问题等。

2. 工艺处理的步骤

工艺处理一般按以下步骤进行。

(1) 图样分析

图样分析的目的在于全面了解零件轮廓及精度等各项技术要求,为下一步骤提供依据。现对图 1-1-38 所示的零件进行分析,尺寸精度要求如图所示。

在分析过程中,可以同时进行一些编程尺寸的简单换算,如增量尺寸、绝对尺寸、中值尺寸及尺寸链计算等。在数控编程实践中,常常对零件要求的尺寸进行中值计算,作为编程的尺寸依据。如图 1-1-39 为对图 1-1-38 所示的轴类零件进行中值计算的结果。

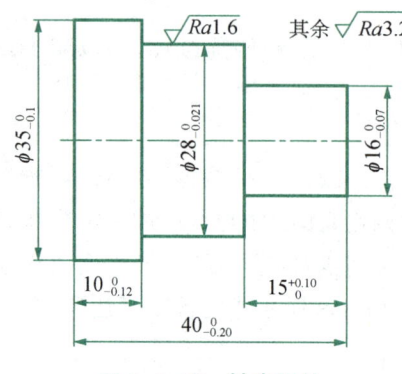

图 1-1-38 轴类零件

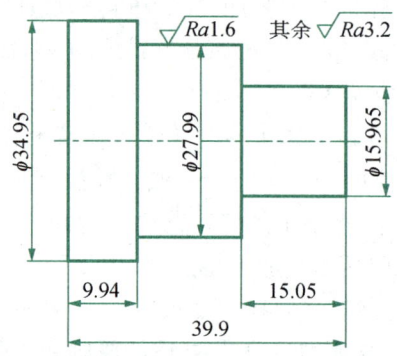

图 1-1-39 编程尺寸的确定

(2) 工艺分析

工艺分析的目的在于分析工艺的可能性和优化性。工艺可能性是指数控加工的基础条件是否具备,能否经济地控制其加工精度等;工艺优化性主要指对车床(或数控系统)的功能要求能否尽量降低,刀具种类及零件装夹次数能否尽量减少,切削用量等参数的选择能否适应高速度、高精度的加工要求等。

(3) 工艺准备

工艺准备是工艺安排工作中不可忽视的重要环节。它包括对车床操作编程手册、标准刀具和通用夹具样本及切削用量表等资料的准备,车床(或数控系统)的选型和车床有关精度及技术参数(如综合机械间隙)的测定,刀具的预调(对刀),补偿方案的指定以及外围设备(如自动编程系统、自动排屑装置等)的准备工作。

(4) 工艺设计

在完成上述步骤的基础上,参照"制订加工路线的要求"中所介绍的方法完成工艺设计(构思)工作。

(5) 实施编程

将工艺设计的构思通过加工程序单表达出来,并通过程序校验其工艺处理(含数值计算)的结果是否符合加工要求,是否为最好方案。

知识点3 加工方案

选择各加工表面的加工方法时,主要应保证加工表面的加工精度和表面粗糙度的要求。一般是先选定最终加工方法,然后确定加工方案。

一、选择加工方案时应考虑的因素

1. 工件的形状和尺寸

不同形状和尺寸的加工表面直接影响加工方法的选择。例如外圆柱表面的加工一般采用车削、磨削的加工方法。

2. 工件材料的性质

例如,经淬火后的待加工表面,一般用磨削的方法加工;而有色金属材料如铜、铝等,由于容易堵塞砂轮,不宜采用磨削加工,常采用高速精车、精镗、精铣的方法进行加工。

3. 生产类型

所选择的加工方法要与生产类型相适应,即应考虑生产率和经济性问题。例如:大批生产应选用生产率高且质量稳定的专用设备和工艺装备进行加工;单件、小批生产则应选择易于调整、准备工作量少的设备和工艺装备,且应选择便于工人操作的加工方法。

4. 生产条件

选择加工方法时,还应考虑本企业的现有设备情况和生产条件。要充分利用企业现有设备和工艺手段,节约资源,发挥技术人员的创造性,挖掘企业潜力,重视新技术、新工艺,不断提高企业的工艺水平。

一般来说,对于精度要求高、表面粗糙度值小的工件外圆,仅用一种加工方法往往达不到其规定的技术要求。这些表面必须经过粗加工、半精加工、精加工等,以逐步提高其加工精度。因此,不同加工方法的有序组合即为加工方案。

二、外圆表面的加工方案

选择加工方案时,主要根据加工表面的加工精度。常用的外圆表面的加工方案主要分为以下四种:

1. 低精度的加工方案

对加工精度低、表面粗糙度值较大的零件外圆表面,经粗车即可达到要求。加工精度可达 IT10～IT9 级,表面粗糙度值可达 Ra 6.3～3.2 μm。

2. 中等精度的加工方案

对于非淬火钢件、铸铁件及有色金属件的外圆表面,加工方案为粗车→半精车→精车。加工精度可达 IT9～IT8 级,表面粗糙度值可达 Ra 3.2～1.6 μm。

3. 较高精度的加工方案

对于加工精度较高的淬火钢件、非淬火钢件及铸铁件外圆表面,加工方案为粗车→半精车→磨削。加工精度可达 IT8~IT7 级,表面粗糙度值可达 Ra 1.6~0.8 μm。

4. 高精度的加工方案

对于更高精度的钢件和铸铁件,除了车削和磨削外,还需增加精磨和超精加工等工序,加工方案为粗车→半精车→粗磨→精磨→精密磨削。加工精度可达 IT6~IT5 级,表面粗糙度值可达 Ra 0.16~0.01 μm。

三、加工方案的选择原则

加工方案的选择原则是保证加工质量、生产率和经济性。

表 1-1-14 为外圆柱面加工方案和所能达到的加工经济精度、表面粗糙度及适用范围,选用方案时可以作为参考。加工经济精度和表面粗糙度是指正常的加工条件下(符合质量的标准设备、工艺装备、标准技术等级的技术工人和合理的工时定额)所能达到的加工精度和表面粗糙度。值得注意的是,随着工艺技术的不断改进,加工经济精度的数值往往是发生变化的。

表 1-1-14 外圆柱面加工方案

序号	加工方案	加工经济精度（公差等级）	表面粗糙度 Ra(μm)	适用范围
1	粗车	IT13~IT11	50~12.5	适用于淬火钢以外的各种金属加工
2	粗车→半精车	IT10~IT8	6.3~3.2	
3	粗车→半精车→精车	IT8~IT7	1.6~0.8	适用于淬火钢以外的各种金属加工
4	粗车→半精车→精车→滚压(或抛光)	IT8~IT7	0.25~0.2	
5	粗车→半精车→磨削	IT8~IT7	0.8~0.4	主要用于淬火钢加工,也可用于未淬火钢加工,但不宜加工有色金属
6	粗车→半精车→粗磨→精磨	IT7~IT6	0.4~0.1	
7	粗车→半精车→粗磨→精磨→超精加工	IT6~IT5	0.1~0.012	
8	粗车→半精车→精车→精细车(金刚车)	IT7~IT6	0.4~0.025	主要用于要求较高的有色金属加工
9	粗车→半精车→粗磨→精磨→超精磨(或镜面磨)	IT5 以上	<0.025	主要用于极高精度的钢和铸铁加工
10	粗车→半精车→粗磨→精磨→研磨	IT5 以上	<0.1	

任务实施

环节 1 课前预习加工方法、加工路线、加工方案的相关知识

1. 完成预习测试,归纳遇到的问题。

_____
_____
_____

2. 针对学生提交的问题,教师进行讲解、指导,组织学生进行讨论、抢答、头脑风暴等活动,通过教学平台完成。

(1) 常用的加工方法有哪几种?如何选择加工方法?

_____
_____
_____
_____

(2) 外圆精度为 IT7 级,表面粗糙度值为 $Ra\ 1.6\ \mu m$,如何选择加工方案?

_____
_____
_____
_____

环节 2 实战演练,锻炼技能

1. 请你根据台阶轴的零件图(图 1-1-1),选择各表面的加工方案,并介绍选择理由。

_____
_____

参考答案

2. 编制台阶轴的数控加工工艺卡。

环节 3 检查评价,评定反馈

请你认真检查自己与同学们的学习过程,进行自评、小组互评,取长补短。根据小组互评、教师点评,查找不足,写出总结报告。

选择台阶轴加工方法、加工路线、加工方案的评价表

序号	过程考核	项目名称	考核内容与要求	配分	得分		备注
					自评	小组互评	
1	课前 (15 分)	看视频、微课	回答问题	5			
		在线测试	完成测试	5			
		总结提问	问题的质量、难度	5			
2	课中 (50 分)	加工方法、路线、方案	考勤	按时上课	5			
			活动参与	积极参与活动	5			
			加工方法	全面、正确	10			
			加工路线	正确	15			
			加工方案	合理	15			
3	课后 (15 分)	课程内容巩固	典型零件工艺分析	课后习题完成情况	15			
4	综合素质 (10 分)		自主学习创新能力	线下、线上自主学习,分析解决问题的能力,创新意识	3			
			团队协作	团队合作、协调沟通、语言表达、竞争意识	2			
			工匠精神	崇尚、尊重劳动;吃苦耐劳、一丝不苟的工匠精神	5			
5	评定反馈 (10 分)		任务完成	任务完成情况	5			
			任务测试	任务测试达标情况	5			
	合计						
	总分						

教师点评:

总结报告

拓展训练

根据图 1-1-5 所示零件图,选择台阶轴的加工方案,并介绍选择理由。

课后练习

一、填空题

1. 外圆表面的加工方法主要包括_____和_____。
2. 根据磨削时工件定位方式的不同,外圆磨削可分为_____和_____两大类。

3. 综合磨削法又称分段磨削法，它是_____磨削法和_____磨削法的综合应用。

4. 通常外圆表面的车削加工可分为_____、_____、_____和_____四个加工阶段。

5. 常用的加工路线有_____、_____、_____。

6. 先近后远，是按加工部位相对于_____的位置而言的。

二、选择题

1. 下列方法中，主要适用于单件、小批生产或精磨加工较大工件的外圆的是（   ）。
   A. 纵向磨削法　　　　　　　　B. 横向磨削法
   C. 深度磨削法　　　　　　　　D. 综合磨削法

2. 用研磨工具和研磨剂，从工件上研去一层极薄表面材料的精密加工方法是（   ）。
   A. 超精加工　　B. 研磨　　C. 精加工　　D. 光整加工

3. 若在机床上加工零件，下列工序划分的方法中不正确的是（   ）。
   A. 按所用刀具划分　　　　　　B. 按批量大小划分
   C. 按粗、精加工划分　　　　　D. 按加工部位划分

4. 光整加工的加工精度可达到（   ）级以上。
   A. IT5　　B. IT6　　C. IT7　　D. IT8

5. 车削的主运动是连续（   ）运动。
   A. 往返　　B. 径向　　C. 轴向　　D. 旋转

6. 可分为纵磨法和横磨法，分别用于磨削光轴和阶梯轴的磨削方法是（   ）。
   A. 深度磨削　　B. 无心磨削　　C. 综合磨削　　D. 中心磨削

7. 中心磨削即普通的外圆磨削，被磨削的工件由（   ）定位，在外圆磨床或万能外圆磨床上加工。
   A. 端面　　B. 中心轴线　　C. 中心孔　　D. 基准面

三、判断题

1. 横向磨削法中砂轮形状误差直接影响工件几何形状精度，磨削精度较低，表面粗糙度值较大。（   ）

2. 纵向磨削法磨削抗力大，主要适用于批量生产中在功率大、刚性好的磨床上磨削较大的工件。（   ）

3. 精密加工一般指被加工工件的尺寸精度为 3～0.3 μm，公差等级为 IT5 级以上。（   ）

4. 车削加工过程中，不能在一次装夹中完成不同直径的外圆、内孔和端面。（   ）

5. 用横向磨削法磨削外圆时，砂轮宽度大于工件的磨削长度，工件需做纵向进给运动。（   ）

6. 磨削加工容易引起工件退火和产生烧伤现象。（   ）

四、简答题

1. 数控加工工艺处理的原则有哪些？

2. 工序安排一般应按什么原则进行？

五、工艺制订题

制订图 1-1-40 所示销轴零件的数控加工工艺。

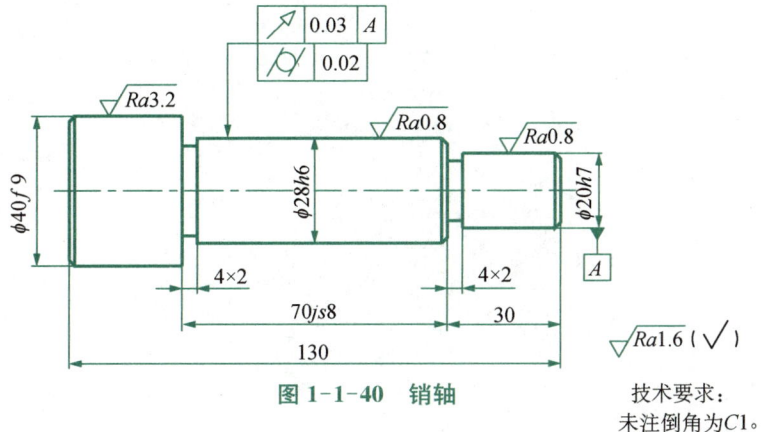

图 1-1-40　销轴

技术要求：
未注倒角为 $C1$。

学习任务二
螺纹轴的数控加工工艺制订与实施

视频——
螺纹轴的
数控加工

任务描述

螺纹轴是轴类零件中最常见的,图1-2-1所示为一复杂螺纹轴零件图,是数控车技能大赛的训练实例,毛坯为$\phi 60 \text{ mm} \times 125 \text{ mm}$的圆钢,生产类型为单件或小批生产。试分析技术要求,选择刀具、切削用量、装夹方法,确定加工工艺方案,制订数控加工工艺。

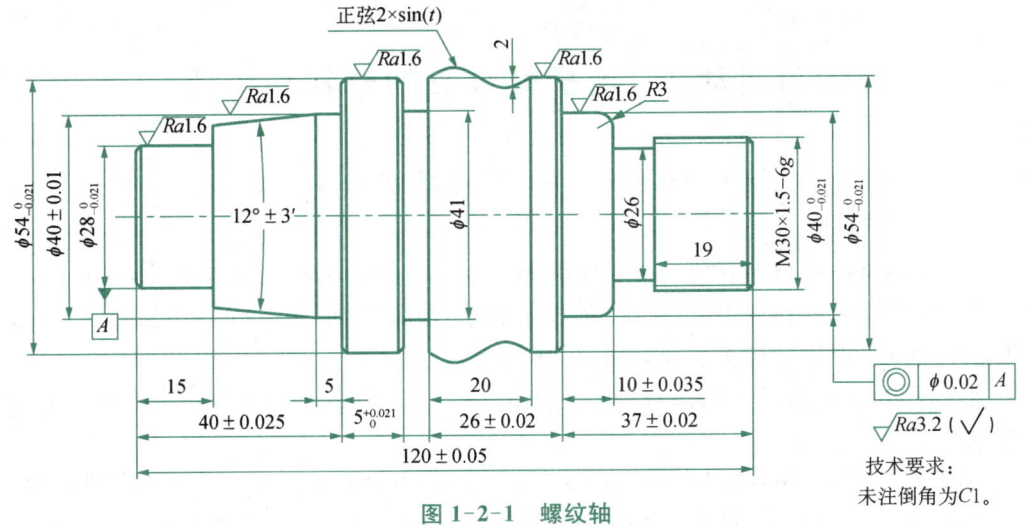

图 1-2-1 螺纹轴

任务目标

1. 素质目标
① 通过自主学习,培养学生分析问题、解决问题的能力;
② 通过小组合作,培养学生的团队合作意识;
③ 通过编制数控车技能大赛的零件工艺文件,培养学生严谨细致、精益求精的工匠精神。
2. 知识目标
① 巩固数控车床的主要加工对象;
② 巩固零件数控加工工艺分析方法;
③ 掌握螺纹轴的装夹方法;
④ 掌握螺纹轴的加工方法。
3. 能力目标
① 能够分析螺纹轴的加工工艺;

② 能合理选择螺纹轴的毛坯、刀具、夹具、机床、切削用量、工件装夹方法、加工方法；
③ 能制订螺纹轴的加工工艺。

任务分析

如图 1-2-1 所示的螺纹轴，该轴单件生产，材料为 45 钢。螺纹轴有 5 处外圆、6 处长度尺寸、1 处锥度、1 处螺纹，精度都较高，其余为自由公差，精度要求不高；5 处外圆表面的粗糙度值为 $Ra\ 1.6\ \mu m$，其余全部为 $Ra\ 3.2\ \mu m$，要求较高；螺纹轴结构复杂，同轴度要求较高，精加工时最好用两顶尖装夹。

大赛零件和实际产品在工艺上有所不同，一个尺寸合格，就得一部分的分；产品不能产生废品，要在保证质量的同时，提高效率。如选择不同的加工方案，产品质量、生产效率、加工成本就会有所区别，因此，为了合理安排生产，保证加工产品的高质量、高效率、低成本，就需要制订合理的数控加工工艺。

学习活动 1　选择螺纹轴的材料和毛坯

知识点 1　轴类零件的材料

轴类零件常用的材料有普通碳素结构钢、优质碳素结构钢、合金结构钢、轴承钢和弹簧钢等。合理选用材料和规定热处理的技术要求，对提高轴类零件的强度和使用寿命有重要意义，同时，对轴的加工过程有极大的影响。

对于不重要的轴，可采用普通碳素结构钢 Q235A，Q255A 等，不经热处理直接加工使用。

一般轴类零件可采用常用优质碳素结构 35，45，50 钢，根据不同的工作条件，采用不同的热处理工艺（如正火、调质、淬火等），以获得一定的强度、韧性和耐磨性。

对于中等精度而转速较高的轴类零件，可选用 40Cr 等合金钢。经调质和表面淬火处理后，合金钢具有较好的综合力学性能。

对于精度较高的轴，可选用轴承钢 GCr15 和弹簧钢 65Mn 等材料，通过调质和表面淬火处理后，其具有更好的耐磨性和耐疲劳性能。

对于高转速、重载荷等条件下工作的轴，可选用 20CrMnTi，20Mn2B，20Cr 等低碳含金钢，经过渗碳淬火或氮化处理后，可获得高的表面硬度、抗冲击韧性和心部强度，且热处理变形小。

知识点 2　零件的毛坯

一、机械加工中常见的毛坯

1. 铸件

铸件适合形状较复杂的零件。目前生产中的铸件大多采用砂型铸造，少数尺寸小的优质铸件可采用特种铸造。

2. 锻件

锻件有自由锻造锻件和模锻件两种。

自由锻造锻件是在各种锻锤或压力机上由手工操作而成形的锻件。这种锻件的精度低,加工余量大,生产率不高,工件结构简单,但锻造时不需要专用模具,适用于单件、小批生产以及大型锻件生产。

模锻件是用一套专用的锻模,在吨位较大的锻锤或压力机上锻出的锻件。这种锻件的精度、表面质量比自由锻造锻件好,形状也可复杂一些,加工余量较小。模锻件的材料组织分布比较有利,因而机械强度较高。模锻的生产率也高,适用于产量较大的中小型锻件生产。

3. 型材

型材有热轧和冷拔两类,热轧型材尺寸较大,精度较低,多用于一般零件的毛坯;冷拔型材尺寸较小,精度较高,多用于制造毛坯精度要求较高的中小型零件,适用于自动机加工。

4. 焊接件

对于大件来说,焊接件简单方便,特别是可以大大缩短单件和小批生产的生产周期,但焊接件的变形较大,需要经过时效处理后才能进行机械加工。

轴类零件的毛坯常用棒料或锻件,对于某些大型的、结构复杂的轴可采用铸件毛坯。

二、选择毛坯应考虑的因素

1. 零件的材料及其力学性能

通常情况下,当零件材料确定下来后,毛坯的类型就基本确定。铸造性能良好的材料如铸铁、青铜时应选择铸件毛坯;对于钢制零件,当形状简单、力学性能要求不高时,可选择型材毛坯;当形状复杂、力学性能要求高时,可选择锻件毛坯。

2. 零件的结构形状与外形尺寸

形状复杂的毛坯一般采用铸造方法制造,薄壁零件不应用砂型铸造。例如常见的各种阶梯轴,如各台阶直径相差不大,可直接选择型材(圆棒料);如各台阶直径相差较大,为减少材料消耗和机械加工劳动量,则宜选择锻件毛坯。至于一些非旋转体的板条形钢质零件,则一般多用锻件毛坯。

零件外形尺寸对毛坯选择也有较大的影响。对于尺寸较大的零件,选择砂型铸造或自由锻造毛坯;中小型零件则可选择模锻及各种特种铸造的毛坯。

3. 生产类型

不同的生产类型决定了不同的毛坯制造方法。当零件的生产批量较大时,应采用精度和生产率都比较高的毛坯制造方法,以减少材料耗费和机械加工的费用,如铸件采用金属模机器造型,锻件应采用模锻。当零件的生产批量较小时,应采用精度和生产率都较低的毛坯制造方法,如手工木模造型或自由锻造。

4. 现有生产条件

选择毛坯时,必须考虑具体的生产条件,如毛坯制造的实际水平、生产能力、质量状况、设备状况、成本费用以及外协的可能性等。

5. 充分利用新技术、新工艺和新材料

为了节约材料和能源,减少机械加工的余量,提高经济效益,应尽量采用精密铸造、精密锻造、冷挤压、粉末冶金等新工艺、新技术和工程塑料等新材料。

三、确定毛坯时的工艺措施

现代机械制造的发展趋势之一是通过毛坯精化使毛坯的形状和尺寸尽量与零件接近，减少机械加工的劳动量，力求实现少、无切屑加工。但是，由于现有毛坯制造工艺和技术的限制，加之产品零件的精度和表面质量的要求越来越高，毛坯上某些表面仍须留有一定的加工余量，以便通过机械加工来达到零件的质量要求。

毛坯加工余量确定后，除了将毛坯加工余量附加在工件相应的加工面上之外，还要考虑毛坯制造、机械加工以及热处理等许多工艺因素的影响。以下列举三种常见的工艺措施。

① 为了加工时工件装夹方便，有些铸件毛坯需要铸出便于装夹的夹头，夹头在完成零件加工后再予以切除。

② 在机械加工中，有时会遇到车床走刀系统中的开合螺母外壳（图1-2-2）等零件。为了保证这些零件的加工质量和加工便利性，常将这些零件先做成一个整体毛坯，加工到一定阶段后再切割分离。

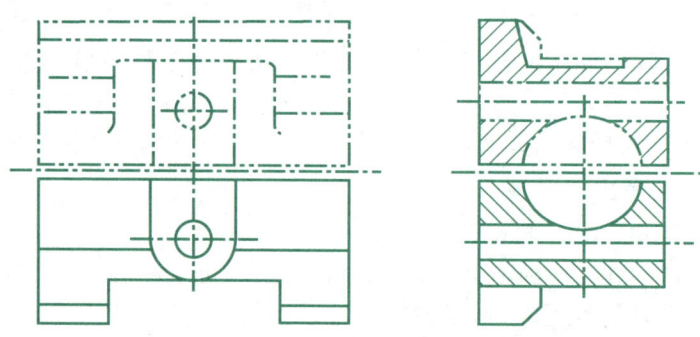

图1-2-2 车床开合螺母外壳

③ 为了提高生产效率和在加工中便于装夹，对于一些垫圈类零件，应将多件零件合成一个毛坯，如图1-2-3所示。

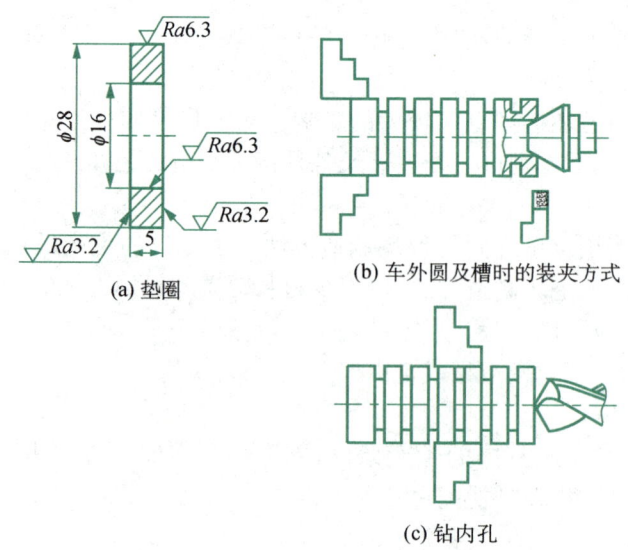

图1-2-3 垫圈的整体毛坯及加工

项目一　轴类零件的数控加工工艺制订与实施

任务实施

环节 1　课前预习零件毛坯、材料的相关知识

1. 完成预习测试,归纳遇到的问题。
___
___
___

2. 针对学生提交的问题,教师进行讲解、指导,组织学生进行讨论、抢答、头脑风暴等活动,通过教学平台完成。

(1) 常用的轴类材料有哪几种?如何选择轴类材料?
___
___
___

(2) 机械加工中常见的毛坯类型有哪几种?
___
___
___

(3) 选择零件毛坯时要考虑哪些因素?
___
___
___

环节 2　实战演练,锻炼技能

1. 请你根据螺纹轴的零件图(图 1-2-1),分析螺纹轴的加工工艺。
___
___
___
___

参考答案

2. 请你根据螺纹轴的零件图(图 1-2-1),选择加工螺纹轴的机床、刀具。
___
___
___
___

3. 请你根据螺纹轴的零件图(图 1-2-1),选择螺纹轴的基准、拟定螺纹轴的加工路线。

_____

_____

_____

4. 编制螺纹轴的数控加工工艺卡。

环节 3　检查评价,评定反馈

请你认真检查自己和同学们的学习过程,进行自评、小组互评,取长补短。根据小组互评、教师点评,查找不足,写出总结报告。

螺纹轴材料和毛坯选择的评价表

序号	过程考核	项目名称	考核内容与要求	配分	得分 自评	得分 小组互评	备注
1	课前 (15分)	看视频、微课	回答问题	5			
		在线测试	完成测试	5			
		总结提问	问题的质量、难度	5			
2	课中 (50分)	选择螺纹轴的材料和毛坯	考勤	按时上课	5			
			活动参与	积极参与活动	5			
			选择材料	全面、正确	20			
			选择毛坯	正确	20			
3	课后 (15分)	课程内容巩固	典型零件工艺分析	课后习题完成情况	15			
4	综合素质 (10分)	自主学习创新能力	线下、线上自主学习,分析解决问题的能力,创新意识	3			
		团队协作	团队合作、协调沟通、语言表达、竞争意识	2			
		工匠精神	崇尚、尊重劳动;吃苦耐劳、一丝不苟的工匠精神	5			
5	评定反馈 (10分)	任务完成	任务完成情况	5			
		任务测试	任务测试达标情况	5			
			合计				
			总分				

教师点评:

总结报告

拓展训练

如图 1-2-4 所示复合轴,毛坯尺寸为 $\phi 80$ mm×122 mm,零件材料为 45 钢,制订该零件的数控加工工艺。

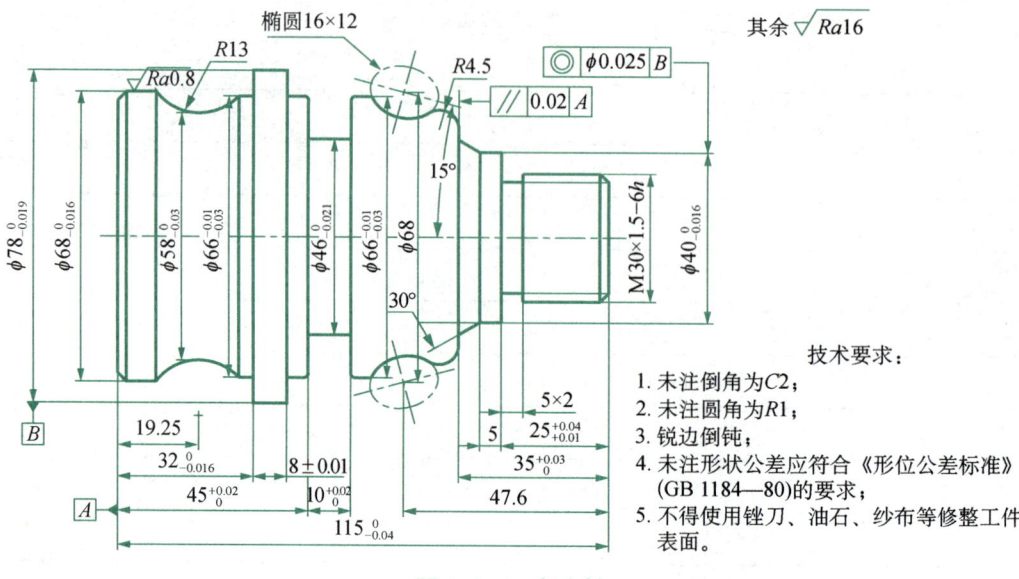

图 1-2-4 复合轴

课后练习

一、填空题

1. 轴类零件常用的材料有_____、_____、_____、轴承钢和弹簧钢等。
2. 型材有热轧和冷拔两类，_____ 型材尺寸较小，精度较高，多用于制造毛坯精度要求较高的中小型零件，适用于自动机加工。
3. 各台阶直径相差较大，为减少材料消耗和机械加工劳动量，则宜选择_____毛坯。

二、选择题

1. 形状复杂的零件毛坯一般选用(　　)。
   A. 铸件　　　　B. 锻件　　　　C. 棒料　　　　D. 型材
2. 确定毛坯要从机械加工的角度考虑最佳效果，毛坯制造不需要考虑的因素是(　　)。
   A. 生产纲领　　　　　　　　B. 材料的工艺性
   C. 零件的结构形状和尺寸　　D. 机床
3. 单件、小批生产一般选用(　　)。
   A. 铸件　　　　B. 锻件　　　　C. 焊接件　　　　D. 型材

三、判断题

1. 模锻的生产率较高，适用于产量较大的中小型锻件。　　　　　　(　　)
2. 零件外形尺寸对毛坯选择影响不大。　　　　　　　　　　　　　(　　)

四、简答题

1. 列举实际生产中常见的工艺措施。

2. 机械加工中常见的毛坯类型有哪几种？各适用于哪些场合？

五、工艺制订题

如图 1-2-5 所示螺纹轴，毛坯尺寸为 $\phi 32 \text{ mm} \times 65 \text{ mm}$，零件材料为 45 钢。试分析零件图，完成下列任务。

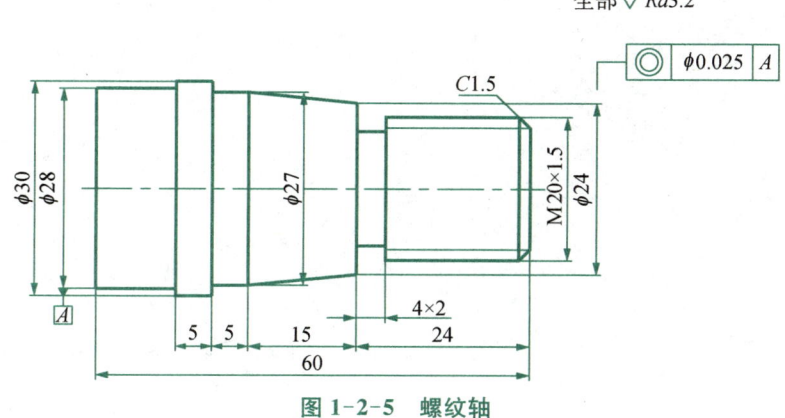

图 1-2-5 螺纹轴

（1）分析技术要求；
（2）选择毛坯、刀具、装夹方法；
（3）编制数控加工工艺卡。

学习活动 2　确定加工余量、工序尺寸及公差

知识点 1　加工余量

一、加工余量的确定

1. 加工余量的基本概念

加工余量是指在加工过程中从加工表面切去的材料层厚度。加工余量主要分为工序余量和加工总余量。

（1）工序余量

工序余量是相邻两工序的工序尺寸之差，即在一道工序中从某一加工表面切除的材料层厚度。工序尺寸指本工序加工后所应达到的尺寸。

对于非对称的加工表面，如图 1-2-6(a)、(b)所示的加工余量称为单边余量。

视频——
加工余量

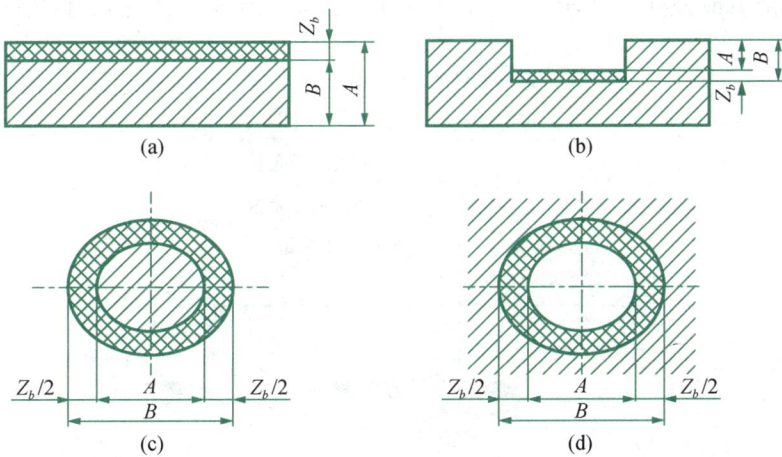

图 1-2-6　加工余量

计算工序余量 Z_b 时，

对于外表面：　　　　　　　$Z_b = A - B$

对于内表面：　　　　　　　$Z_b = B - A$

式中，Z_b——本工序的单边加工余量；

　　　A——上道工序的工序尺寸；

　　　B——本工序的工序尺寸。

对于回转体的加工表面，如图 1-2-6(c)、(d)所示的加工余量称为双边余量。

计算工序余量 Z_b 时，

对于外圆表面（轴）：　　　$2Z_b = A - B$

对于内圆表面（孔）： $2Z_b = B - A$

式中，Z_b——双边（直径方向上的）加工余量；
    A——上道工序的工序尺寸（直径）；
    B——本工序的工序尺寸（直径）。

（2）加工总余量

加工总余量是指各个加工工序余量的总和，也就是从毛坯变成成品的整个加工过程中，某一加工表面上所切除的材料总厚度。计算公式如下：

$$Z_总 = Z_1 + Z_2 + \cdots + Z_n$$

式中，$Z_总$——加工总余量；
    $Z_1, Z_2, \cdots, Z_n$——各道工序余量。

2. 工序的加工余量与工序尺寸的关系

视频——
工序加工
余量与工
序尺寸的
关系

由于毛坯制造和各个工序尺寸都不可避免地存在误差，因而无论总加工余量还是工序余量都是一个变动量，即有最大加工余量和最小加工余量之分，只标基本尺寸的加工余量称为基本余量或公称余量，图 1-2-7 表示了工序加工余量与工序尺寸的关系。

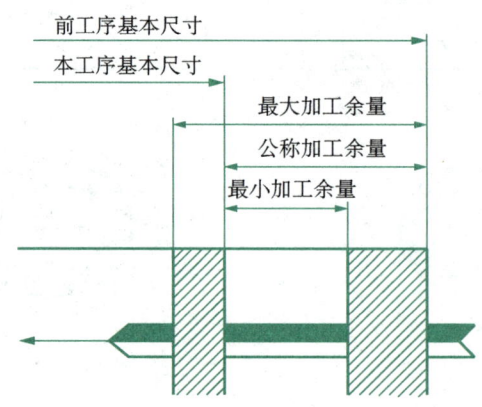

图 1-2-7 工序加工余量与工序尺寸的关系

从图 1-2-7 中可以看出：

公称加工余量是相邻两工序基本尺寸之差；最小加工余量是前工序最小工序尺寸和本工序最大工序尺寸之差；最大加工余量是前工序最大工序尺寸和本工序最小工序尺寸之差。

工序余量公差等于前工序与本工序尺寸公差之和。

工序尺寸的公差带一般采用"入体原则"标注。"入体原则"是指标注工件尺寸公差时应向材料实体方向单向标注。轴的基本尺寸为其最大实体尺寸，即其上偏差为 0；孔的基本尺寸为其最大实体尺寸，即其下偏差为 0；长度尺寸的公差带为对称分布。对于磨损后无变化的尺寸，一般标注双向偏差，如图 1-2-8、图 1-2-9 所示。

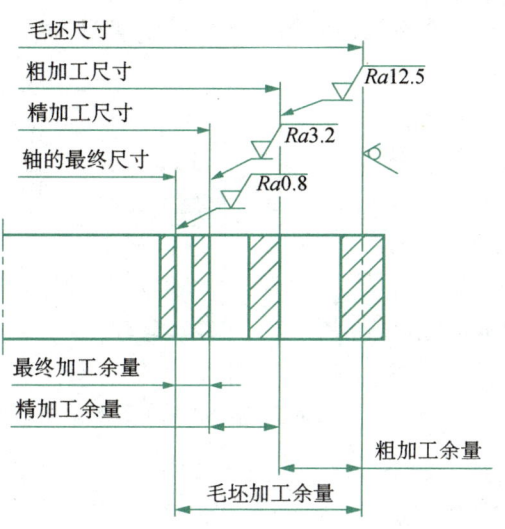
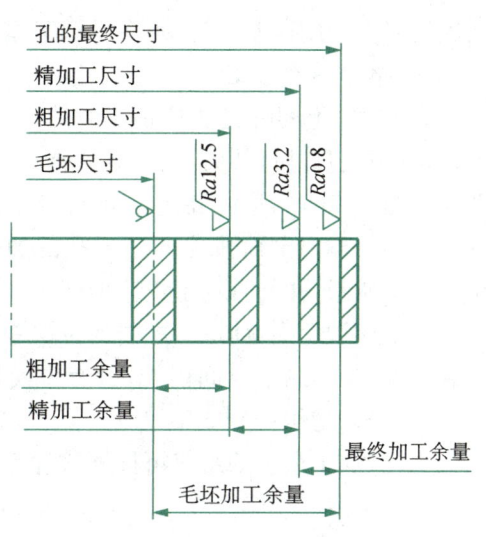

图 1-2-8　轴的公差带位置　　　　　图 1-2-9　孔的公差带位置

3. 影响加工余量的因素

加工余量的大小对零件的加工质量、生产率和加工成本有较大的影响。加工余量过大，会造成机床设备和刀具的磨损、材料的消耗，降低生产率，使成本增加；加工余量偏小，则不能全部消除上道工序的加工误差和表面缺陷，产生废品。因此，应当合理确定加工余量。

为了合理确定加工余量，必须了解影响加工余量的因素。影响加工余量的因素有以下四个。

（1）前道工序的表面粗糙度 Ra 和表面缺陷层厚度 T_a

如图 1-2-10 所示，为了保证加工质量，本道工序必须将前道工序留下的表面粗糙度 Ra 和缺陷层 T_a 切除。在某些光整加工中，该项因素甚至是决定加工余量的唯一因素。

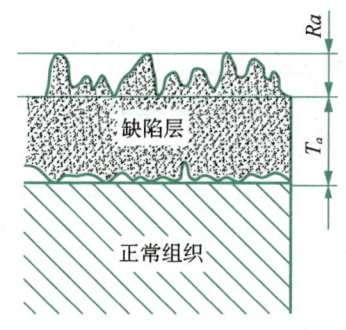
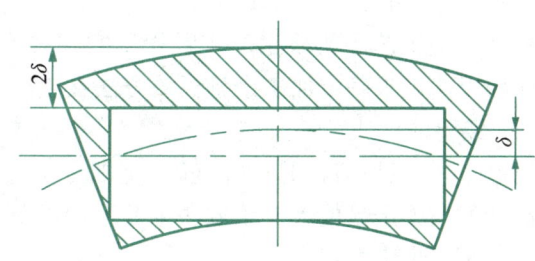

图 1-2-10　表面粗糙度与缺陷层　　　　图 1-2-11　轴线弯曲对加工余量的影响

（2）前道工序的尺寸公差 δ_a

由于工序尺寸的公差是按"入体原则"标注，尺寸公差 δ_a 在工序尺寸的入体方向（如图 1-2-8、图 1-2-9 所示），因此，本道工序的加工余量应包括前道工序的尺寸公差 δ_a。

（3）前道工序的形位误差 ρ_a

当工件上形状和位置偏差不包括在尺寸公差的范围内时，这些误差就必须在本道工序加以纠正，因此在本道工序的加工余量中必须包括前道工序的形位误差 ρ_a。如图 1-2-11 所示，当轴线有直线度误差 δ 时,须在本道工序中纠正,因而直径方向的加工余量应增加 2δ。

(4) 本工序的安装误差 ε_b

安装误差包括本道工序加工时的定位误差和夹紧误差,若使用夹具进行装夹,还会有夹具在机床上的安装误差。如图 1-2-12 所示,由于三爪自定心卡盘定心不准,使工件轴线偏离主轴轴线 e,造成孔的加工余量不足,为确保加工质量,孔的直径余量应增加 $2e$。

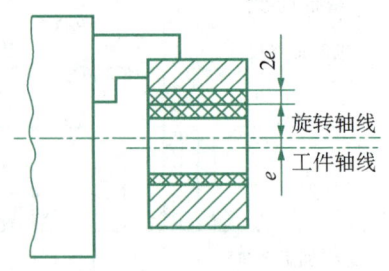

图 1-2-12　工件的安装误差

在上述误差中,前道工序的形位误差 ρ_a 和本道工序的装夹误差 ε_b,属于空间误差,具有方向性,它们的合成应是向量和,记作 $|\rho_a+\varepsilon_b|$。

因此,加工余量的组成可按下式计算:

双边余量:　　　　$2Z_b \geqslant \delta_a + 2(Ra+T_a) + 2|\rho_a+\varepsilon_b|$
单边余量:　　　　$Z_b \geqslant \delta_a + (Ra+T_a) + |\rho_a+\varepsilon_b|$

特殊情况下,当使用浮动铰刀或拉刀加工孔时,由于不能修正孔的位置误差,且无装夹误差,因此,加工余量计算公式应为:

$$2Z_b \geqslant \delta_a + 2(Ra+T_a)$$

当进行孔的光整加工时,若以降低表面粗糙度为主要目的,如抛光等,加工余量只由表面粗糙度值决定:

$$2Z_b \geqslant 2Ra$$

4. 确定加工余量的方法

确定加工余量的基本原则是:在保证加工质量的前提下,加工余量越小越好。

实际工作中,确定加工余量的方法有以下三种:

(1) 查表修正法

根据有关工艺手册或生产实践积累的相关加工余量资料数据为基础,再结合实际生产条件加以修正来确定加工余量。该方法在生产中应用广泛。

(2) 经验估计法

根据工艺人员本身积累的经验确定加工余量。为了防止加工余量过小而产生废品,一般估计的加工余量偏大。该方法主要适用于单件、小批生产。

(3) 分析计算法

根据理论公式和一定的试验资料,对影响加工余量的各因素进行分析、计算来确定加工余量。这种方法较合理,但需要全面可靠的试验资料,计算复杂,所以该方法一般应用较少。

知识点 2　工序尺寸及公差

工序尺寸是指某一个工序加工应达到的尺寸,其公差即为工序尺寸公差,各个工序的加工余量确定后,即可确定工序尺寸及公差。

工件从毛坯加工到成品的过程中,要经过多道工序,每道工序都将得到相应的工序尺寸。制订合理的工序尺寸和公差是确保加工工艺规程正确、加工精度和加工质量的重要内容。工序尺寸及公差可根据加工基准情况分别予以确定。

一、基准重合时工序尺寸及公差的计算

当工序基准或定位基准与设计基准重合时,工序尺寸及其公差由各工序的加工余量和所能达到的经济精度确定。其计算步骤如下。

1. 确定余量

确定毛坯总余量和各工序余量。

2. 确定各工序的工序尺寸

零件表面经最后一道工序加工后,应该达到其设计要求,所以零件加工表面最后一道工序的工序尺寸及公差应为零件上该表面的设计尺寸和公差。中间工序的工序尺寸需要由计算确定,其计算方法是由最后一道工序逐步向前推算。

3. 确定各工序的尺寸公差及表面粗糙度

最后一道工序的工序尺寸公差等于零件图样上设计尺寸公差,表面粗糙度为设计表面粗糙度;中间工序尺寸公差及表面粗糙度按加工经济精度和经济表面粗糙度确定。

4. 标注各工序尺寸公差

中间工序尺寸的上、下偏差按"入体原则"确定,即对于外尺寸(轴),上偏差为零,下偏差取负值;对于内尺寸(孔),下偏差为零,上偏差取正值。

二、工艺尺寸链

1. 工艺尺寸链的定义与组成

(1) 工艺尺寸链的定义

工艺尺寸链是机器装配或零件加工过程中,由若干相互连接的尺寸形成的尺寸组合,以下简称尺寸链。

图 1-2-13(a)所示台阶形零件的尺寸 A_1、A_0 在零件图中已注出。当上、下表面加工完毕,以使用表面 M 作定位基准加工表面 N 时,需要确定尺寸 A_2,以便按该尺寸对刀后用调整法加工 N 面。尺寸 A_2 及公差虽未在零件图中注出,但却与尺寸 A_1 和 A_0 相互关联,它们的关系可用图 1-2-13(b)所示的尺寸链表示出来。

(2) 工艺尺寸链的特征

尺寸链是由一个间接得到的尺寸和若干个直接得到的尺寸所组成。如图 1-2-13(b)所示,尺寸 A_1、A_2 是直接得到的尺寸,而 A_0 是间接得到的尺寸。间接得到的尺寸和加工精度受直接得到的尺寸大小和加工精度影响,并且间接得到的尺寸的加工精度低于任何一个直接得到的尺寸的加工精度。

尺寸链一定是封闭的且各尺寸按一定的顺序首尾相连。尺寸链包含两个特性:一是尺寸链中各尺寸应构成封闭形式;二是尺寸链中任何一个尺寸变化都直接影响其他尺寸的变化。

(3) 尺寸链的组成

① 环。列入尺寸链的每一尺寸,如图 1-2-13(b)中的 A_1、A_2、A_0。

② 封闭环。在加工过程中间接获得的一环,每个尺寸链有且仅能有一个封闭环,如图 1-2-13(b)中的 A_0。

③ 组成环。除封闭环外的其他全部环,如图 1-2-13(b)中的 A_1、A_2。

视频——零件加工中的尺寸链

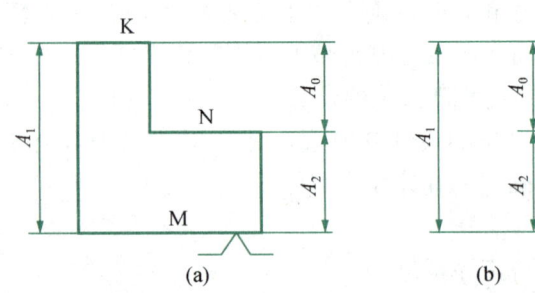

图 1-2-13 零件加工中的尺寸链

④ 增环。在所有组成环中如果某一环的增大会引起封闭环的增大,其减小会引起封闭环的减小,则该环即为增环。通常在增环符号上标以向右的箭头表示该环,如 $\overrightarrow{A_1}$。

⑤ 减环。在所有组成环中如果某一环的增大会引起封闭环的减小,其减小会引起封闭环的增大,则该环即为减环。通常在减环符号上标以向左的箭头表示该环,如 $\overleftarrow{A_2}$。

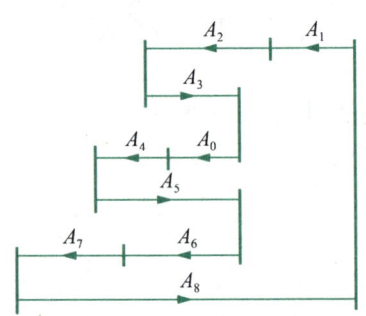

图 1-2-14 增环和减环的判断

(4)增环和减环的判断。在尺寸链的组成环中,增环和减环的判断可根据上述定义进行,该方法主要用于尺寸链中总环数较少的尺寸链。也可用画"箭头"的方法进行判断,尺寸链环数较多时可采用该方法,具体如下:在尺寸链图上先给封闭环任意定出方向并画出箭头,然后顺这个箭头方向环绕尺寸链形成一个回路,依次给每个组成环画出箭头。此时,凡是与封闭环箭头相反的组成环为增环,相同的为减环,如图 1-2-14 所示(其中 A_0 为封闭环)。

由图 1-2-14 可知,A_3、A_5、A_8 方向与 A_0 方向相反,是增环;A_1、A_2、A_4、A_6、A_7 方向与 A_0 方向相同,是减环。

2. 工艺尺寸链的建立

在利用尺寸链解决有关工序尺寸及公差的计算问题时,首先应建立工艺尺寸链,一旦工艺尺寸链建立了,求解尺寸链是很容易的。在工艺尺寸链的建立过程中首先要做的工作就是正确确定封闭环,然后就是查找出所有的组成环。初学者必须重视封闭环的判定和组成环的查找,因为如果封闭环的判定错误,整个尺寸链求解将得出错误的结果;组成环查找不对,将得不到最少环数的尺寸链,求解结果也是错误的。

(1)封闭环的判定

视频——封闭环的判定

在工艺尺寸链中,封闭环是加工过程中间接形成的尺寸。因此封闭环是随着零件加工方案的变化而变化的。仍以图 1-2-13(a)所示零件为例,由上面的分析可知,图中标注尺寸为 A_1、A_0,零件的 M、K 面已加工好,如以 M 面为定位基准加工 N 面时则 A_0 为封闭环;如果该零件的标注尺寸为 A_1、A_2,其加工方案为:先加工好 M、

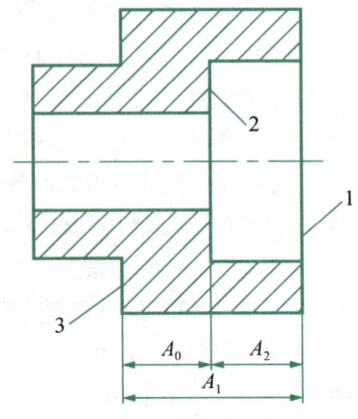

图 1-2-15 封闭环的判定

K 面后以 K 面为定位基准加工 N 面,则封闭环为 A_2。又如图 1-2-15 所示零件,当以工件表面 3 为定位基准加工表面 1 时获得尺寸 A_1,然后以表面 1 为测量基准加工表面 2 而直接获得尺寸 A_2,则间接获得的尺寸 A_0 为封闭环。但是如果以加工过的表面 1 为测量基准加工表面 2,直接获得尺寸 A_2,再以表面 2 为定位基准加工表面 3 直接获得尺寸 A_0,此时尺寸 A_1 便为间接形成的尺寸而成为封闭环。所以封闭环的判定必须根据零件加工的具体方案,紧紧抓住"间接形成"这一要领。

(2) 组成环的查找

组成环查找的方法:从构成封闭环的两表面开始,同步地按照工艺过程顺序,分别向前查找各表面最后一次加工的尺寸,之后再进一步查找此加工尺寸的工序基准最后一次加工时的尺寸,如此继续向前查找,直到两条路线最后得到的加工尺寸的工序基准重合(即重合的工序基准为同一表面),至此上述尺寸系统即形成封闭轮廓,从而构成了工艺尺寸链。

查找组成环必须掌握的基本要点:组成环是加工过程中"直接获得"的,而且对封闭环有影响。下面仍以前述图 1-2-13(a) 所示零件为例说明工艺尺寸链中组成环的查找方法。① K 面与 M 面之间的尺寸大于 A_1(增加后续工序的加工余量);② 以 M 面为定位基准铣削表面 K,保证尺寸 A_1;③ 以 M 面为定位基准铣削 N 面,保证尺寸 A_2,同时保证尺寸 A_0。

由以上工艺过程可知,加工过程中尺寸 A_0 是间接获得的,是封闭环。从构成该尺寸的两端面 K 面、N 面开始查找组成环。K 面的最近一次加工即为铣削加工,工艺基准是 M 面,直接获得的尺寸是 A_1。N 面最近一次加工是铣削加工,工艺基准也是 M 面,直接获得的尺寸为 A_2。至此,两个加工面的工序基准都是 M 面,即两个方向的工序基准重合了,组成环查找完毕,A_1、A_2 和 A_0 构成了尺寸链。

上述查找工艺尺寸链组成环的例子只有两环,比较简单。当组成环数较多时方法仍相同,因此这里不做具体介绍。

(3) 尺寸链的计算

① 正计算。已知全部组成环的尺寸及偏差,计算封闭环尺寸及公差。尺寸链正计算主要用于设计尺寸校验。

② 反计算。已知封闭环尺寸及偏差,计算各组成环尺寸及偏差。由于尺寸链的计算公式是一元一次方程,只能求解一个未知数,而组成环数量大于一个,因此必须有另外的附加条件才能求解。该方法主要用于根据机器装配精度确定各零件尺寸及偏差的设计计算。

③ 中间计算。已知封闭环及某些组成环的尺寸及偏差,计算某一未知组成环的尺寸及偏差。求解工艺尺寸链一般用中间计算。

(4) 极值法解尺寸链的基本计算公式

尺寸链计算方法有极值法和概率法两种。极值法适用于组成环数较少的尺寸链计算,而概率法适用于组成环数较多的尺寸链计算。工艺尺寸链计算主要应用极值法。

① 封闭环的基本尺寸。封闭环的基本尺寸 A_0 等于所有增环基本尺寸之和减去所有减环基本尺寸之和,即

$$A_0 = \sum_{i=1}^{m} \vec{A}_i - \sum_{j=m+1}^{n-1} \vec{A}_j$$

式中，A_0——封闭环的基本尺寸；

A_i——组成环中增环的基本尺寸；

A_j——组成环中减环的基本尺寸；

m——增环数；

n——包括封闭环在内的总环数。

② 封闭环的极限尺寸。封闭环的最大极限尺寸等于所有增环的最大极限尺寸之和减去所有减环的最小极限尺寸之和。其最小极限尺寸等于所有增环的最小极限尺寸之和减去所有减环的最大极限尺寸之和，即

$$A_{0\max} = \sum_{i=1}^{m} \vec{A}_{i\max} - \sum_{j=m+1}^{n} \vec{A}_{j\min}$$

$$A_{0\min} = \sum_{i=1}^{m} \vec{A}_{i\min} - \sum_{j=m+1}^{n} \vec{A}_{j\max}$$

式中，$A_{0\max}$，$A_{0\min}$——封闭环的最大及最小极限尺寸；

$\vec{A}_{i\max}$，$\vec{A}_{j\min}$——增环的最大及最小极限尺寸；

$\vec{A}_{j\min}$，$\vec{A}_{j\max}$——减环的最大及最小极限尺寸。

③ 封闭环的极限偏差。封闭环的上偏差等于所有增环上偏差之和减去所有减环下偏差之和；封闭环的下偏差等于所有增环下偏差之和减去所有减环上偏差之和，即

$$ES A_0 = \sum_{i=1}^{m} ES\vec{A}_i - \sum_{j=m+1}^{n-1} EI\vec{A}_j$$

$$EI A_0 = \sum_{i=1}^{m} EI\vec{A}_i - \sum_{j=m+1}^{n-1} ES\vec{A}_j$$

式中，ESA_0，EIA_0——封闭环的上、下偏差；

$ES\vec{A}_i$，$EI\vec{A}_i$——增环的上、下偏差；

$ES\vec{A}_j$，$EI\vec{A}_j$——减环的上、下偏差。

④ 封闭环的公差。封闭环的公差等于各组成环公差之和，即

$$T_0 = \sum T_i$$

式中，T_0——封闭环公差；

T_i——组成环公差。

(5) 工艺尺寸链的解题步骤

① 确定封闭环。解工艺尺寸链问题时能否正确找出封闭环是求解的关键。

② 查明全部组成环，画出尺寸链图。

③ 判定组成环中的增、减环，并用箭头标出。

④ 利用基本计算公式求解。

三、基准不重合时工序尺寸及公差的确定

当机械加工过程中的定位基准、测量基准等与设计基准(工序基准)不重合时,工序尺寸及公差的确定要用工艺尺寸链来进行计算。

下面的实例为应用工艺尺寸链确定工序尺寸及公差。

1. 测量基准与设计基准不重合时工序尺寸及公差的计算

在加工中,有时会遇到某些加工表面的设计尺寸不便测量甚至无法测量的情况,为此,需要在工件上另选一个容易测量的测量基准,通过对该测量尺寸的控制来间接保证原设计尺寸的精度。这就产生了测量基准与设计基准不重合时,工序尺寸及公差的计算问题。

例:如图 1-2-16 所示套零件图,零件轴向设计尺寸有 $15_{-0.36}^{0}$ mm 和 $40_{-0.17}^{0}$ mm 两种,加工时,无法使用通用量具直接测量尺寸,如采用深度游标卡尺直接测量大孔尺寸,间接保证 $15_{-0.36}^{0}$ mm,就存在测量基准与设计基准不重合的问题,这时该如何确定大孔的深度尺寸?

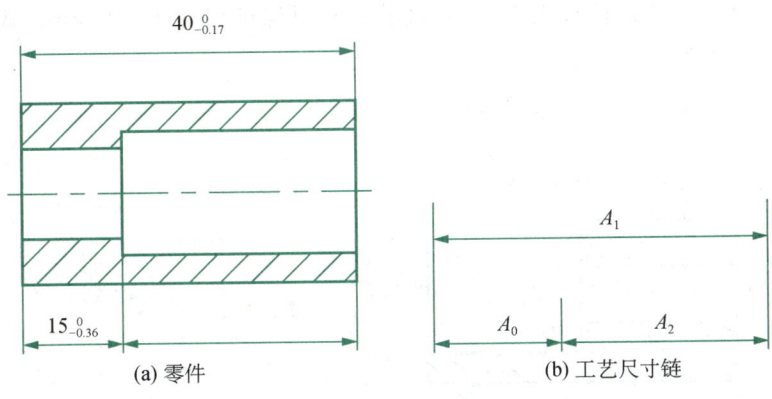

图 1-2-16 套

解:(1) 判断封闭环并画尺寸链图

根据加工情况,设计尺寸 A_0 是加工过程中间接获得的尺寸,因此 A_0($15_{-0.36}^{0}$ mm)是封闭环。然后从组成尺寸链的任一端出发,按顺序将 A_0、A_1、A_2 连接为一封闭尺寸组,即为求解的工艺尺寸链[图 1-2-16(b)]。

(2) 判定增、减环

由定义或画箭头的方法可判定 A_1 为增环,A_2 为减环,将其标在尺寸链图上。

(3) 按公式计算工序尺寸 A_2 的基本尺寸

由式 $A_0 = \sum_{i=1}^{m}\vec{A}_i - \sum_{j=m+1}^{n-1}\vec{A}_j$ 可得:

$A_0 = A_1 - A_2$

则 $A_2 = A_1 - A_0 = 40 - 15 = 25$ mm

(4) 按公式计算工序尺寸 A_2 的极限偏差

由式 $ESA_0 = \sum_{i=1}^{m} ES\vec{A}_i - \sum_{j=m+1}^{n} EI\vec{A}_j$ 可得:

则 $EIA_2 = ESA_1 - ESA_0 = 0 - 0 = 0$

由式 $ESA_0 = \sum_{i=1}^{m} ES\vec{A}_i - \sum_{j=m+1}^{n-1} EI\vec{A}_j$ 可得：

$EIA_0 = EIA_1 - ESA_2$

则 $ESA_2 = EIA_1 - EIA_0 = -0.17 + 0.36 = 0.19$ mm

故 A_2 的上、下偏差分别为

$ESA_2 = 0.19$ mm

$EIA_2 = 0$

所以，大孔的深度尺寸 A_2 为 $25_{0}^{+0.19}$ mm。

2. 定位基准与设计基准不重合时工序尺寸及公差的计算

零件采用调整法加工时，如果加工表面的定位基准和设计基准不重合，就要进行尺寸换算，重新标注工序尺寸。

例：如图 1-2-17 所示零件，B、C、D 面均已加工完毕。本道工序是在成批生产时（用调整法加工），用端面 B 定位加工表面 A（铣缺口），以保证尺寸 $10_{0}^{+0.2}$ mm，试标注铣此缺口时的工序尺寸及公差。

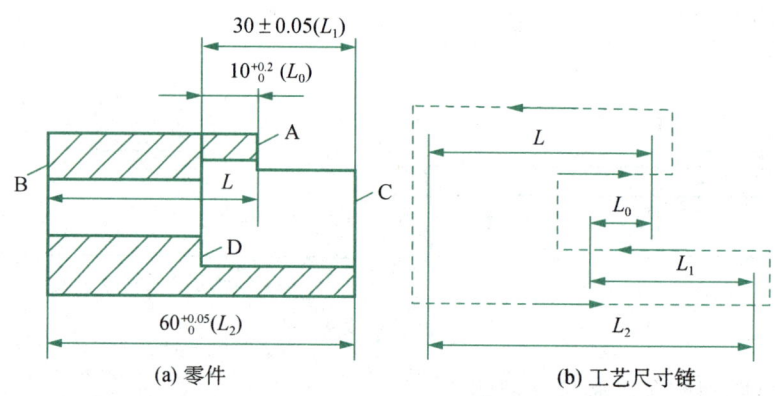

(a) 零件　　(b) 工艺尺寸链

图 1-2-17　尺寸链计算

解：(1) 判断封闭环并画尺寸链图

根据加工情况，尺寸 L_0 是加工过程中间接获得的尺寸，因此 L_0（$10_{0}^{+0.2}$ mm）是封闭环。然后从组成尺寸链的任一端出发，按顺序将 L_0、L、L_2、L_1 连接为一封闭尺寸组，即为求解的工艺尺寸链 [图 1-2-17(b)]。

(2) 判定增、减环

由定义或画箭头的方法可判定 L_1、L 为增环，L_2 为减环，将其标在尺寸链图上。

(3) 按公式计算工序尺寸 L 的基本尺寸

由式 $A_0 = \sum_{i=1}^{m} \vec{A}_i - \sum_{j=m+1}^{n-1} \vec{A}_j$ 可得：

$L_0 = (L_1 + L) - L_2$

则 $L = L_0 + L_2 - L_1 = 10 + 60 - 30 = 40$ mm

(4) 按公式计算工序尺寸 L 的极限偏差

由式 $ESA_0 = \sum_{i=1}^{m} ES\vec{A}_i - \sum_{j=m+1}^{n-1} EI\vec{A}_j$ 可得：

$ESL_0 = (ESL_1 + ESL) - EIL_2$

则 $ESL = ESL_0 - ESL_1 + EIL_2 = 0.2 - 0.05 + 0 = 0.15$ mm

由式 $EIA_0 = \sum_{i=1}^{m} EI\vec{A}_i - \sum_{j=m+1}^{n-1} ES\vec{A}_j$ 可得：

$EIL_0 = (EIL_1 + EIL) - ESL_2$

则 $EIL = EIL_0 - EIL_1 + ESL_2 = 0 - (-0.05) + 0.05 = 0.10$ mm

故 L 的上、下偏差分别为

$ESL = 0.15$ mm

$EIL = 0.10$ mm

所以，L 的工序尺寸为 $40^{+0.15}_{+0.10}$ mm，公差值为 0.05 mm。

任务实施

环节 1 课前预习尺寸链的相关知识

1. 完成预习测试,归纳遇到的问题。

2. 针对学生提交的问题,教师进行讲解、指导,组织学生进行讨论、抢答、头脑风暴等活动,通过教学平台完成。

(1) 什么是加工余量?什么是尺寸链?

(2) 如何判断尺寸链中的封闭环、增环和减环?

环节 2 实战演练,锻炼技能

如图 1-2-18 所示套筒形零件,本工序为在车床上车削内孔及槽,设计尺寸 $A_0 = 10_{-0.2}^{0}$ mm,在加工中尺寸 A_0 不好直接测量,所以采用深度尺测量尺寸 x 来间接检验 A_0 是否合格,已知尺寸 $A_1 = 50_{-0.2}^{-0.1}$ mm,计算 x 的值。

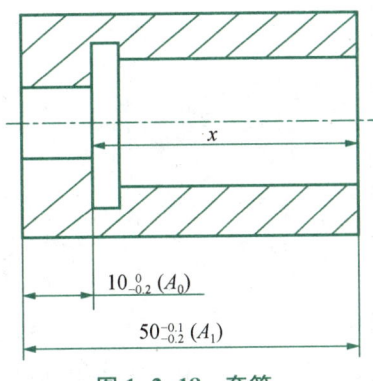

图 1-2-18 套筒

参考答案

环节 3 检查评价,评定反馈

请你认真检查自己与同学们的学习过程,进行自评、小组互评,取长补短。根据小组互评、教师点评,查找不足,写出总结报告。

确定螺纹轴加工余量、工序及尺寸公差的评价表

序号	过程考核	项目名称	考核内容与要求	配分	得分		
					自评	小组互评	备注
1	课前 (15分)	看视频、微课	回答问题	5			
		在线测试	完成测试	5			
		总结提问	问题的质量、难度	5			
2	课中 (50分)	确定加工余量、计算尺寸链	考勤	按时上课	10		
			活动参与	积极参与活动	10		
			加工余量确定	正确	15		
			尺寸链计算	正确	15		
3	课后 (15分)	课程内容巩固	加工余量确定、尺寸链计算	课后习题完成情况	15		
4	综合素质 (10分)	自主学习创新能力	线下、线上自主学习,分析解决问题的能力,创新意识	3			
		团队协作	团队合作、协调沟通、语言表达、竞争意识	2			
		工匠精神	崇尚、尊重劳动;吃苦耐劳、一丝不苟的工匠精神	5			
5	评定反馈 (10分)	任务完成	任务完成情况	5			
		任务测试	任务测试达标情况	5			
			合计				
			总分				

教师点评:

总结报告

拓展训练

课后查找如何用竖式法计算尺寸链。

课后练习

一、填空题

1. 加工余量主要分为_____和_____。
2. 工序尺寸的公差带一般采用_____标注。
3. 在尺寸链中,每个组成环的公差必然_____于封闭环的公差。

4. 组成环按其对封闭环的影响可分为_____和_____。若某一组成环增大时封闭环也增大,该组成环称为_____;若某一组成环增大时封闭环减小,该组成环称为_____。

二、选择题

1. 在所有组成环中如果某一环的增大会引起封闭环的减小,其减小会引起封闭环的增大,则该环即为(　　)。
   A. 封闭环　　　　B. 增环　　　　C. 减环　　　　D. 组成环
2. 尺寸链按功能分为设计尺寸链和(　　)。
   A. 封闭尺寸链　　B. 装配尺寸链　　C. 零件尺寸链　　D. 工艺尺寸链
3. 下列关于尺寸链叙述正确的是(　　)。
   A. 尺寸链是由相互联系的尺寸按顺序排列的链环
   B. 一个尺寸链可以有一个以上封闭环
   C. 在极值算法中,封闭环公差大于任一组成环公差
   D. 分析尺寸链与尺寸链中的组成环数目多少无关
4. 已知 A_0 为封闭环(图 1-2-19),增环个数为(　　),减环个数为(　　)。
   A. 1,4　　　　　　　　　　　　B. 2,3
   C. 3,2　　　　　　　　　　　　D. 4,1
5. ES_i 表示增环的上偏差,EI_i 表示增环的下偏差,ES_j 表示减环的上偏差,EI_j 表示减环的下偏差,m 为增环的数目,n 为减环的数目,那么,封闭环的上偏差为(　　)。

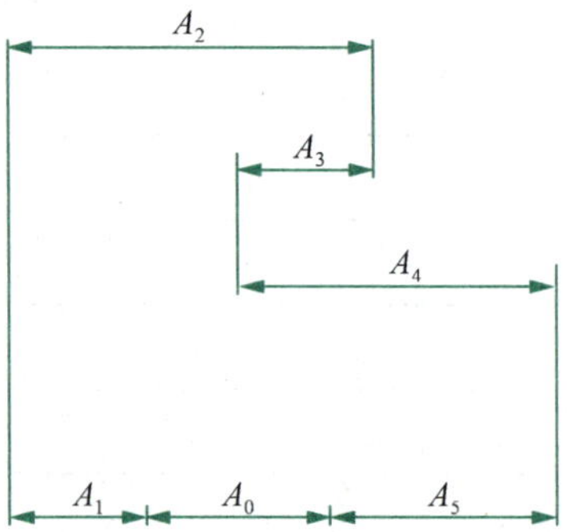

图 1-2-19　尺寸链

   A. $\sum_{i=1}^{m}\overrightarrow{ESA_i} - \sum_{i=1}^{m}\overleftarrow{ESA_j}$　　　　B. $\sum_{i=1}^{m}\overrightarrow{EIA_i} - \sum_{i=1}^{m}\overleftarrow{ESA_j}$
   C. $\sum_{i=1}^{m}\overrightarrow{ESA_i} - \sum_{i=1}^{m}\overleftarrow{EIA_j}$　　　　D. $\sum_{i=1}^{m}\overrightarrow{ESA_i} - \sum_{i=1}^{m}\overleftarrow{ESA_j}$
6. 相邻两工序的工序尺寸之差,称为(　　)。
   A. 工序余量　　B. 加工余量　　C. 加工总余量　　D. 毛坯余量
7. 回转体表面的加工余量是(　　)。
   A. 对称余量　　B. 单边余量　　C. 工序余量　　D. 直径余量
8. 尺寸链正计算主要用于(　　)校验。
   A. 设计尺寸　　B. 测量尺寸　　C. 加工尺寸　　D. 实际尺寸
9. 组成环是加工过程中(　　)的,而且对封闭环有影响。
   A. 计算获得　　B. 设计获得　　C. 直接获得　　D. 间接获得

三、判断题

1. "入体原则"即轴的基本尺寸为其最大实体尺寸,其下偏差为0。(　　)
2. 封闭环有且只有一个。(　　)
3. 封闭环是随着零件加工方案的变化而变化的。(　　)

4. 在所有组成环中,增环的增大会引起封闭环的增大,减环的减小会引起封闭环的减小。   ( )

四、简答题

1. 影响加工余量的因素有哪些?
2. 生产中确定加工余量的方法有哪些?

五、计算题

如图1-2-20所示套零件图,零件轴向设计尺寸有$\phi 15_{-0.36}^{0}$ mm和$\phi 40_{-0.17}^{0}$ mm两种,加工时,$\phi 15_{-0.36}^{0}$ mm无法使用通用量具直接测量尺寸,如采用深度游标卡尺直接测量大孔尺寸,间接保证$\phi 15_{-0.36}^{0}$ mm,就存在测量基准与设计基准不重合的问题,这时如何确定大孔的深度尺寸?

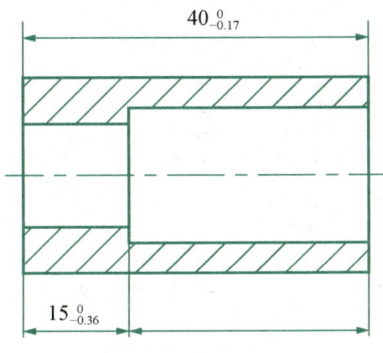

图1-2-20　套零件图

学习任务三
传动轴的数控加工工艺制订与实施

任务描述

如图 1-3-1 所示为一传动轴，是某机械厂产品的零部件，毛坯为 ϕ32 mm × 1 225 mm，材料为 45 钢，生产类型为小批生产。试分析技术要求，选择刀具、切削用量、装夹方法，确定加工工艺方案，制订数控加工工艺。

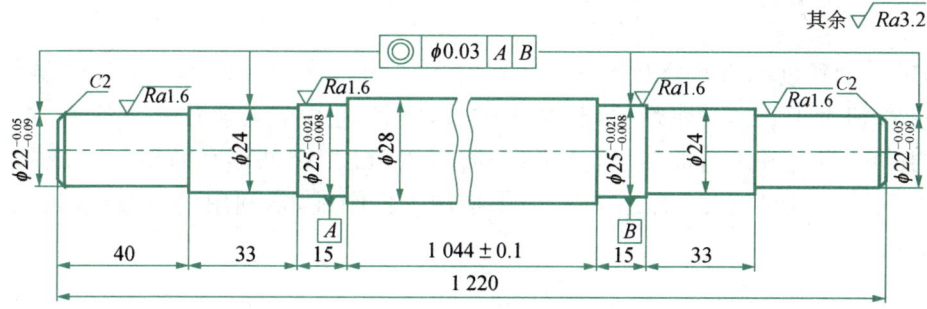

图 1-3-1 传动轴

任务目标

1. 素质目标
① 通过自主学习，培养学生分析问题、解决问题的能力；
② 通过小组合作，培养学生的团队合作意识；
③ 通过编制传动轴工艺文件，培养学生严谨细致、精益求精的工匠精神。
2. 知识目标
① 了解传动轴的功用、结构及技术要求；
② 掌握跟刀架、中心架的应用特点；
③ 掌握传动轴类零件的刀具、切削用量的选择方法；
④ 掌握传动轴的加工方案。
3. 能力目标
① 会分析传动轴的加工工艺；
② 能合理选择传动轴零件刀具、切削用量、工件装夹方法、加工方法；
③ 能制订传动轴零件的加工工艺。

任务分析

传动轴的结构简单,属于细长轴,细长轴本身刚性差,难以保证加工精度。所以在加工过程中,为了增加工件刚性,常利用中心架和跟刀架作辅助支撑。该轴的同轴度要求较高,应选择两顶尖之间装夹,并必须合理选择车刀几何角度,减小径向力。传动轴有四处外圆,精度较高,两端外圆轴线与中间的两处外圆轴线的同轴度要求也较高。精加工时,应选用两顶尖之间装夹。

学习活动　制订传动轴的数控加工工艺

知识点1　外圆车刀的选择

当工件的长度与直径之比大于 $25(L/d>25)$ 时,称为细长轴。细长轴虽然外形并不复杂,但由于它本身刚性差(长径比越大,刚性越差),车削时受切削力、重力、切削热等影响,容易发生弯曲变形,产生振动波纹、锥度、腰鼓形和竹节形等缺陷,难以保证加工精度。所以在加工过程中,为了增加工件刚性,常利用中心架和跟刀架作辅助支撑。

一、刀具几何参数的选择

在选择刀具几何参数的过程中,要使刀具几何参数选择得合理而又具有先进性,不仅要考虑各单个参数的作用,还必须按照实际情况,考虑各几何参数之间相互影响、相互制约的内在联系,进行综合分析。

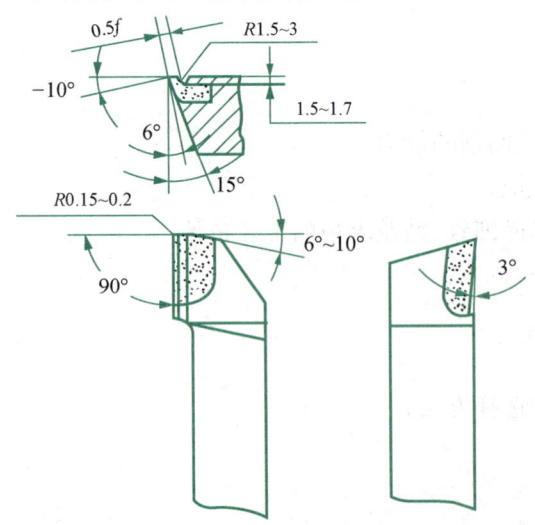

图 1-3-2　车削细长轴的精车刀

选择合理的车刀几何形状的目的是减少切削力、切削热、热变形及振动等。比较合理的车刀几何形状如图 1-3-2 所示。

选择刀具参数应考虑以下要点:

① 刀的主偏角是影响背向力的主要因素,在不影响刀具强度的前提下,应尽量增大车刀主偏角,以减小背向力,从而减小细长轴的弯曲变形。一般选用的主偏角 $\kappa_r = 90°\sim 93°$。

② 为了减小切削力和切削热,应选择较大的前角,以使刀具锋利,切削轻快,一般取 $\gamma_o = 15°\sim 30°$,减小径向力。

③ 选用较小副偏角 $\kappa'_r = 6°\sim 10°$,减小残留面的高度。

④ 为了减小背向力,尖圆弧半径 $r_\varepsilon = 0.15 \sim 0.3$ mm。

⑤ 选用正的刃倾角 $\lambda_s = +3° \sim +10°$ 且前刀面应磨有 $R = 1.5 \sim 3$ mm 的断屑槽,使切屑顺利卷曲折断,可有效防止切屑拉伤已加工表面。

⑥ 在切削刃上磨出副倒棱 $b_{r1} = (0.1 \sim 0.5)f_{mm}$ 和 $\gamma_{o1} = -10°$,以提高刀刃的强度。

⑦ 采用较小的工作后角,或安装时刀尖略高于工件中心 $0.1 \sim 0.3$ mm,以增加系统的刚度和消振阻尼。

⑧ 要求切削刃表面粗糙度值 $Ra \leqslant 0.4$ μm,并保持切削刃锋利。

二、刀片材料的选择

高速车削选用较耐磨的 YT15,YT30 和 YW 等;低速车削选用高速钢。

知识点2 切削用量的选择

车削细长轴时,应分粗车和精车,粗车时切削用量应选背吃刀量 $a_p = (1.5 \sim 2)$ mm、进给量 $f = (0.3 \sim 0.4)$ mm/r、切削速度 $v_c = (50 \sim 60)$ m/min 比较合适;精车时切削用量应选背吃刀量 $a_p = (0.5 \sim 1)$ mm、进给量 $f = (0.08 \sim 0.12)$ mm/r、切削速度 $v_c = (60 \sim 100)$ m/min 比较合适。

知识点3 车削细长轴的方法

车细长轴主要是解决工件车削过程中的刚性问题及变形问题,所以车细长轴的关键就是合理使用中心架和跟刀架。

一、中心架及其使用

中心架安装在床身导轨上。当中心架支撑在工件中间(图 1-3-3)时,工件长度相当于减少了一半,而工件的刚度却提高了好几倍。

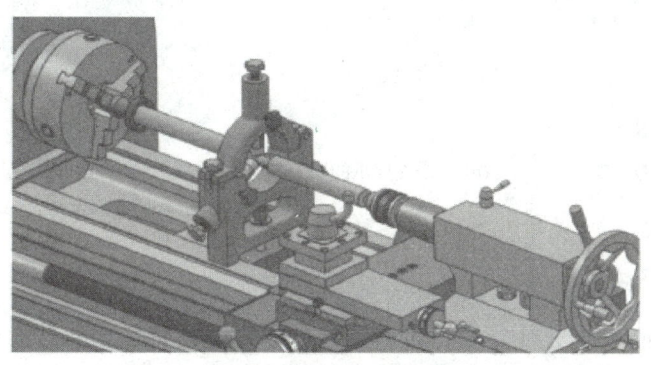

图 1-3-3 中心架的使用

安装中心架之前,应先在工件中间车一段安装中心架支撑爪的沟槽,沟槽直径略大于工件的尺寸要求,沟槽的宽度大于支撑爪的直径。安装中心架后,要使三个支撑爪松紧适当,在沟槽上加注润滑油。在车削过程中,要经常检查支撑爪的松紧度,发现松动要及时调整。

对于工件中间不需要加工的细长轴,可采用辅助套筒的方法安装中心架[图 1-3-4(a)]。把套筒套在轴的外圆上,调整并拧紧两端四个螺钉[图 1-3-4(b)],使套的轴线和工件轴线重合。中心架的支撑爪支撑在辅助套筒的外圆上,其注意事项与支撑爪支撑在工件沟槽中时相同。

(a) 辅助套筒的使用　　　　(b) 辅助套筒的调整

1—中心架支撑爪；2—过渡套筒；3—工件；4—调整螺钉

图 1-3-4　用过渡套筒支撑细长轴

二、跟刀架及其使用

使用中心架可提高工件车削过程中的刚性,但由于工件分两段车削,因此工件中间有接刀痕迹。对不允许有接刀的工件,应采用跟刀架。跟刀架固定在床鞍上,和车刀一起纵向运动。跟刀架有两爪和三爪之分(图 1-3-5)。车削细长轴时,最好使用三爪跟刀架,因为使用三个支撑爪的跟刀架能使工件在上下、前后均不能移动,车削稳定,不易产生振动。跟刀架只能用于光轴零件。

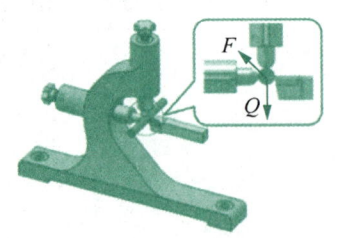  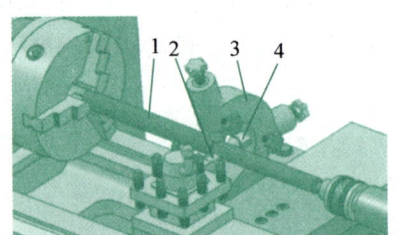

(a) 两个支撑爪的跟刀架　　(b) 三个支撑爪的跟刀架　　(c) 跟刀架的使用

1—细长轴；2—车刀；3—跟刀架；4—支撑爪

图 1-3-5　跟刀架

使用跟刀架时,一定要注意支撑爪对工件的支撑要松紧适当。若太松,起不到提高刚性的作用;若太紧,影响工件的形状精度,车出的工件呈"竹节形"。车削过程中,要经常检查支撑爪的松紧程度并进行必要的调整。

任务实施

环节 1 课前预习传动轴零件刀具、切削用量的相关知识

1. 完成预习测试,归纳遇到的问题。
___
___

2. 针对学生提交的问题,教师进行讲解、指导,组织学生进行讨论、抢答、头脑风暴等活动,通过教学平台完成。

(1) 如何选择刀具几何参数及刀片材料?
___
___
___

(2) 跟刀架和中心架有何作用?
___
___
___

环节 2 实战演练,锻炼技能

1. 请你根据传动轴的零件图(图 1-3-1),分析传动轴的加工工艺。
___
___
___

参考答案

2. 请你根据传动轴的零件图(图 1-3-1),选择传动轴的机床、刀具。
___
___
___
___

3. 请你根据传动轴的零件图(图 1-3-1),选择传动轴的基准,拟定传动轴的加工方案。
___
___
___
___

4. 编制传动轴的数控加工工艺卡。

环节 3 检查评价，评定反馈

请你认真检查自己与同学们的学习过程，进行自评、小组互评，取长补短。根据小组互评、教师点评，查找不足，写出总结报告。

传动轴的数控加工工艺制订与实施的评价表

序号	过程考核		项目名称	考核内容与要求	配分	得分		
						自评	小组互评	备注
1	课前(15分)		看视频、微课	回答问题	5			
			在线测试	完成测试	5			
			总结提问	问题的质量、难度	5			
2	课中(50分)	加工方法、路线、方案	考勤	按时上课	5			
			活动参与	积极参与活动	5			
			加工方法	全面、正确	10			
			加工路线	正确	15			
			加工方案	合理	15			
3	课后(15分)	课程内容巩固	典型零件工艺分析	课后习题完成情况	15			
4	综合素质(10分)		自主学习创新能力	线下、线上自主学习，分析解决问题的能力，创新意识	3			
			团队协作	团队合作、协调沟通、语言表达、竞争意识	2			
			工匠精神	崇尚、尊重劳动；吃苦耐劳、一丝不苟的工匠精神	5			
5	评定反馈(10分)		任务完成	任务完成情况	5			
			任务测试	任务测试达标情况	5			
	合计							
	总分							

教师点评：

总结报告

拓展训练

如图 1-3-6 所示螺纹轴,毛坯尺寸为 $\phi 32$ mm × 265 mm,零件材料为 45 钢,制订该零件的数控加工工艺。

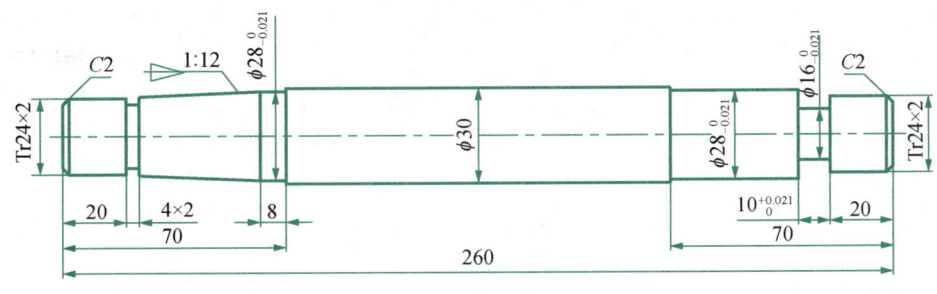

图 1-3-6 螺纹轴

课后练习

一、填空题

1. 当工件的长度与直径之比大于_____时,称为细长轴。
2. 车细长轴的关键就是合理使用_____和_____。
3. 车削细长轴时,在不影响刀具强度的前提下,应尽量增大车刀_____,以减小_____。

二、判断题

1. 使用中心架车削工件时,工件中间有接刀痕迹。　　　　　　　　(　)
2. 车削细长轴时,最好使用三爪跟刀架。　　　　　　　　　　　　(　)
3. 跟刀架只能用于光轴零件。　　　　　　　　　　　　　　　　　(　)

三、简答题

1. 车削细长轴主要解决哪些问题?
2. 中心架和跟刀架在使用上有何区别?

四、工艺制订题

如图 1-3-7 所示台阶轴,毛坯尺寸为 $\phi 40 \text{ mm} \times 280 \text{ mm}$,零件材料为 45 钢。试分析图纸,完成下列任务。

① 分析技术要求;
② 选择毛坯、刀具、装夹方法;
③ 编制数控加工工艺卡。

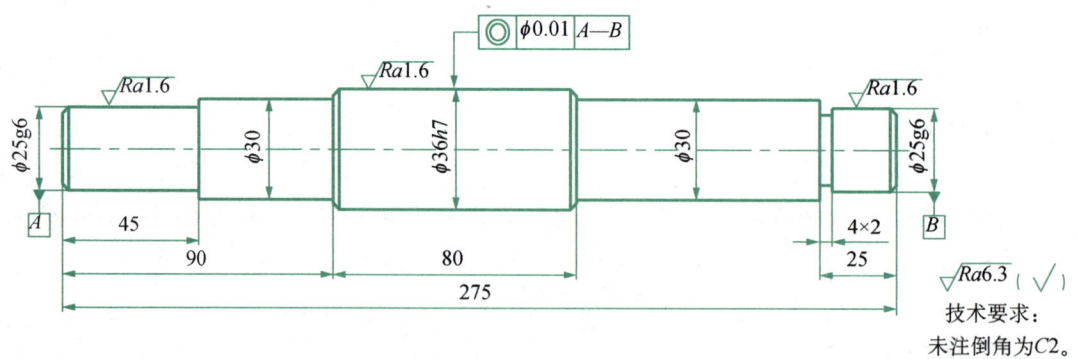

图 1-3-7　台阶轴

项目二

套类零件的数控加工工艺制订与实施

套类零件是机械加工中一种常见的零件,它的应用范围很广,主要起支承和导向作用。套类零件的主要表面为同轴度要求较高的内、外圆表面,孔和端面。在数控车床上加工套类工件时往往会遇到各种各样的孔,通过钻、铰、镗、扩等可以加工出不同精度的工件,其加工方法简单,加工精度也比普通车床要高。

学习任务一
轴套的数控加工工艺制订与实施

◆ 任务描述

如图 2-1-1 所示为一轴套零件图,毛坯尺寸为 $\phi55$ mm×345 mm(5 件),材料为 45 钢,生产类型为单件或小批生产,无热处理工艺要求。试分析技术要求,选择刀具、切削用量、装夹方法,确定加工工艺方案,制订数控加工工艺。

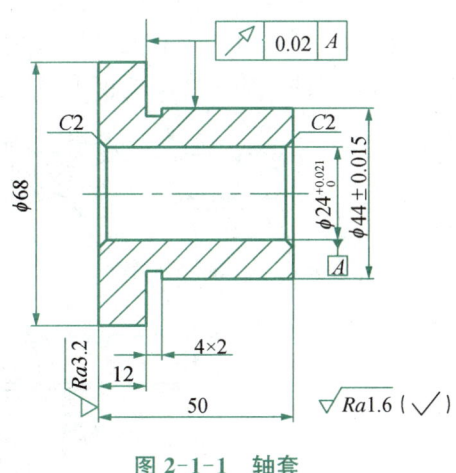

图 2-1-1 轴套

◆ 任务目标

1. 素质目标

① 通过自主学习,培养学生分析问题、解决问题的能力;

② 通过小组合作,培养学生的团队合作意识;

③ 通过制订轴套加工工艺，培养学生严谨细致、精益求精的工匠精神。

2. 知识目标

① 了解一般套类零件的主要技术要求；
② 掌握套类零件常用刀具的种类、用途、选用方法；
③ 掌握套类零件的装夹方法；
④ 掌握套类零件的加工方法。

3. 能力目标

① 能够分析套类零件的加工工艺；
② 能合理选择套类零件的毛坯、刀具、夹具、机床、切削用量、工件装夹方法、加工方法；
③ 能编制套类零件的加工工艺文件。

任务分析

轴套零件结构简单，尺寸精度和位置精度较高。加工时，一次装夹工件即可完成全部加工内容，先切断，再取总长，保证端面、外圆的圆跳动要求。

学习活动1　明确工作任务，分析轴套的工艺

知识点1　套类零件的作用及结构特点

套类零件的应用范围很广，可支承各种旋转轴的轴承、钻套、导向套、汽缸套及液压缸等（图2-1-2）。

套类零件在机器中的作用主要有支承和导向。由于功能不同，套类零件的结构和尺寸有很大区别，但结构上仍有共同的特点：零件的主要表面为同轴度要求较高的内、外旋转表面；零件壁的厚度尺寸较小且易变形；零件长度一般大于直径；等等。

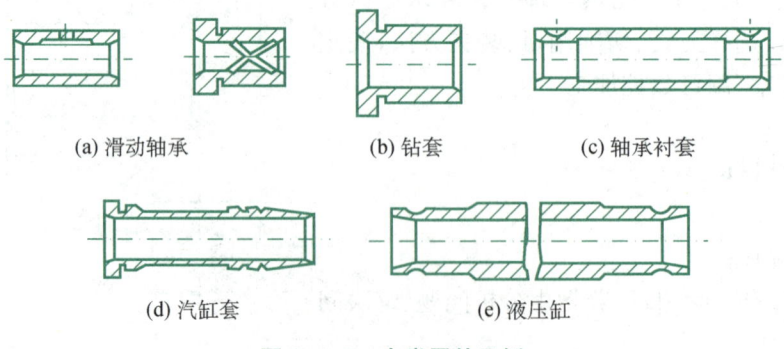

图2-1-2　套类零件示例

知识点 2　套类零件的技术要求

一般套类零件的主要技术要求涉及内孔、外圆和形位公差。

1. 内孔

内孔是套类零件起支承或导向作用最主要的表面,它与运动着的轴、刀具或活塞相配合。内孔直径尺寸精度一般为 IT7 级,精密轴承有时为 IT6 级。由于油缸活塞上有密封圈,因而内孔尺寸精度要求较低,一般为 IT9 级。

内孔的形状精度应控制在孔径公差以内,有些精密轴套控制在孔径公差的 1/2～1/3,甚至要求更严。对于长的套类零件除了圆度要求外,还应注意圆柱度。为了保证零件的功用和提高耐磨性,内孔表面粗糙度值为 Ra 1.6～0.1 μm,有的要求更高。

2. 外圆

外圆表面一般是套类零件的支承表面,常以过盈配合或过渡配合同箱体或机架上的孔相连接。外径尺寸精度为 IT7～IT6 级;形状精度控制在外径公差以内;表面粗糙度值为 Ra 3.2～0.4 μm。

3. 形位公差

一般套类零件内、外圆之间的同轴度有要求,配合件要求较高,一般为 0.01～0.05 mm。

套类零件的端面(包括凸缘端面)在工作中承受轴向载荷时,或虽不承受载荷但加工中作为定位面时,端面与轴心线的垂直度要求高,一般为 0.02～0.05 mm。

项目二　套类零件的数控加工工艺制订与实施

任务实施

环节 1　课前预习套类零件的相关知识

1. 完成预习测试,归纳遇到的问题。

2. 针对学生提交的问题,教师进行讲解、指导、组织学生进行讨论、抢答、头脑风暴等活动,通过教学平台完成。

(1) 套类零件的主要作用及特点有哪些?

(2) 套类零件的主要技术要求有哪些?

环节 2　实战演练,锻炼技能

请你根据轴套的零件图(图 2-1-1),分析数控加工工艺。

参考答案

环节 3　检查评价,评定反馈

请你认真检查自己与同学们的学习过程,进行自评、小组互评,取长补短。根据小组互评、教师点评,查找不足,写出总结报告。

分析轴套加工工艺的评价表

序号	过程考核	项目名称	考核内容与要求	配分	得分		备注
					自评	小组互评	
1	课前 (15分)	看视频、微课	回答问题	5			
		在线测试	完成测试	5			
		总结提问	问题的质量、难度	5			

115

(续表)

序号	过程考核	项目名称	考核内容与要求	配分	得分 自评	得分 小组互评	备注
2	课中 (50分)	加工方法、路线、方案	考勤 按时上课	5			
			活动参与 积极参与活动	10			
			技术分析 全面、正确	15			
			工艺分析 合理	20			
3	课后 (15分)	课程内容巩固	典型零件工艺分析 课后习题完成情况	15			
4	综合素质 (10分)		自主学习创新能力 线下、线上自主学习,分析解决问题的能力,创新意识	3			
			团队协作 团队合作、协调沟通、语言表达、竞争意识	2			
			工匠精神 崇尚、尊重劳动;吃苦耐劳、一丝不苟的工匠精神	5			
5	评定反馈 (10分)		任务完成 任务完成情况	5			
			任务测试 任务测试达标情况	5			
	合计						
	总分						

教师点评:

总结报告

_____
_____
_____
_____
_____
_____
_____
_____
_____
_____
_____
_____
_____

拓展训练

视频——支套架的加工

加工如图 2-1-3 所示支架套零件,毛坯尺寸为 ϕ90 mm×115 mm,零件材料为轴承钢 GCr15,分析该零件的数控加工工艺。

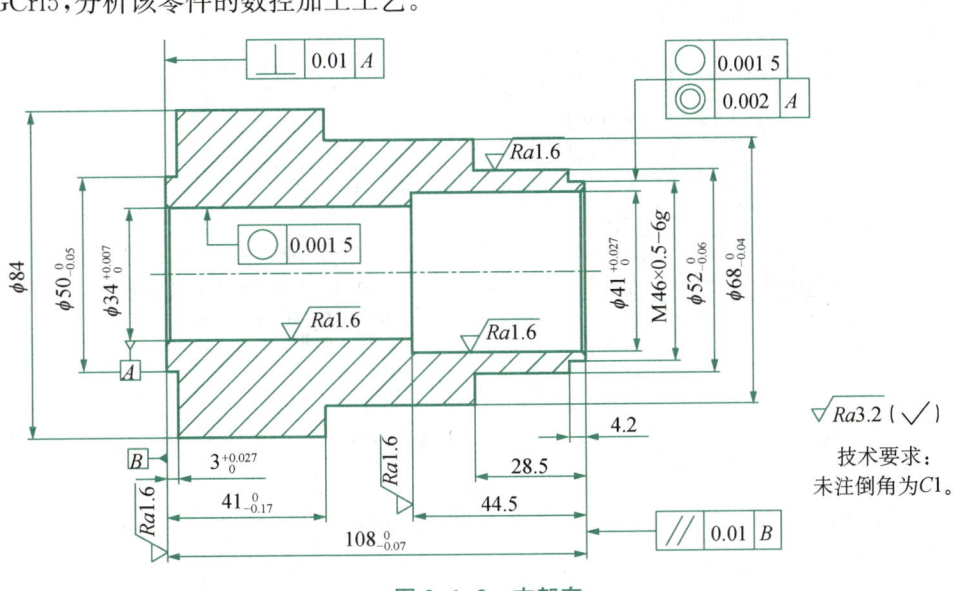

图 2-1-3 支架套

课后练习

一、填空题

1. 套类零件在机器中的作用主要有_____和_____。
2. 套类零件的共同特点：零件的主要表面为_____要求较高的内、外旋转表面；零件壁的厚度尺寸_____；零件长度一般_____直径等。
3. 套类零件的支承表面,常以_____配合或_____配合同箱体或机架上的孔相连接。
4. 在数控车床上加工工件时往往会遇到各种各样的孔,通过_____、_____、_____、_____等可以加工出不同精度的工件。

二、判断题

1. 对于长的套类零件除了圆度要求外,还应注意圆柱度。　　　　　　（　　）
2. 内孔的形状精度应控制在孔径公差以内,有些精密轴套控制在孔径公差的 1/3～1/4,甚至要求更高。　　　　　　　　　　　　　　　　　　　　　（　　）
3. 套类零件壁的厚度尺寸较小且易变形；零件长度一般大于直径。　（　　）

三、分析题

如图 2-1-4 所示密封套,毛坯尺寸为 $\phi 110 \text{ mm} \times 37 \text{ mm}$,零件材料为 45 钢。试分析零件的数控加工工艺。

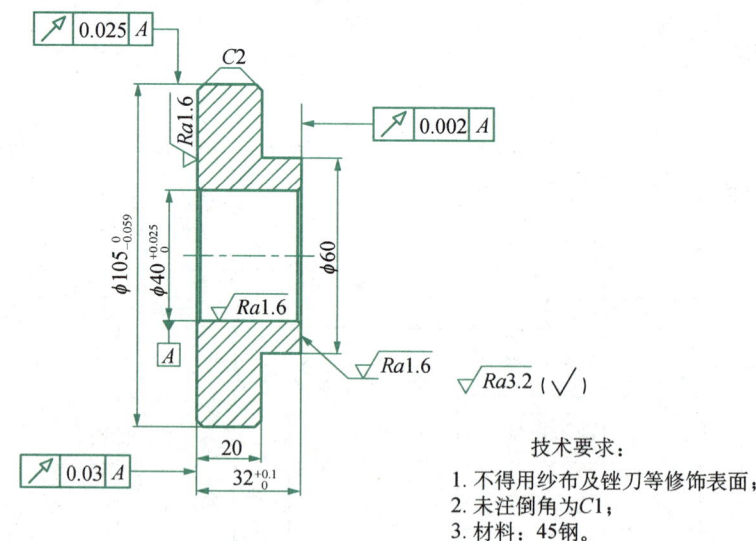

图 2-1-4　密封套

学习活动 2　选择轴套的加工刀具

知识点 1　麻花钻

孔加工刀具按其用途可分为两大类。一类是在实心材料上钻孔(有时也用于扩孔)的刀具。根据结构的不同,可分为麻花钻、扁钻、中心钻及深孔钻等。一类是对已有孔进行再加工的刀具,如车孔刀、扩孔钻及铰刀等。

麻花钻应用最广泛,可用来钻孔和扩孔。一般有高速钢和硬质合金两种刀具材料。高速钢麻花钻加工精度可达 IT13～IT11 级,表面粗糙度值为 $Ra\ 25\sim6.3\ \mu m$;硬质合金麻花钻加工精度可达 IT11～IT10 级,表面粗糙度值为 $Ra\ 3.2\sim1.25\ \mu m$。标准麻花钻由柄部、颈部、工作部分组成,工作部分由切削部分和导向部分组成,如图 2-1-5 所示。

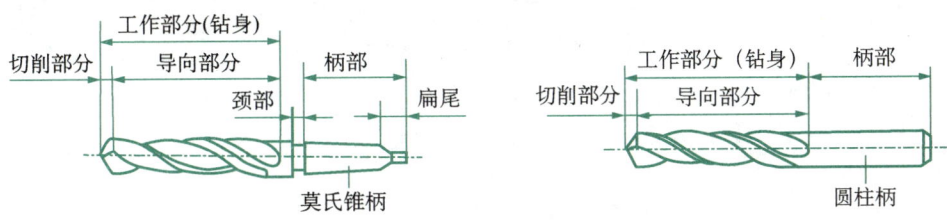

图 2-1-5　麻花钻的结构组成

1. 柄部

用于装夹钻头和传递动力。柄部有两种形式:直柄和莫氏锥柄。一般直径小于 13 mm 使用直柄,13 mm 以上用莫氏锥柄。在锥柄的后端做出扁尾,以便使用斜铁将钻头从钻套中取出。

2. 颈部

颈部是钻柄与工作部分的连接部分,可供磨削外颈时砂轮退刀。钻头的尺寸标志也打在此处。

3. 工作部分

(1) 导向部分

钻头的导向部分是它的螺旋排屑槽部分,起导向和排屑作用,也是切削部分的后备部分。两条螺旋槽的作用是构成切削刃、排出切屑和通切削液。其端部同时也是前刀面。钻体心部有钻芯,用于连接两刃瓣。外圆柱上两条螺旋形棱面称为刃带,起到减小钻头与孔壁摩擦、控制孔的廓形和导向作用。麻花钻的导向部分具有倒锥,即外径从切削部分向柄部逐渐减小,从而形成很小的副偏角,以减小棱边与孔壁的摩擦。标准麻花钻的倒锥量是每 100 mm 长度上减少 0.02～0.03 mm。

(2) 切削部分

具有切削刃的部分,由两个螺旋前刀面、两个圆锥后刀面(根据刃磨方法的不同,也可能是其他表面)和两个副后刀面(即刃带棱面)组成。前、后面相交处为主切削刃,两后刀面在钻芯处相交形成的切削刃称为横刃,标准麻花钻的主切削刃、横刃近似为直线。前面与刃带相交的棱边称为副切削刃,它是一条螺旋线。

知识点2 扩孔钻

扩孔钻通常用于铰或磨前的预加工或毛坯孔的扩大,其外形与麻花钻相类似。扩孔钻通常有三四个刃带,没有横刃,前角和后角沿切削刃的变化小,故加工时导向效果好,轴向抗力小,切削条件优于其他孔钻。另外,扩孔钻主切削刃较短,容屑槽浅;刀齿数目多,钻心粗壮,刚度强,切削过程平稳;扩孔余量小。因此,用扩孔钻扩孔时可采用较大的切削用量,其加工质量比麻花钻好。常用的扩孔刀具有麻花钻和扩孔钻等。一般精度要求的工件的扩孔可用麻花钻,精度要求高的半精加工可用扩孔钻。常见的结构形式有高速钢整体式、硬质合金可转位式和镶齿套式,分别如图 2-1-6(a)、(b)、(c)所示。

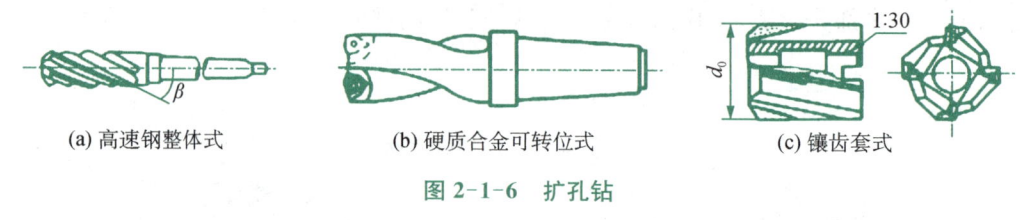

(a) 高速钢整体式　　(b) 硬质合金可转位式　　(c) 镶齿套式

图 2-1-6　扩孔钻

知识点3 铰刀

铰刀的种类:铰刀按使用方式分为手用铰刀和机用铰刀;按柄部形状,通用标准铰刀有直柄、锥柄和方榫柄三种;按铰孔形状分为圆柱铰刀、圆锥铰刀;按照装夹方法分为带柄式和套装式两种;按齿槽的形状分直槽和螺旋槽两种(图 2-1-7)。

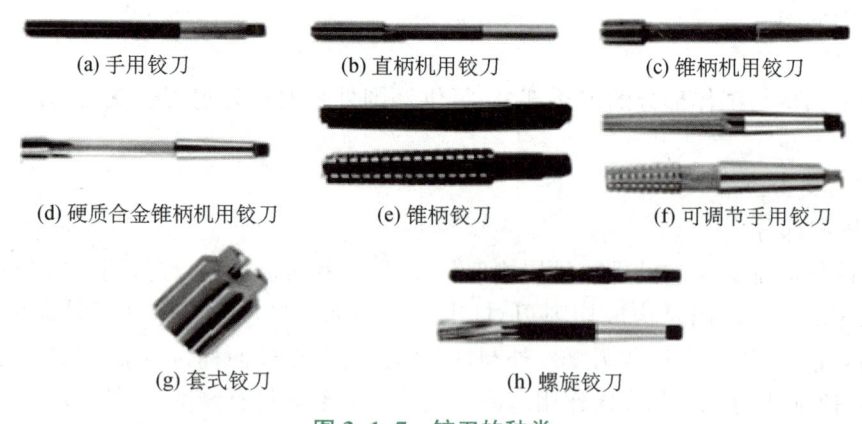

(a) 手用铰刀　　(b) 直柄机用铰刀　　(c) 锥柄机用铰刀
(d) 硬质合金锥柄机用铰刀　　(e) 锥柄铰刀　　(f) 可调节手用铰刀
(g) 套式铰刀　　(h) 螺旋铰刀

图 2-1-7　铰刀的种类

知识点4 内孔车刀

内孔车刀可根据孔的结构分为通孔车刀和盲孔车刀;可根据刀的结构分为焊接式、装配式和可转位式(图 2-1-8)。

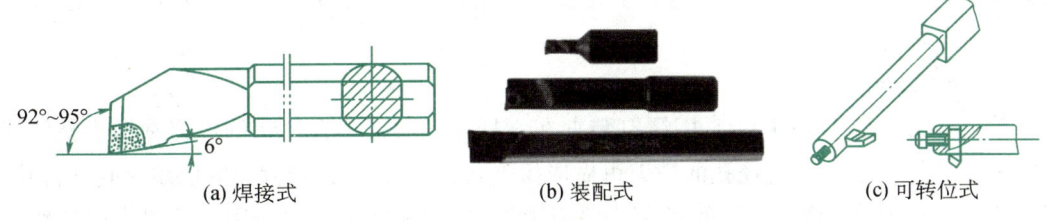

(a) 焊接式　　　　(b) 装配式　　　　(c) 可转位式

图 2-1-8　内孔车刀

一、通孔车刀

通孔车刀的几何形状基本上与外圆车刀相似。其主偏角通常取 $k_r=60°\sim 75°$,副偏角 $k_r'=15°\sim 30°$。一般磨成两个后角或将后面磨成圆弧状,如图 2-1-9 所示。精车通孔时,采用 $+\lambda_s$ 使切屑排向待加工表面。

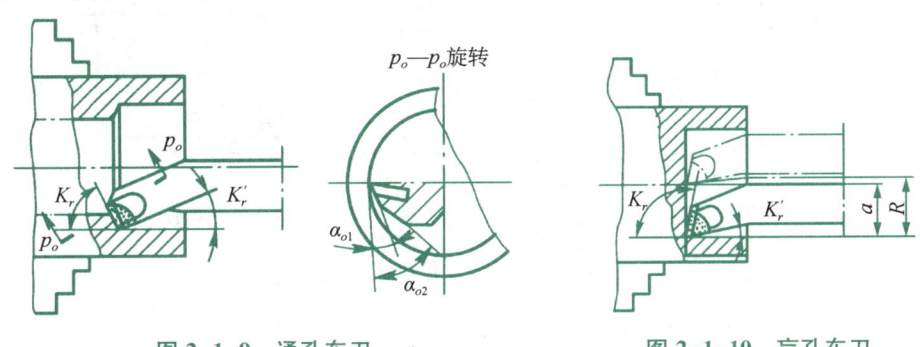

图 2-1-9　通孔车刀　　　　　　图 2-1-10　盲孔车刀

二、盲孔车刀

盲孔车刀是用来车盲孔或台阶孔的,切削部分的几何形状基本上与偏刀相似。它的主偏角为 $90°\sim 93°$(图 2-1-10)。

内孔车刀杆有车通孔的和车盲孔的两种。刀杆的截面形状有方形和圆形的。圆形内孔车刀杆[图 2-1-11(a)],其刀杆伸出长度固定,不能适应各种孔深的工件;方形长刀杆[图 2-1-11(b)],刚性更好些,并且可根据不同的孔深调整刀杆伸出长度,以利发挥刀杆的最大刚性。

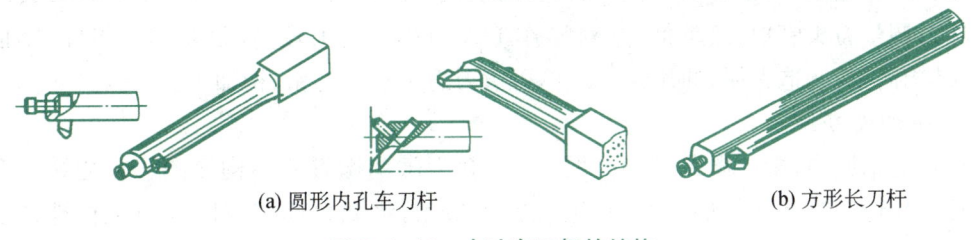

(a) 圆形内孔车刀杆　　　　(b) 方形长刀杆

图 2-1-11　内孔车刀杆的结构

知识点 5　镗　刀

镗孔是常用的加工方法,其加工范围很广,可进行粗、精加工。一般镗孔加工的精度等级可达IT8～IT7级,表面粗糙度值为$Ra6.3$～$0.8~\mu m$。若在高精度镗床上进行高速精镗,可达到更高的要求。镗刀的种类很多,按切削刃数量可分为单刃镗刀和双刃镗刀。

一、单刃镗刀

1. 镗刀结构

单刃镗刀头结构类似车刀,用螺钉装夹在镗杆上。加工小直径孔的镗刀常做成整体式[图2-1-12(a)],加工大直径孔的镗刀可做成机夹式。单刃镗刀可镗削通孔、阶梯孔和盲孔,图2-1-12(b)、(c)为镗床上用的机夹式单刃镗刀,它的镗杆可长期使用。镗刀头通常做成正方形,镗杆不宜太细、太长,以免切削时产生振动。表2-1-1为镗杆与刀头的参考尺寸。为了使镗刀头在镗杆内有较大的安装长度,并且有足够的位置安装压紧螺钉和调节螺钉,在镗不通孔或阶梯孔时,倾斜角δ一般取$10°$～$45°$;镗通孔时取$\delta=0°$。

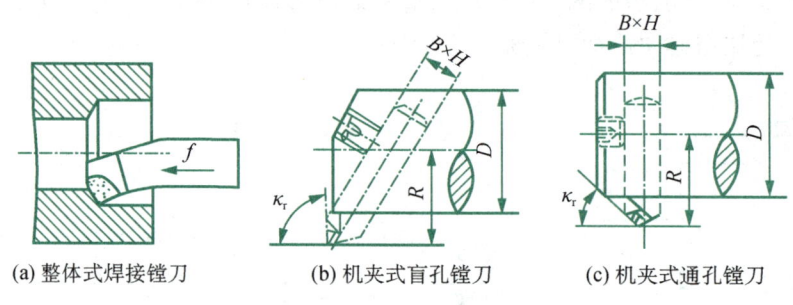

(a) 整体式焊接镗刀　　(b) 机夹式盲孔镗刀　　(c) 机夹式通孔镗刀

图 2-1-12　单刃镗刀

表 2-1-1　镗杆与刀头尺寸

工件孔径(mm)	32～38	40～50	51～70	71～85	86～100	101～140	140～200
镗杆直径(mm)	24	32	40	50	60	80	100
镗刀头直径或边长(mm)	8	10	12	16	18	20	24

2. 镗刀特点

镗刀的刚性差,切削时易产生振动,所以镗刀的主偏角κ_r选得较大,以减少径向力,镗铸铁孔或精镗时一般取$\kappa_r=90°$;而粗镗钢件孔时,取$\kappa_r=60°$～$75°$,以提高刀具的寿命。镗刀调整刀头麻烦,效率低,并对操作工人的技术要求较高,只能用于单件、小批生产,但结构简单,制造方便,通用性广。单刃镗刀适用于孔的粗、精加工。

3. 微调镗刀

在孔的精镗中,多用微调镗刀。图2-1-13为微调镗刀的结构简图。它能在一定范围内较容易地调节尺寸。加工时,拉紧螺钉和垫圈,将调整螺帽连同镗刀头在镗杆上压紧。调节时,稍微松开拉紧螺钉,转动带刻度的调整螺帽,使镗刀达到预定尺寸,然后旋紧螺钉。镗刀头倾斜角度为$53°8'$,调整螺帽的螺距为0.5 mm,调整螺帽上刻度为40格,螺帽每转过一格,镗刀头沿径向的移动量为$\Delta=\dfrac{0.5}{40}\times\sin53°8'=0.01$ mm。镗通孔时,镗刀头垂直于轴线安装,此时,调整螺帽上刻线为50格,每转过一格,镗刀头在径向的移动量

$$\Delta = \frac{0.5}{50} = 0.01 \text{ mm}。$$

微调镗刀能加工直径为 20～180 mm 的孔。

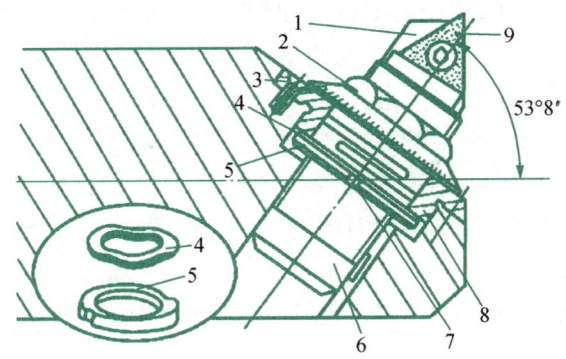

1—镗刀头；2—微调螺母；3—螺钉；4—波形垫圈；5—调节螺母；
6—镗杆；7—导航键；8—固定座套；9—刀片

图 2-1-13 微调镗刀

二、双刃镗刀

双刃镗刀又可分为固定式镗刀(图 2-1-14)和装配式浮动镗刀两种(图 2-1-15)。双刃镗刀的两端有一对对称的切削刃同时参加切削，与单刃镗刀相比，每转进给量可提高一倍左右，生产效率高。同时，可以消除切削力对镗杆的影响。另外，镗刀头部可以在较大范围内进行调整，且调整方便，最大镗孔直径可达 1 000 mm。

1. 固定式镗刀

固定式镗刀适用于加工直径大于 40 mm 的孔，它可镶焊硬质合金刀片或由整体高速钢制成。镗刀块可通过斜楔[图 2-1-14(a)]、螺钉[图 2-1-14(b)]和螺母夹紧在镗杆上。

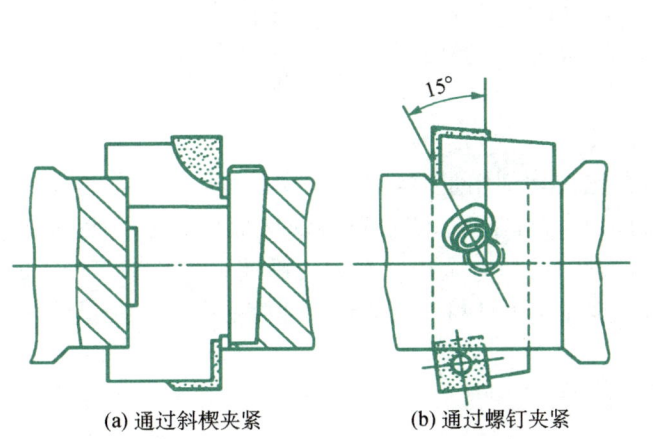

(a) 通过斜楔夹紧　　(b) 通过螺钉夹紧

图 2-1-14 固定式双刃镗刀

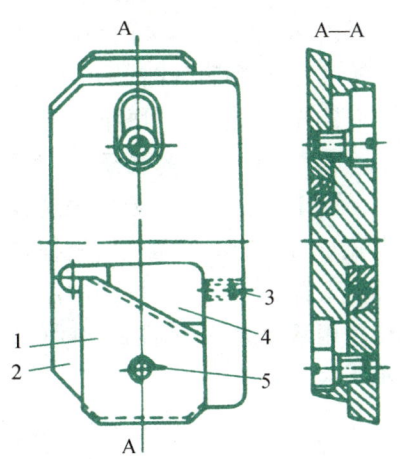

1—刀片；2—刀体；3—调节螺钉；
4—楔块；5—夹紧螺钉

图 2-1-15 装配式浮动镗刀

2. 装配式浮动镗刀

装配式浮动镗刀如图 2-1-15 所示。安放在镗杆方孔中的刀块,通过作用在两侧切削刃上的切削力自动平衡其切削位置,因此它可以自动补偿由于镗杆径向圆跳动而引起的加工误差,从而获得较高的孔径加工精度和较小的表面粗糙度。浮动镗刀的刀片由高速钢或硬质合金制成,尺寸可由楔块 4 来调整,用调节螺钉 3 夹紧。镗杆可用 40Cr 钢制造,淬硬至 40~50HRC。镗杆方孔与镗刀采用间隙配合(G7/h6),方孔两侧面对轴线的垂直度在 0.01~0.02 mm。

用装配式浮动镗刀加工钢料时,前角 $\gamma_o=6°\sim8°$,加工铸铁时,$\gamma_o=0°$;后角 $\alpha_o=1°\sim2°$;主偏角 κ_r 不能取得过大,否则将使刀体失去浮动作用,一般主偏角 $\kappa_r=6°\sim8°$;修光刃长度一般为 6~10 mm。

加工时的切削用量为 $v=0.03\sim0.08$ m/s;$a_p=0.03\sim0.06$ mm;$f=0.41$ mm/r。

知识点 6 孔加工刀具的选择

一、孔加工刀具选择考虑的因素

车孔刀具的选择,主要是要保证刀杆的刚度,要尽量防止或消除振动。其考虑要点如下:

① 尽可能选择大的刀杆直径,要接近内孔直径。

② 尽可能选择短的刀杆(工作长度)。当工作长度小于 4 倍刀杆直径时可用钢制刀杆,加工要求高的孔时最好采用硬质合金制作刀杆;当工作长度为 4~7 倍的刀杆直径时,小孔用硬质合金制作刀杆,大孔用减振刀杆;当工作长度为 7~10 倍的刀杆直径时,要采用减振刀杆。

③ 选择主偏角(切入角 κ_r)大于 75°,接近 90°。

④ 选择无涂层的刀片品种(刀刃圆弧小)和小的刀尖半径($r_\varepsilon=0.2$ mm)。

⑤ 精加工采用大前角的刀片和刀具,粗加工采用小前角的刀片和刀具。

⑥ 镗深的盲孔时,采用压缩空气或切削液排屑和冷却。

⑦ 选择正确的、快速的镗刀柄夹具。

二、切削用量的选择

由于内孔车刀的刀体强度较差,在选择切削用量时,应适当减小其数值。总的来说,内孔车刀的切削用量主要根据其截面尺寸、刀具材料、工件材料以及加工性质等因素来选择。刀杆截面尺寸大的切削用量选得大些;硬质合金内孔车刀比高速钢内孔车刀选用的切削用量要大;车塑性材料时的切削速度比车脆性材料时的切削速度要高,而进给量要略小一些。

任务实施

环节 1 课前预习轴套零件的加工工具的相关知识

1. 完成预习测试,归纳遇到的问题。

2. 针对学生提交的问题,教师进行讲解、指导,组织学生进行讨论、抢答、头脑风暴等活动,通过教学平台完成。

(1) 常用的孔加工工具有哪几种?各用于哪些场合?

(2) 标准麻花钻的结构由哪几部分组成?

(3) 选择孔加工刀具应考虑哪些因素?

环节 2 实战演练,锻炼技能

请你根据轴套的零件图(图 2-1-1),选择数控车床及刀具,编制刀具卡片。

参考答案

数控加工刀具卡片

产品名称或代号:		零件名称:轴套		零件图号:	
序号	刀具规格及名称	材质	数量	加工表面	备注
1					
2					
3					
4					
编制:		审核:			

环节 3 检查评价，评定反馈

请你认真检查自己与同学们的学习过程，进行自评、小组互评，取长补短。根据小组互评、教师点评，查找不足，写出总结报告。

选择轴套的车床、刀具的评价表

序号	过程考核	项目名称	考核内容与要求	配分	得分 自评	小组互评	备注
1	课前 (15 分)	看视频、微课	回答问题	5			
		在线测试	完成测试	5			
		总结提问	问题的质量、难度	5			
2	课中 (50 分)	选择轴套的数控车床，编制刀具卡片	考勤	按时上课	5		
			活动参与	积极参与活动	10		
			机床选择	正确	5		
			刀具选择	合理	15		
			编制刀具卡片	合理	15		
3	课后 (15 分)	课程内容巩固	典型零件车床、刀具选择	课后习题完成情况	15		
4	综合素质 (10 分)	自主学习创新能力	线下、线上自主学习，分析解决问题的能力，创新意识	3			
		团队协作	团队合作、协调沟通、语言表达、竞争意识	2			
		工匠精神	崇尚、尊重劳动；吃苦耐劳、一丝不苟的工匠精神	5			
5	评定反馈 (10 分)	任务完成	任务完成情况	5			
		任务测试	任务测试达标情况	5			
		合计					
		总分					

教师点评：

总结报告

_____

_____

_____

_____

_____

_____

_____

_____

_____

_____

_____

_____

_____

_____

_____

_____

_____

_____

_____

拓展训练

根据图 2-1-3 所示零件图,选择数控车床及刀具,编制刀具卡片。

数控加工刀具卡片

产品名称或代号:		零件名称:轴套		零件图号:	
序号	刀具规格及名称	材质	数量	加工表面	备注
1					
2					
3					
4					
编制:			审核:		

课后练习

一、填空题

1. 标准麻花钻由_____、_____工作部分组成,工作部分由切削部分和导向部分组成。
2. 标准麻花钻的切削部分共有_____个切削刃。
3. 按柄部形状,通用标准铰刀有_____、_____和_____三种。
4. 内孔车刀根据孔的结构分为_____和_____。

二、选择题

1. 麻花钻的两个螺旋槽表面就是(   )。
   A. 主后刀面   B. 副后刀面   C. 前刀面   D. 切削平面
2. 以下哪个因素不是内孔车刀的切削用量选择主要考虑的因素?(   )
   A. 截面尺寸   B. 刀具材料   C. 工件材料   D. 机床

三、判断题

1. 标准麻花钻的柄部有直柄和莫氏锥柄两种,一般直径小于 13 mm 使用直柄,13 mm 以上用莫氏锥柄。(   )
2. 麻花钻通常用于铰或磨前的预加工或毛坯孔的扩大。(   )

四、简答题

如何选择内孔加工的切削用量?

五、分析题

如图 2-1-4 所示密封套,毛坯尺寸为 ϕ110 mm×37 mm,零件材料为 45 钢。试分析零件图,选择合适的加工刀具。

学习活动 3　选择轴套的装夹方法

知识点 1　机床夹具

一、机床夹具概述

机床夹具是在机床上加工时用来装夹工件的工艺设备,其作用是使工件相对机床和刀具有一个正确的位置,即定位,同时在加工中还能保持这个位置不变,即夹紧。

在现代生产中,机床夹具是一种不可缺少的工艺装备,它直接影响着工件加工的精度、劳动生产率和产品的制造成本等。

图 2-1-16 为一连杆的铣槽夹具结构简图,该夹具靠工作台 T 形槽和夹具体上的定位键 3 确定其在数控铣床上的位置,并用 T 形螺栓紧固。

加工时,工件在夹具中的正确位置是靠夹具体的上平面,并由圆柱销 5 和菱形销 1 保证其位置不变。夹紧时,转动螺母 9,压下压板 10,压板一端压着夹具体,另一端压紧工件,保证工件的正确位置不变。

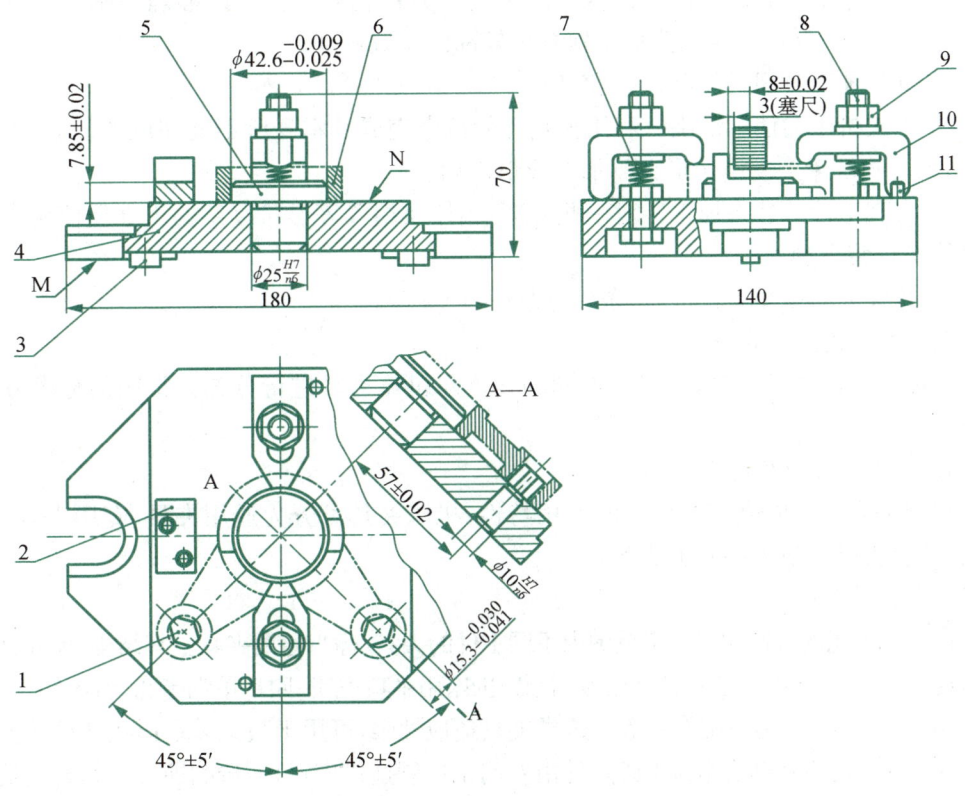

1—菱形销；2—对刀块；3—定位键；4—夹具底板；5—圆柱销；
6—工件；7—弹簧；8—螺栓；9—螺母；10—压板；11—止动销

图 2-1-16　连杆铣槽夹具结构

二、机床夹具的组成

从该例子可以看出,数控机床夹具一般由以下四部分组成。

1. 定位装置

定位装置是由定位元件及其组合而构成的,用于确定工件在夹具中的正确位置,常见定位方式是以平面、圆孔和外圆定位。如图 2-1-16 中的圆柱销 5、菱形销 1 等都是定位元件。

2. 夹紧装置

夹紧装置用于保持工件在夹具中的既定位置,保证定位可靠,使其在外力作用下不致产生移动,包括夹紧元件、传动装置及动力装置等。如图 2-1-16 中的压板 10、螺母 9、螺栓 8 及弹簧 7 等元件组成的装置就是夹紧装置。

3. 夹具体

用于连接夹具各元件及装置,使其成为一个整体的基础件,以保证夹具的精度、强度和刚度。

4. 其他元件及装置

如定位键、操作件、分度装置及连接元件。

三、机床夹具的用途

机床夹具的用途有以下五方面。

① 保证被加工表面的位置精度。由于使用夹具装夹工件可以准确地确定工件与机床、刀具间的相对位置,因而能稳定地获得较高的位置精度。

② 减少辅助时间,提高劳动生产率。

③ 扩大机床的使用范围。利用夹具可使机床完成其本身所不能完成的任务,如以车代镗,在卧式铣床上利用仿形夹具加工成形表面。

④ 实现工件的装夹加工。对一些支架、箱体及拐臂等形状复杂的工件须使用专用夹具才能实现装夹加工。

⑤ 减轻劳动强度,改善工作条件,保证生产安全。

四、机床夹具的分类

机床夹具的种类繁多,可以从不同的角度对机床夹具进行分类。常用的分类方法有以下三种。

1. 按夹具的使用特点分类

根据夹具在不同生产类型中的通用特性,机床夹具可分为通用夹具、专用夹具、可调夹具、组合夹具和拼装夹具五大类。

(1) 通用夹具

已经标准化的且可加工一定范围内不同工件的夹具,称为通用夹具。其结构、尺寸已规格化,而且具有一定通用性,如三爪自定心卡盘、机床用平口虎钳、四爪单动卡盘、台虎钳、万能分度头、顶尖、中心架和磁力工作台等。这类夹具适应性强,可用于装夹一定形状和尺寸范围内的各种工件。这些夹具已作为机床附件由专门工厂制造供应,只需选购即可。其缺点是夹具的精度不高,生产率也较低,且较难装夹形状复杂的工件,故一般适用于单件、小批生产。

(2) 专用夹具

专为某一工件的某道工序设计制造的夹具,称为专用夹具。在产品相对稳定、批量较大的生产中,采用各种专用夹具,可获得较高的生产率和加工精度。除大批生产之外,中、小批生产中也需要采用一些专用夹具,但在结构设计时要进行具体的技术经济分析。专用夹具的设计周期较长、投资较大。

(3) 可调夹具

某些元件可调整或更换,以适应多种工件加工的夹具,称为可调夹具。可调夹具是针对通用夹具和专用夹具的缺陷而发展起来的一类新型夹具。对不同类型和尺寸的工件,只需调整或更换原来夹具上的个别定位元件和夹紧元件便可使用。它一般又可分为通用可调夹具和成组夹具两种。前者的通用范围比通用夹具更大,后者则是一种专用可调夹具,它按成组原理设计并能加工一组相似的工件,故在多品种,中、小批生产中使用有较好的经济效果。

(4) 组合夹具

采用标准的组合元件、部件,专为某一工件的某道工序组装的夹具,称为组合夹具。组合夹具是一种模块化的夹具。标准的模块元件具有较高精度和耐磨性,可组装成各种夹具。夹具用毕可拆卸,清洗后留待组装新的夹具。由于使用组合夹具可缩短生产准备周期,元件能重复多次使用,并具有减少专用夹具数量等优点,因此组合夹具在单件,中、小批及多品种生产和数控加工中,是一种较经济的夹具。

(5) 拼装夹具

用专门的标准化、系列化的拼装零部件拼装而成的夹具,称为拼装夹具。它具有组合夹具的优点,但比组合夹具精度高、效能高、结构紧凑。它的基础板和夹紧部件中常带有小型液压缸。此类夹具更适合在数控机床上使用。

2. 按使用机床的不同分类

夹具按使用机床的不同,可分为车床夹具、铣床夹具、钻床夹具、镗床夹具、齿轮机床夹具、数控机床夹具、自动机床夹具、自动线随行夹具以及其他机床夹具等。

3. 按夹紧的动力源分类

夹具按夹紧的动力源可分为手动夹具,气动夹具,液压夹具,气、液增力夹具,电磁夹具以及真空夹具等。

知识点 2　六点定位

一、工件定位的基本原理

1. 六点定位原理

一个尚未定位的工件,其位置是不确定的。如图 2-1-17 所示,在空间直角坐标系中,工件可沿 x、y、z 轴有不同的位置,也可以绕 x、y、z 轴回转,分别用 $\vec{x}$、$\vec{y}$、$\vec{z}$ 和 $\hat{x}$、$\hat{y}$、$\hat{z}$ 表示。这种工件位置的不确定性,通常称为自由度。其中 $\vec{x}$、$\vec{y}$、$\vec{z}$ 称为沿 x、y、z 轴线方向的移动自由度;$\hat{x}$、$\hat{y}$、$\hat{z}$ 称为绕 x、y、z 轴回转方向的自由度。工件在直角坐标系中有六个自由度($\vec{x}$、$\vec{y}$、$\vec{z}$ 和 $\hat{x}$、$\hat{y}$、$\hat{z}$),工件定位的实质就是要限制对加工有不良影响的自由度。设空间有一个固定点,并要求工件的顶面或底面与该点接触,那么工件沿 z 轴的移动自由度便被限制了。如果按图 2-1-18 所示设置六个固定点,并限定工件的三个面分别与这些点保持接触,工件的六个自由度便都被限制了。这些用来限制工件自由度的固定点称为定位支承点,简称支承点。用合理分布的六个支承点即可限制工件的六个自由度,这就是工件定位的基本原理,简称六点定位原理。

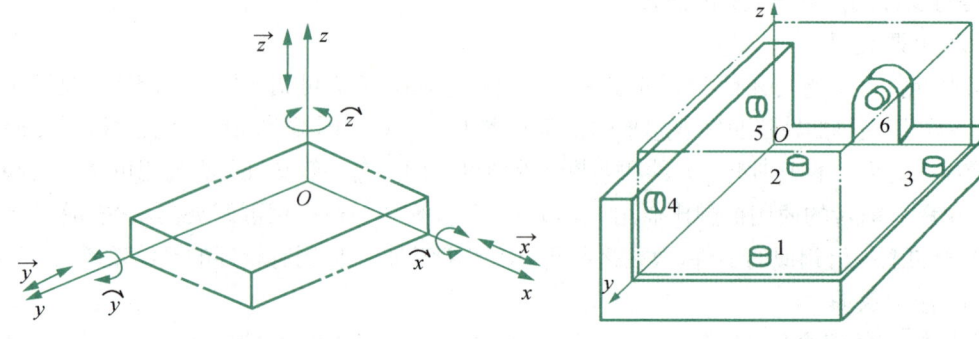

图 2-1-17 工件的六个自由度　　　　　图 2-1-18 定位支承点分布

视频——
工件的六
个自由度

支承点的分布必须合理,否则六个支承点限制不了工件的六个自由度,或不能有效地限制工件的六个自由度。例如,图 2-1-18 中工件底面上的三个支承点,限制了 $\vec{z}$、$\hat{x}$、$\hat{y}$,它们应放置成三角形,三角形面积越大,工件越稳定;工件侧面上的两个支承点限制了 $\vec{x}$、$\hat{z}$,它们不能垂直放置,否则,便不能限制工件绕 z 轴的转动自由度 $\hat{z}$;工件另一侧面上的支承钉 6 限制了 $\vec{y}$。

六点定位原理可应用于任何形状、类型的工件,具有普遍的意义。无论工件的形状和结构如何,它们的六个自由度都可以用六个支承点限制,只是六个支承点的分布不同而已。欲使图 2-1-19(a)所示零件在坐标系中取得完全确定的位置,可使支承钉按图 2-1-19(b)所示分布,支承钉 1、2、3、4 限制了工件的 $\vec{x}$、$\vec{z}$、$\hat{x}$、$\hat{z}$ 四个自由度,支承钉 5 限制了工件的 $\vec{y}$ 自由度,支承钉 6 限制了工件的 $\hat{y}$ 自由度。

六点定位原理是工件定位的基本原理,用于实际生产时,起支承点作用的是一定形状的几何体,这些用来限制工件自由度的几何体就是定位元件。

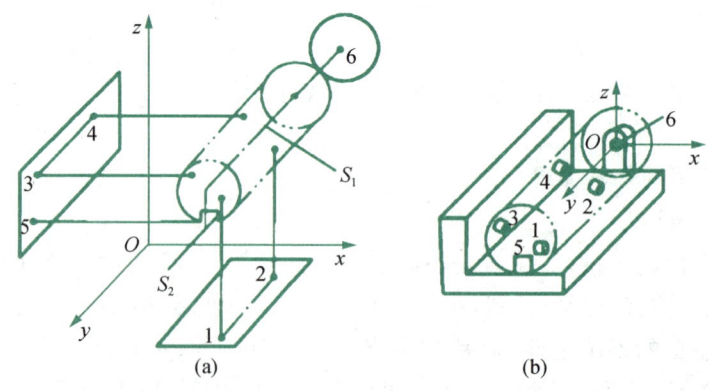

图 2-1-19 轴类零件的六点定位

2. 限制工件的自由度与加工要求的关系

工件应被限制的自由度与工件被加工面的位置要求存在对应关系。当被加工面只有一个方向的位置要求时,需要限制工件的三个自由度。当被加工工件有两个方向的位置要求时，需要限制工件的五个自由度。当被加工面有三个方向的位置要求时，需要限制工件的六个自由度。另外，为保证被加工要素对基准的距离尺寸要求，所限制的自由度应与工件定位基准的形状有关；位置公差要求所需限制的自由度与被加工要素及基准要素的形状均有关系。具体确定被加工零件所需限制自由度数量的方法：独立拟出为确保各单项距离或位置公差要求而应限制的自由度后，再按综合叠加但不重复的方法便可得到为确保多项精度要求应限制的自由度数量。

例如图 2-1-20 所示，在工件上铣槽，有两个方位的位置要求，为保证槽底面与 A 面的距离尺寸及平行度要求，必须限制 $\vec{z}、\hat{x}、\hat{y}$ 三个自由度。为确保槽侧面与 B 面的平行度及距离尺寸要求，必须限制工件的 $\vec{x}、\hat{z}$ 两个自由度。按综合叠加的方法，为保证槽的位置精度，必须限制以上五个自由度。如槽的长度有要求，则被加工面就有三个方位的位置要求，必须限制工件的六个自由度。

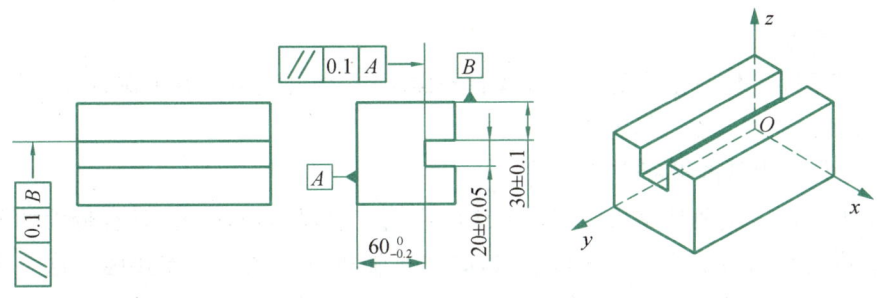

图 2-1-20　在工件上铣键槽

3. 应用六点定位原理时应注意的问题

（1）正确的定位形式

正确的定位形式是指在满足加工要求的情况下，适当地限制工件的自由度数目。如图 2-1-20 所示，要加工零件上的槽，如槽是不通槽，即在槽的长度方向上有尺寸要求，则工件的六个自由度 $\vec{x}、\vec{y}、\vec{z}$ 和 $\hat{x}、\hat{y}、\hat{z}$ 都应限制。这种定位称为完全定位。如果要加工的槽是通槽，则只要限制自由度 $\vec{x}、\vec{z}、\hat{x}、\hat{y}、\hat{z}$ 就可以了。这种根据零件加工要求，限制工件部分自由度的定位，称为不完全定位。

（2）防止产生欠定位

根据零件的加工要求所需限制的自由度，在实际定位时有部分（或全部）自由度未被限制的定位，称为欠定位。如图 2-1-20 中加工槽时，减少上述应限制的自由度中的任何一个都是欠定位。欠定位是不被允许的，因为在欠定位的情况下，将不能满足工件加工精度的要求。

（3）正确处理过定位

如果工件在定位时，其同一自由度被多于一个的定位元件限制，这种定位称为过定位，也称为重复定位。图 2-1-21 所示为齿轮毛坯的定位。其中图 2-1-21(a)是短销、大平面定位，短销限制自由度 $\vec{x}、\vec{y}$，大平面限制自由度 $\vec{z}、\hat{x}、\hat{y}$，无过定位。图 2-1-21(b)是长销、小平面定位，长销限制自由度 $\vec{x}、\vec{y}、\hat{x}$ 和 $\hat{y}$，小平面限制自由度 $\vec{z}$，也无过定位。图 2-1-21(c)是长销、大平面定位，长销限制自由度 $\vec{x}、\vec{y}、\hat{x}$ 和 $\hat{y}$，大平面限制自由度 $\vec{z}、\hat{x}$ 和 $\hat{y}$，这里的自由度 $\hat{x}$ 和 $\hat{y}$ 同时被两个定位元件限制，所以产生了过定位。

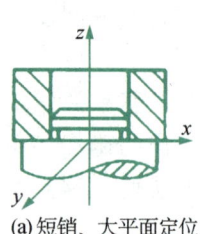 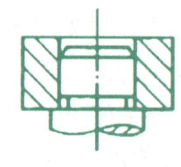  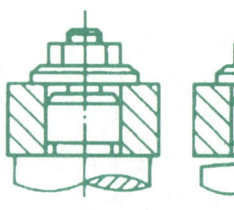 

(a) 短销、大平面定位　　(b) 长销、小平面定位　　(c) 长销、大平面定位　　(d) 过定位

图 2-1-21　过定位情况分析

过定位一般是不被允许的，因为它可能产生破坏定位、工件不能装入、工件变形或夹具变形等后果[图 2-1-21(d)]，导致一批工件在夹具中的位置不一致，影响加工精度。但如果工件与夹具定位面精度较高，有时过定位是被允许的，因为它可以提高工件安装的刚度和稳定性。

二、定位方式与定位元件

工件在实际定位时常用的定位方式有平面定位、圆柱孔定位和外圆柱面定位。

1. 工件以平面定位

(1) 工件以粗基准平面定位

粗基准平面定位通常是指以工件毛坯的平面定位，其表面粗糙，且有较大的平面度误差。当这样的平面与定位支承面接触时，必然是随机分布的三个点接触。这三个点所围成的面积越小，其支承稳定性越差。为了控制这三个点的位置，就应采用点接触的定位元件，以获得稳定的定位。但当工件上的定位基准面是狭窄的平面时，就很难布置呈三角形的支承，而应采用面接触定位。

粗基准平面常用的定位元件有固定支承钉和可调支承钉。固定支承钉已标准化，有 A 型（平头）、B 型（球头）和 C 型（齿纹）三种（图 2-1-22）。常用 B 型和 C 型支承钉。

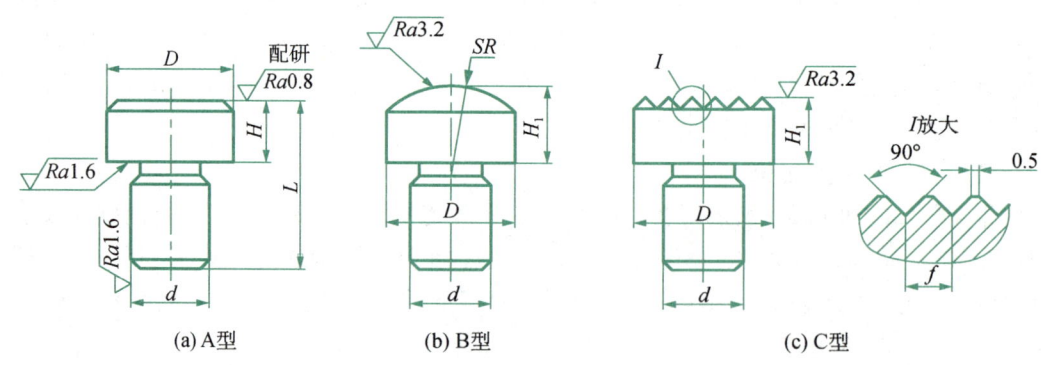

(a) A型　　(b) B型　　(c) C型

图 2-1-22　支承钉

(2) 工件以精基准平面定位

以经切削加工后的平面作为定位基准，这种定位基准称为精基准。这种定位基准面具有较小的表面粗糙度值和平面度误差，可获得较高的定位精度。常用的定位元件有支承板（图 2-1-23）。

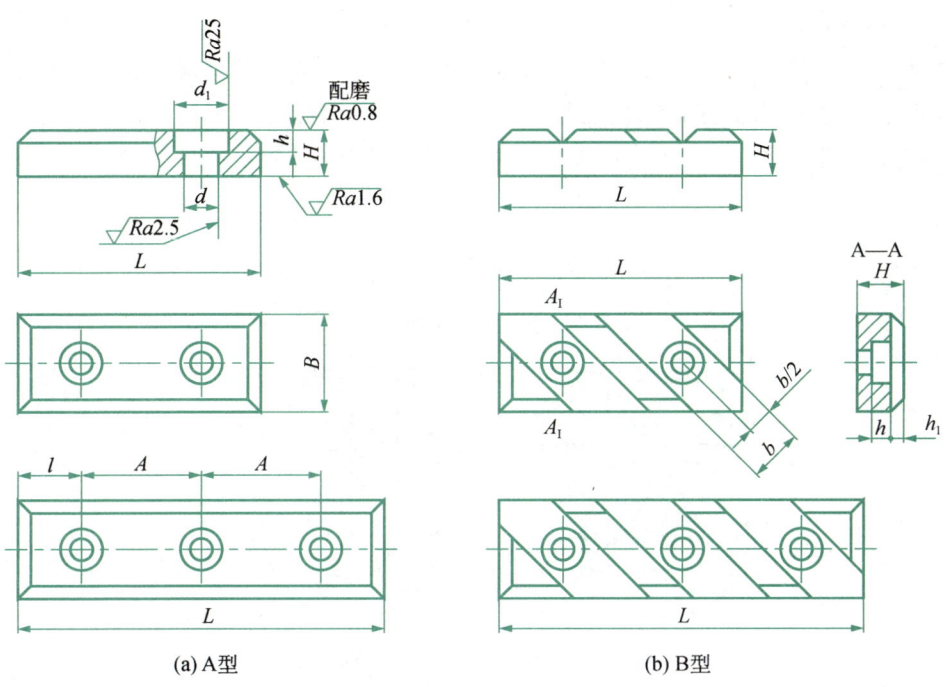

(a) A型　　　　　　　　　　　　(b) B型

图 2-1-23　支承板

2. 工件以圆柱孔定位

该定位方式即采用工件上的圆柱孔为定位基准面,与定位元件上的有关表面结合实现定位,定位元件的主要形式有以下三种。

(1) 圆柱销(定位销)

图 2-1-24 为常用定位销的结构。当定位销直径 D 为 3~10 mm 时,为增加刚性,避免使用中折断或热处理时淬裂,通常把根部倒成圆角 R;夹具体上有沉孔,使定位销圆角部分沉入孔内而不影响定位[图 2-1-24(a)]。大批生产时,为了便于定位销的更换,可采用带衬套的结构形式[图 2-1-24(b)]。为便于工件装入,定位销的头部有 15°倒角[图 2-1-24(c)]。该定位元件与工件的配合为短圆柱面配合,定位时限制工件的两个自由度。定位销的具体参数可查阅有关国家标准。

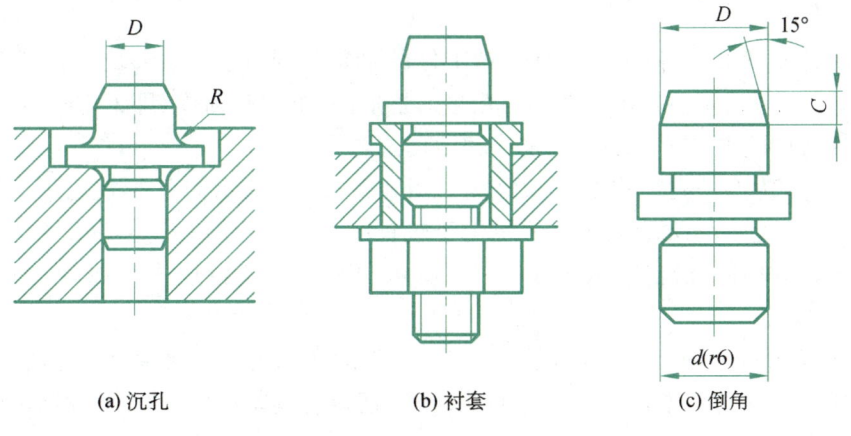

(a) 沉孔　　　　　(b) 衬套　　　　　(c) 倒角

图 2-1-24　定位销

(2) 圆锥销

图 2-1-25 为常用圆锥销的结构。该定位方式是通过圆柱面与定位元件的外圆锥面配合实现定位的,两者的接触线是在某一高度上的圆。因此这种定位方式较之于用短圆柱销定位多限制了工件的一个自由度。圆锥销定位常和其他定位元件组合使用。

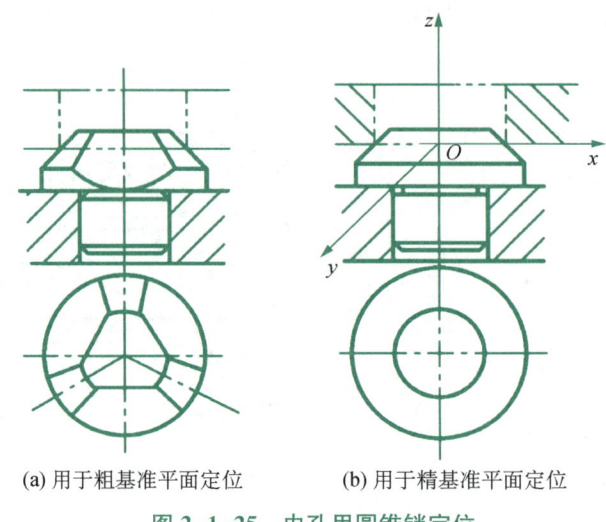

(a) 用于粗基准平面定位　　(b) 用于精基准平面定位

图 2-1-25　内孔用圆锥销定位

(3) 定位心轴

如果上述定位销轴向尺寸及径向尺寸变大,定位时轴向配合长度较大,这种定位元件即为圆柱定位心轴。圆柱定位心轴定位时限制工件的四个自由度,其中定位配合为间隙配合时,定心精度低但装卸工件方便,定位配合为过盈配合时,定心精度高但装卸工件不便。

如果上述圆锥销锥度变小(锥度为 $1:1\,000 \sim 1:8\,000$)、轴向尺寸增大,则定位元件为圆锥定位心轴。圆锥定位心轴定位时限制工件的五个自由度,但轴向定位精度很差。用该定位元件定位时定心精度高。

3. 工件以外圆柱面定位

工件以外圆柱面定位时所采用的定位方式和定位元件与上述情况非常相似。定位元件的主要形式有以下三种。

(1) V 形块

V 形块是夹具中常用的定位元件,对工件的轴定位时,用长 V 形块定位需限制四个自由度,用短 V 形块定位需限制两个自由度,轴的左右能自动对中,即工件轴线总在 V 形块工作面的对称面内。V 形块有固定式和活动式之分。

图 2-1-26 为四种固定式 V 形块结构。图 2-1-26(a)所示的 V 形块用于不是很长的工件定位;图 2-1-26(b)所示的 V 形块用于较长的粗基准定位;图 2-1-26(c)所示的 V 形块用于较长的精基准定位;图 2-1-26(d)所示的 V 形块为镶块式 V 形块,便于磨损后更换镶块。

活动式 V 形块如图 2-1-27 所示。图 2-1-27(a)所示为加工轴承座孔时的定位方式,此时活动式 V 形块除限制工件的一个自由度外,还兼有夹紧作用;图 2-1-27(b)所示活动式 V 形块只起定位作用,限制一个自由度。

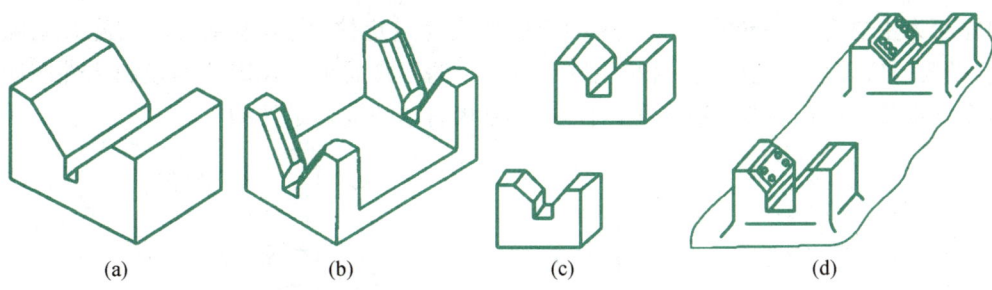

图 2-1-26　固定式 V 形块的结构形式

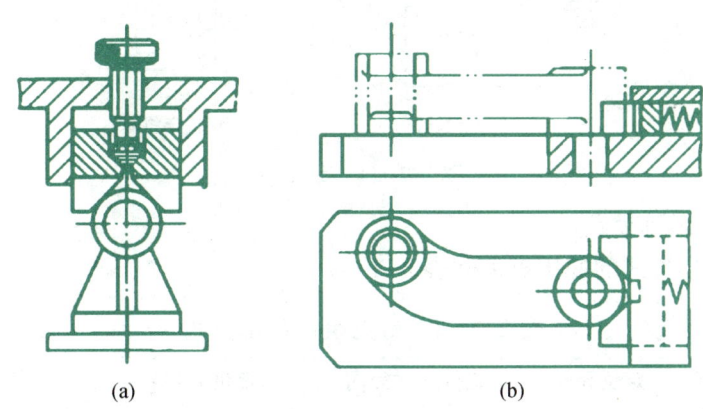

图 2-1-27　活动式 V 形块的应用

（2）半圆套

如图 2-1-28 所示，半圆套的定位面 A 置于工件的下方。这种定位方式类似于 V 形块，也类似于轴承，常用于大型轴类零件的精基准定位中。其稳固性比 V 形块更好，定位精度取决于定位基面的精度。通常工件轴颈取精度 IT7 级、IT8 级，表面粗糙度值为 $Ra\ 0.8\sim0.4\ \mu m$。

图 2-1-28　半圆套

（3）定位套

工件以外圆柱面作为定位基准面在定位套中定位时，其定位元件常做成钢套装在夹具体中，如图 2-1-29 所示。图 2-1-29（a）所示的短定位套用于以端面为主要定位基准的工件。短定位套只限制工件的两个移动自由度。这种定位方式为间隙配合的中心定位，故对定位基面的精度要求较高（不应低于 IT8 级）。图 2-1-29（b）所示的长定位套用于以外圆柱面为主要定位基准的工件。这种定位方式为过定位,应考虑垂直度与配合间隙的影响,必要时应采取工艺措施,以避免过定位引起的不良后果。长定位套限制工件的四个自由度。定位套应用较少,主要用于小型的、形状简单的轴类零件的定位。

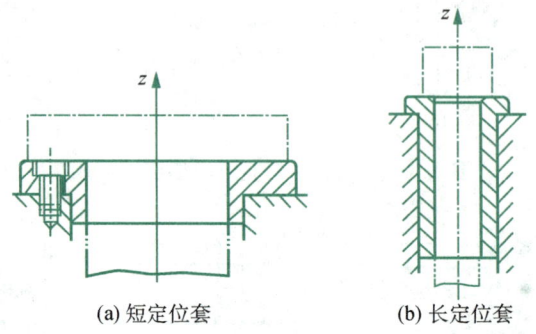

图 2-1-29 定位套

4. 常见组合定位方式

常见组合定位方式的使用可参阅表 2-1-2。

表 2-1-2 常见组合定位方式

工件定位基准面	定位元件	定位方式简图	定位元件特点	限制的自由度
平面	支承钉		—	$1、2、3——\vec{z}、\hat{x}、\hat{y}$ $4、5——\vec{x}、\hat{z}$ $6——\vec{y}$
	支承板		每个支承板也可以设计为两个或两个以上的小支承板	$1、2——\vec{z}、\hat{x}、\hat{y}$ $3——\vec{x}、\hat{z}$
	固定支承与浮动支承		1、3——固定支承 2——浮动支承	$1、2——\vec{z}、\hat{x}、\hat{y}$ $3——\vec{x}、\hat{z}$
	固定支承与辅助支承		1、2、3、4——固定支承 5——辅助支承	$1、2、3——\vec{z}、\hat{x}、\hat{y}$ $4——\vec{x}、\hat{z}$ 5——增加刚性,不限制自由度

（续表）

工件定位基准面	定位元件	定位方式简图	定位元件特点	限制的自由度
圆孔	定位销（心轴）		短销（短心轴）	$\vec{x}$、$\vec{y}$
			长销（长心轴）	$\vec{x}$、$\vec{y}$ $\hat{x}$、$\hat{y}$
	锥销		单锥销	$\vec{x}$、$\vec{y}$、$\vec{z}$
			1——固定销 2——活动销	$\vec{x}$、$\vec{y}$、$\vec{z}$ $\hat{x}$、$\hat{y}$
外圆柱面	支承板或支承钉	—	短支承板或支承钉	$\vec{z}$（或$\hat{x}$）
			长支承板或两个支承钉	$\vec{z}$、$\hat{x}$
	V形块		窄V形块	$\vec{x}$、$\vec{z}$
			宽V形块或两个窄V形块	$\vec{x}$、$\vec{z}$ $\hat{x}$、$\hat{z}$
			垂直运动的窄活动式V形块	$\vec{x}$（或$\hat{x}$）

（续表）

工件定位基准面	定位元件	定位方式简图	定位元件特点	限制的自由度
	定位套		短套	$\vec{x}$、$\vec{z}$
			长套	$\vec{x}$、$\vec{z}$ $\hat{x}$、$\hat{z}$
	半圆孔衬套		短半圆孔	$\vec{x}$、$\vec{z}$
			长半圆孔	$\vec{x}$、$\vec{z}$ $\hat{x}$、$\hat{z}$
	锥套		单锥套	$\vec{x}$、$\vec{y}$、$\vec{z}$
			1——固定锥套 2——活动锥套	$\vec{x}$、$\vec{y}$、$\vec{z}$ $\hat{x}$、$\hat{z}$

项目二 套类零件的数控加工工艺制订与实施

📚 任务实施

环节1 课前预习定位基准、轴套零件装夹方法的相关知识

1. 完成预习测试,归纳遇到的问题。

_____
_____
_____

2. 针对学生提交的问题,教师进行讲解、指导,组织学生进行讨论、抢答、头脑风暴等活动,通过教学平台完成。

(1) 机床夹具有哪几种?各有何特点?

_____
_____
_____
_____

(2) 何谓六点定位原理?应用六点定位原理应该注意哪些问题?

_____
_____
_____

(3) 常用的心轴有哪几种?各有何特点?

_____
_____
_____

环节2 实战演练,锻炼技能

请你根据轴套的零件图(图 2-1-1),选择轴套的定位基准、装夹方法,介绍选择理由。

_____
_____

参考答案

环节3 检查评价,评定反馈

请你认真检查自己与同学们的学习过程,进行自评、小组互评,取长补短。根据小组互评、教师点评,查找不足,写出总结报告。

选择轴套的定位基准、装夹方法的评价表

序号	过程考核		项目名称	考核内容与要求	配分	得分		备注
						自评	小组互评	
1	课前 (15分)		看视频、微课	回答问题	5			
			在线测试	完成测试	5			
			总结提问	问题的质量、难度	5			
2	课中 (50分)	轴套的定位基准、装夹方法	考勤	按时上课	5			
			活动参与	积极参与活动	10			
			选择定位基准	全面、正确	15			
			选择装夹方法	合理	20			
3	课后 (15分)	课程内容巩固	定位基准、装夹方法	课后习题完成情况	15			
4	综合素质 (10分)		自主学习创新能力	线下、线上自主学习,分析解决问题的能力,创新意识	3			
			团队协作	团队合作、协调沟通、语言表达、竞争意识	2			
			工匠精神	崇尚、尊重劳动;吃苦耐劳、一丝不苟的工匠精神	5			
5	评定反馈 (10分)		任务完成	任务完成情况	5			
			任务测试	任务测试达标情况	5			
	合计							
	总分							

教师点评:

总结报告

拓展训练

根据图 2-1-3 所示零件图,选择支架套的定位基准、装夹方法,介绍选择理由。

课后练习

一、填空题

1. 数控机床夹具一般由_____、_____、_____、_____四部分组成。
2. 根据夹具在不同生产类型中的通用特性,机床夹具可分为_____、_____、_____、组合夹具和拼装夹具五大类。
3. 工件上用于定位的表面,是确定工件_____的依据,称为_____。

4. 工件定位时，几个定位支承点重复限制同一个自由度的现象，称为_____。

5. 能消除工件六个自由度的定位方式，称为_____定位。

6. 套类零件采用心轴定位时，长心轴限制了_____个自由度，短心轴限制了_____个自由度。

7. 用压板夹紧工件时，螺栓应尽量_____工件；压板的数目一般不少于_____块。

二、选择题

1. 在夹具中，(　　)装置用于确定工件在夹具中的位置。
   A. 定位　　　　B. 夹紧　　　　C. 辅助　　　　D. 分度

2. 在车床上采用中心架支承加工长轴，属于(　　)。
   A. 完全定位　　B. 不完全定位　C. 过定位　　　D. 欠定位

3. 工件采用芯轴为定位元件时，定位基准面是(　　)。
   A. 芯轴外圆柱面　B. 工件内圆柱面　C. 心轴中心线　D. 工件孔中心线

4. 工件以外圆柱面在长V形块上定位时，限制了工件(　　)自由度。
   A. 六个　　　　B. 五个　　　　C. 四个　　　　D. 三个

5. 工件以圆柱面在短V形块上定位时，限制了工件(　　)自由度。
   A. 五个　　　　B. 四个　　　　C. 三个　　　　D. 二个

6. 采用标准的组合元件、部件，专为某一工件的某道工序组装的夹具，称为(　　)。
   A. 组合夹具　　B. 可调夹具　　C. 专用夹具　　D. 拼装夹具

7. 已经标准化的、可加工一定范围内不同工件的夹具，称为(　　)。
   A. 通用夹具　　B. 可调夹具　　C. 专用夹具　　D. 拼装夹具

8. 某些元件可调整或更换，以适应多种工件加工的夹具，称为(　　)。
   A. 通用夹具　　B. 可调夹具　　C. 专用夹具　　D. 拼装夹具

9. 下列叙述错误的是(　　)。
   A. 没有限制加工所要求限制的自由度是欠定位，欠定位是不被允许的
   B. 欠定位和过定位可能同时存在
   C. 如果工件的定位面精度较高，夹具的定位元件的精度也高，过定位是可以的
   D. 当定位元件所限制的自由度数大于六个时，才会出现过定位

10. 根据零件的加工要求需要限制的自由度，在实际定位时有部分（或全部）自由度未被限制的定位，称为(　　)。
    A. 过定位　　　B. 重复定位　　C. 欠定位　　　D. 完全定位

三、判断题

1. 用圆柱定位心轴定位时限制工件的四个自由度，其中定位配合为间隙配合时，定心精度低但装卸工件方便；定位配合为过盈配合时，定心精度高但装卸工件不便。(　　)

2. 当被加工工件有三个方向的位置要求时，需要限制工件的五个自由度。(　　)

3. 在现代生产中，机床夹具是一种不可缺少的工艺装备，它直接影响着工件加工的精度、劳动生产率和产品的制造成本等。(　　)

4. 可调夹具是针对通用夹具和专用夹具的缺陷而发展起来的一类新型夹具。(　　)

5. 对一些支架、箱体及拐臂等形状复杂的工件须使用专用夹具才能实现装夹加工。
（　）

四、简答题
1. 机床夹具有何用途？
2. 欠定位和不完全定位有何不同？
3. 工件常用的定位方式和定位形式有哪些？

五、分析题
如图 2-1-4 所示密封套，毛坯尺寸为 ϕ110 mm×37 mm，零件材料为 45 钢。试分析零件图，选择合适的装夹方法。

学习活动 4　选择加工方法，编制数控加工工艺卡

知识点 1　常见孔的加工方法

内孔是套类零件的主要加工表面，常用的加工方法有钻孔、扩孔、铰孔、镗孔、拉孔及磨孔等。在车床上一般用钻孔、扩孔、铰孔、镗孔、车孔等方法。

一、钻孔

钻孔是采用钻头在实心材料上加工孔的一种方法。常采用的钻头是麻花钻头，为排出大量切屑，麻花钻的排屑槽具有较大容屑空间，因而刚度与强度受到很大削弱，加工内孔的精度低。一般钻孔后精度达 IT12 级左右，表面粗糙度值达 $Ra\ 80\sim20\ \mu m$。因此，钻孔主要用于精度低于 IT11 级以下的孔加工或精度要求较高的孔的预加工。

钻孔时钻头容易产生偏斜，从而导致被加工孔的轴心线歪斜。为防止和减少钻头的偏斜，工艺上常采用下列措施：

① 钻孔前先加工孔的端面，以保证端面与钻头轴心线垂直。

② 先采用 90°顶角、直径大而且长度较短的钻头预钻一个凹坑，以引导钻头钻削，此方法多用于转塔车床和自动车床，可防止钻偏。

③ 仔细刃磨钻头，使其切削刃对称。

④ 钻小孔或深孔时应采用较小的进给量。

⑤ 采用工件回转的钻削方式，注意排屑和切削液的合理使用。

钻孔直径一般不超过 75 mm，对于孔径超过 35 mm 的孔，宜分两次钻削。第一次钻孔直径约为第二次的 50%～70%。

二、扩孔

扩孔是采用扩孔钻对已钻出、铸出或锻出孔进一步加工的方法。扩孔时，切削深度较小，排屑容易，加之扩孔钻刚性较好，刀齿较多，因而扩孔的精度和表面粗糙度均比钻孔好。扩孔的加工精度一般可达 IT11～IT10 级，表面粗糙度值为 $Ra\ 6.3\sim3.2\ \mu m$。此外，扩孔还能纠正被加工孔的轴心线歪斜。因此，扩孔常作为精加工（如铰孔）前的准备工序，也可作为要求不高的孔的终加工工序。

扩孔余量一般为孔径的 1/8 左右。因扩孔钻的刀齿较多，故扩孔的走刀量一般较大（0.4～2 mm），生产率高。对于孔径大于 100 mm 的孔，较少应用扩孔，而多采用镗孔。

三、铰孔

铰孔是对未淬硬孔进行精加工的一种方法。铰孔时，由于余量较小，切削速度较低。铰刀刀齿较多，刚性好而且制造精确，加之排屑、冷却、润滑条件等较好，因此铰孔后孔本身质量得到提高，孔径尺寸精度一般为 IT9～IT7 级，手铰甚至可达 IT6 级，表面粗糙度值为 $Ra\ 3.2\sim0.8\ \mu m$ 或更小。

铰孔主要用于加工中小尺寸的孔，孔的直径范围一般为 1～80 mm。铰孔纠正孔的位置误差的能力很差，因此孔的有关位置精度应由铰孔前的预加工工序保证。此外，铰孔

不宜于加工短孔、深孔和断续孔。

四、镗孔

镗孔是在扩孔的基础上发展而成的一种常用的孔加工方法,可以用作粗加工,也可用作精加工,加工范围很广。对于小批生产中的非标准孔、大直径孔、精确的短孔以及盲孔、有色金属孔等一般多采用镗孔。镗孔可以在车床、铣床和数控机床上进行,能获得的尺寸精度为IT8～IT6级,表面粗糙度值为 Ra 3.2～0.4 μm。镗孔刀具(镗杆与镗刀)因受孔径尺寸的限制(特别是小直径深孔),一般刚性较差,镗孔时容易产生振动,生产率较低。但是由于不需要专用的尺寸刀具(如铰刀),且镗刀结构简单,又可在多种机床上进行镗孔,故单件和小批生产中,镗孔是较经济的方法。

此外,镗孔能够修正前工序加工所导致的轴心线歪斜和偏移,从而可以提高位置精度。

五、车孔

用车削方法扩大工件的孔或加工空心工件的内表面称为车孔,可以用作粗加工,也可用作精加工,加工范围很广。车孔能获得的尺寸精度为IT8～IT7级,表面粗糙度值为 Ra 3.2～1.6 μm。小直径内孔车刀一般刚性较差,车孔时容易产生振动,生产率较低,但车孔仍是较经济的方法。此外,车孔能够修正前工序加工所导致的轴心线歪斜和偏移,从而可以提高位置精度。

知识点 2 深孔加工

一、深孔加工刀具

在数控车床上用于深孔加工的刀具有喷吸钻、枪钻和扁钻。

1. 喷吸钻

喷吸钻是一种效率高、加工质量好的新型内排屑深孔钻,适用于中等直径(18～180 mm)的一般(深径比在100 mm以内)深孔的加工(图2-1-30)。加工出的孔精度为IT10～IT7级,加工表面粗糙度值为 Ra 3.2～0.8 μm,孔的直线度一般可达0.1/1 000 mm。

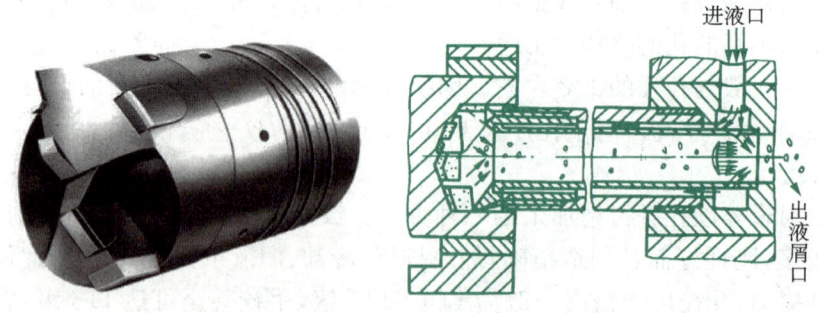

图 2-1-30 喷吸钻

2. 枪钻

枪钻是单刃外排屑深孔钻,因最初用于加工枪管,故得名枪钻,主要用来加工直径为

3～20 mm、深径比可超过100的深孔(图2-1-31)。加工出的孔精度为IT10～IT8级,加工表面粗糙度值为 Ra 5～0.03 μm,孔的直线度也比较好。

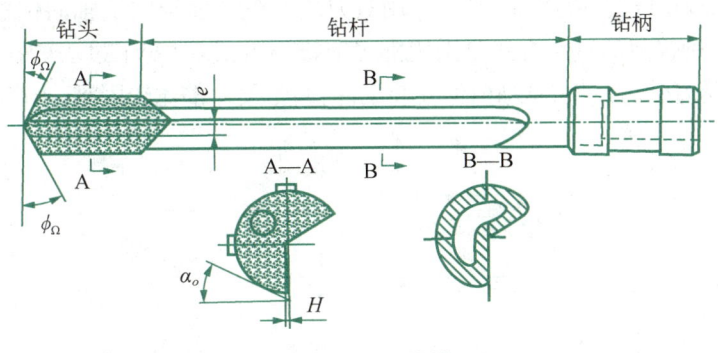

图 2-1-31　枪钻

3. 扁钻

扁钻切削部分磨成一个扁平体,主切削刃磨出顶角、后角,并形成横刃,副切削刃磨出后角与副偏角并控制钻孔的直径(图2-1-32)。扁钻是使用最早的钻孔工具。因其结构简单、刚性好、成本低、刃磨方便,应用较多,特别是在微孔($<\phi 1$ mm)及大孔($>\phi 38$ mm)加工中更方便、经济。扁钻有整体式和装配式两种。前者适合于数控机床,常用于较小直径($<\phi 12$ mm)孔的加工;后者适用于较大直径($>\phi 63.5$ mm)孔的加工。

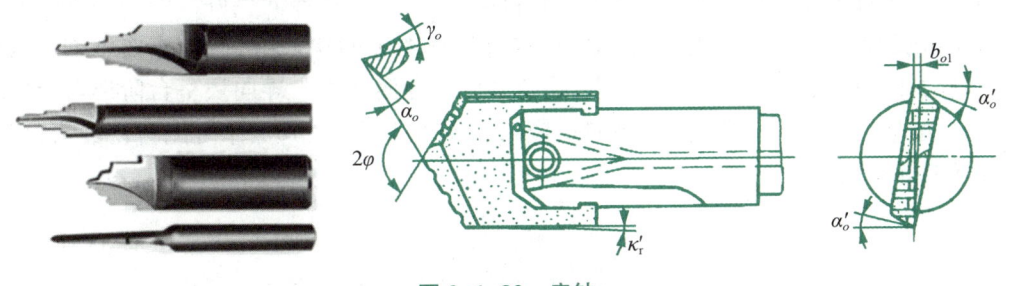

图 2-1-32　扁钻

二、深孔的加工方法

一般将孔的长度 L 与孔径 D 之比(L/D)大于 5 mm 的孔称为深孔。深孔加工与一般孔加工相比较,生产率较低,难度大。由于零件较长,工件安装常用"一夹一架"方式,孔的粗加工多选用深孔钻削或镗削(拉镗或推镗),对要求较高的孔则采用铰削(浮动铰削)、珩磨或滚压等工艺方法。

1. 深孔钻削方法

在单件、小批生产中,深孔钻削常采用加长麻花钻在普通车床或转塔车床上进行。为了排出切屑和冷却刀具,钻头每进一段不长的距离即需由孔内退出。深孔加工中,钻头的这种频繁进退,既影响钻孔效率,又增加加工人的劳动强度。

2. 深孔精加工

经过钻削的深孔若需要进一步提高尺寸精度和直线度以及使表面粗糙度细化等,可采用镗刀头镗孔和浮动镗孔(浮动铰孔)。

如图 2-1-33 所示,深孔镗削与一般镗削不同,它所采用的机床是深孔钻床,同时要在钻杆上装上深孔镗头(螺纹连接)。其结构是前后均有导向块,前导向块由两块硬质合金组成,后导向块由四块硬质合金组成,镗刀尺寸用对刀块调整。前导向块轴向位置应在刀尖后面 2 mm 左右。这种镗刀的进给方式是采用推镗前排屑方式,改变了过去的拉镗方法,因为拉镗时虽然刀杆受力(拉力)状态较好,但安装工件、调整尺寸都比较困难,生产率低。

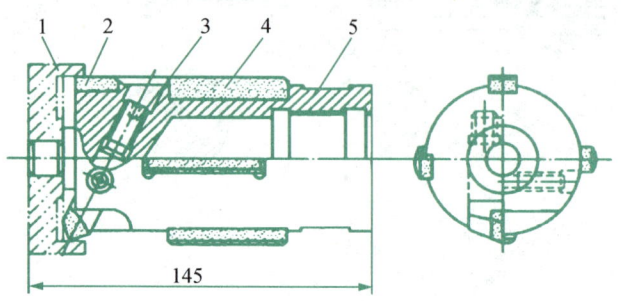

1—对刀块;2—前导向块;3—调节螺钉;4—后导向块;5—刀体

图 2-1-33 深孔镗头

浮动镗孔采用的设备仍然是钻削深孔的整套设备,只需取下深孔钻头,换上深孔铰刀头。深孔铰刀头的结构如图 2-1-34 所示。浮动镗刀块在刀体长方形孔内可以自由地滑动。浮动镗孔的特点:消除了由于机床及刀具等的误差引起的孔尺寸不稳定;由于镗刀块浮动,并且工件处于旋转的情况,刀块具有自动对中性;刀块导向良好。图 2-1-34 中导向块为夹布胶木(或白桦木),有一定弹性。这种材料的导向块,既可避免擦伤已加工表面,又可自动补偿数次铰孔后直径的磨损,维持必要的导向要求。导向块呈台阶形,在调整导向块时,前导向块应与孔紧配,后导向块应略大于镗刀块尺寸,工作时能自动磨去而保持较准确的导向精度。

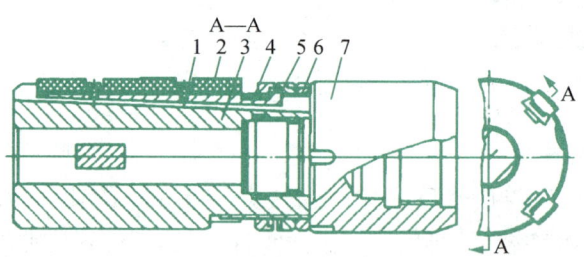

1—螺钉;2—导向块;3—刀体;4—楔形块;5—调节螺母;6—锁紧螺母;7—楔头

图 2-1-34 深孔铰刀头

知识点 3　零件内孔的精密加工

当套筒零件内孔加工精度要求很高且表面粗糙度值要求很小时,内孔精加工之后还需要进行精密加工。常用的精密加工方法有精细镗、研磨、珩磨、滚压等。研磨多用于手工操作,工人劳动强度较大,通常用于加工批量不大且直径较小的孔。而精细镗、珩磨、滚压的加工质量和生产率都比较高,应用比较广泛。

一、精细镗

精细镗是近年来发展起来的一种很有特色的镗孔方法。由于最初是使用金刚石作刀具材料的,所以又称金刚镗。这种方法常用于有色金属合金及铸铁的套筒内孔精密加工,柴油机连杆和气缸套加工中也应用较多。为获得高的加工精度和小的表面粗糙度值,常采用精度高、刚性好和具有高转速的金刚镗床。所采用的刀具是颗粒细而耐磨的金刚石和硬质合金,经过刃磨和研磨获得锋利的刃口。精细镗的加工余量较小,高速切削下可切去截面很小的切屑。由于切削力很小,故尺寸精度能达到 IT5 级,表面粗糙度值达 Ra 0.4~0.2 μm,孔的几何形状误差小于 3 μm。

镗削精密孔时,为方便调刀,可采用微调镗刀(图 2-1-13),以节省对刀时间,保证孔径尺寸。

二、研磨

研磨孔的原理与研磨外圆相同。研具通常是采用铸铁制的棒,表面开槽以存研磨剂。图 2-1-35 为研孔用的研具,其中图 2-1-35(a)为铸铁粗研具,棒的直径可用螺钉调节;图 2-1-35(b)为精研用的研具,用低碳钢制成。内孔研磨的工艺特点如下:

① 尺寸精度可达 IT6 级以上;表面粗糙度值为 Ra 0.1~0.01 μm。

② 孔的位置精度只能由前工序保证。

③ 生产率低,研磨之前孔必须经过磨削、精铰或精镗等工序。对中小尺寸孔,研磨加工余量约为 0.025 mm。

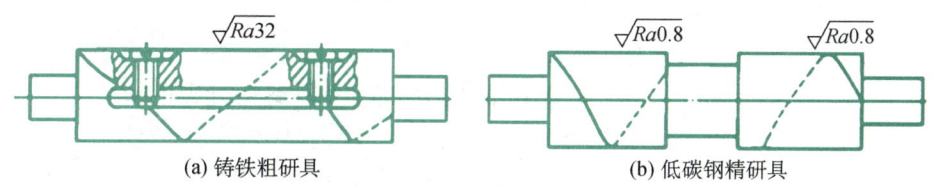

(a) 铸铁粗研具　　　　　(b) 低碳钢精研具

图 2-1-35　研磨棒

三、珩磨

珩磨是用 4~6 根砂条组成的珩磨头(图 2-1-36)对内孔进行光整加工。珩磨不但生产率高,而且加工精度也很高,一般尺寸精度可达 IT6~IT5 级,表面粗糙度值可达 Ra 0.8~0.1 μm,并能修正孔的几何形状偏差。

近年来多应用塑料和细磨料(金刚砂)混合压制珩磨工具,根据不同用途可压制成各种形状,使珩磨不仅能用于加工内孔,还能加工外圆、平面、球面及各种特形表面。如外圆表面的珩磨工具为柱形珩轮,齿轮的珩磨工具为磨料齿轮。

为进一步提高珩磨生产率,珩磨工艺朝着强力珩磨、自动控制尺寸的自动珩磨、电解珩磨和超声波珩磨等方向发展。

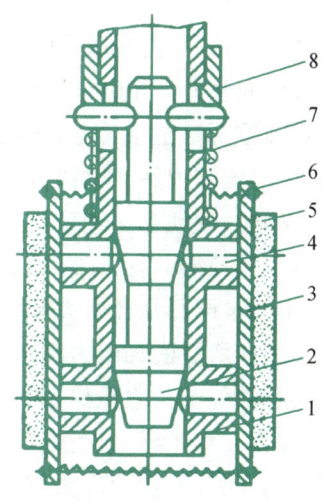

1—本体;2—调整锥;3—砂条座;
4—顶块;5—砂条;6—弹簧箍;
7—弹簧;8—螺母

图 2-1-36　利用螺纹调压的珩磨头

珩磨的应用范围很广,可加工铸铁、淬硬或不淬硬的钢件,但不宜加工易堵塞油石的韧性金属零件。珩磨可以加工孔径为 5~500 mm 的孔,也可加工 $L/D>10$ 的深孔,因此珩磨工艺广泛应用于汽车、拖拉机、煤矿机械、机床和军工等生产部门。

四、滚压

孔的滚压加工原理与滚压外圆相同。由于滚压加工效率高,近年来已用滚压工艺来代替珩磨工艺,效果很好。内孔经滚压后,精度在 0.01 mm 以内,表面粗糙度值约为 Ra 0.1 μm,且表面硬化耐磨,生产效率提高了数倍。

目前珩磨和滚压还在同时使用,其原因是滚压对铸铁件的质量有很大的敏感性。铸铁件硬度不均,表面疏松、气孔和砂眼等缺陷对滚压有很大影响,因此对铸铁件油缸的滚压工艺尚未采用。

图 2-1-37 所示为一油缸滚压头,滚压内孔表面的圆锥形滚柱 3 支承在锥套 5 上,滚压时,圆锥形滚柱与工件有一个斜角,使工件弹性能逐渐恢复,以避免工件孔壁的表面粗糙度值变大。

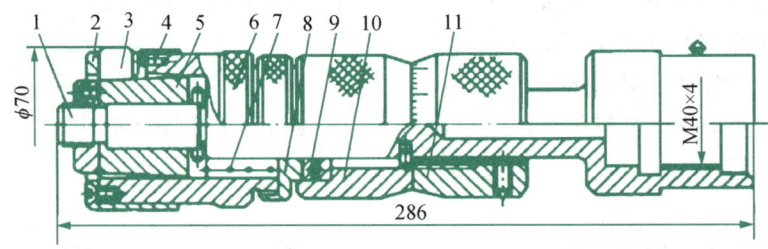

1—心轴;2—盖板;3—圆锥形滚柱;4—销子;5—锥套;6—套圈;
7—压缩弹簧;8—衬套;9—止推轴承;10—过渡套;11—调节螺母

图 2-1-37 油缸滚压头

滚压内孔前,需先通过螺母 11 调整滚压头的径向尺寸。旋转调节螺母可使其相对心轴 1 沿轴向移动,当其向左移动时,推动过渡套 10、止推轴承 9、衬套 8 及套圈 6,经销子 4 使圆锥形滚柱沿锥套的表面左移,最后使滚压头的径向尺寸缩小。当调节螺母向右移动时,由压缩弹簧 7 压移衬套,经止推轴承使过渡套始终紧贴调节螺母的左端面,同时衬套右移时,带动套圈经盖板 2 使圆锥形滚柱也沿轴向位移,最后使滚压头的径向尺寸缩小。滚压头径向尺寸应根据孔的滚压过盈量确定,一般钢材的滚压过盈量为 0.1~0.12 mm,滚压后孔径增大 0.02~0.03 mm。径向尺寸调整好的滚压头,在滚压过程中使圆锥形滚柱所受的轴向力经销子、套圈、衬套作用在止推轴承上,最终还是经过渡套、调节螺母及心轴传至与滚压头右端 M40×4 相连的刀杆上。当滚压完毕后,滚压头从内孔反向退出时,圆锥形滚柱会受到一个向左的轴向力,此力传给盖板,经套圈、衬套压缩弹簧,实现了向左移动,使滚压头直径缩小,保证了滚压头从孔中退出时不碰伤已经滚压好的孔壁。滚压头完全退出孔壁后,在压缩弹簧力的作用下复位,使径向尺寸又恢复到原调数值。滚压速度一般可取 $v=60$~80 m/min,进给量 $f=0.25$~0.35 mm/r。切削液采用 50%硫化油加 50%柴油或煤油。

知识点4　保证套类零件表面相对位置精度的方法

从套类零件的技术要求看,套类零件孔、外圆柱间的同轴度及端面与孔的垂直度均有较高要求。为满足这些要求应采用下列方法:

① 在一次安装中完成内、外圆表面及端面的全部加工。这种方法消除了工件的安装误差,所以可获得很高的相对位置精度。但是,这种方法的工序比较集中,对于尺寸较大(尤其是长径比较大)的轴套来说不便安装,故该法多用于尺寸较小的轴套零件加工。

② 套类零件主要表面加工分在几次安装中进行。这时,又有两种不同的安排:先加工孔,然后以孔为精基准加工外圆。这种方法由于所用夹具(例如心轴)结构简单且制造和安装误差较小,因此可获得较高的位置精度,在套类零件加工中一般多采用此法。第二种方法是先加工外圆,然后以外圆为精基准加工孔。采用此法时,工件装夹迅速可靠,但因一般卡盘安装误差较大,加工后的工件位置精度低。同轴度要求较高时,则必须采用定心精度高的夹具,如弹性膜片卡盘、液体塑料夹头以及经过修磨的三爪自定心卡盘等。

项目二 套类零件的数控加工工艺制订与实施

◆ 任务实施

环节 1 课前预习轴套的加工方法、加工路线、加工方案的相关知识

1. 完成预习测试,归纳遇到的问题。
___
___
___

2. 针对学生提交的问题,教师进行讲解、指导,组织学生进行讨论、抢答、头脑风暴等活动,通过教学平台完成。

（1）常用的孔加工方法有哪几种？如何选择加工方法？
___
___
___

（2）保证套类零件表面相对位置精度的措施有哪些？
___
___
___
___

环节 2 实战演练,锻炼技能

1. 请你根据轴套的零件图(图 2-1-1),选择轴套的加工方法和加工方案。
___
___
___

参考答案

2. 编制轴套的数控加工工艺卡。

环节 3 检查评价,评定反馈

请你认真检查自己与同学们的学习过程,进行自评、小组互评,取长补短。根据小组互评、教师点评,查找不足,写出总结报告。

轴套工艺制订的评价表

序号	过程考核	项目名称	考核内容与要求	配分	得分 自评	得分 小组互评	备注
1	课前 (15分)	看视频、微课	回答问题	5			
		在线测试	完成测试	5			
		总结提问	问题的质量、难度	5			

(续表)

序号	过程考核		项目名称	考核内容与要求	配分	得分		备注
						自评	小组互评	
2	课中 (50分)	选择加工方法、路线、方案	考勤	按时上课	5			
			活动参与	积极参与活动	5			
			加工方法选择	全面、正确	5			
			加工路线选择	正确	10			
			加工方案选择	合理	10			
			工艺制订	合理	15			
3	课后 (15分)	课程内容巩固	零件工艺制订	课后习题完成情况	15			
4	综合素质 (10分)		自主学习创新能力	线下、线上自主学习,分析解决问题的能力,创新意识	3			
			团队协作	团队合作、协调沟通、语言表达、竞争意识	2			
			工匠精神	崇尚、尊重劳动;吃苦耐劳、一丝不苟的工匠精神	5			
5	评定反馈 (10分)		任务完成	任务完成情况	5			
			任务测试	任务测试达标情况	5			
	合计							
	总分							

教师点评：

总结报告

拓展训练

根据图 2-1-3 所示零件图,制订支架套的数控加工工艺。

课后练习

一、填空题

1. 孔常用的加工方法有_____、_____、_____、_____、_____等。
2. 对于孔径超过_____的孔,宜分两次钻削。第一次钻孔直径约为第二次的_____。

3. 孔常用的精加工方法有＿＿＿＿、＿＿＿＿、＿＿＿＿、＿＿＿＿等。
4. 一般将孔的长度与孔径之比(L/D)为＿＿＿＿的孔称为深孔。

二、选择题

1. 下列属于采用扩孔钻对已钻出、铸出或锻出孔进一步加工的方法是（　　）。
   A. 扩孔　　　　B. 铰孔　　　　C. 镗孔　　　　D. 磨孔
2. 下列属于在扩孔的基础上发展而成的一种常用的孔加工方法,可以作为粗加工,也可作为精加工,加工范围很广的是（　　）。
   A. 扩孔　　　　B. 铰孔　　　　C. 镗孔　　　　D. 磨孔
3. 铰孔的表面粗糙度值可达 Ra（　　）μm。
   A. 3.2～0.8　　B. 12.5～6.3　　C. 6.3～3.2　　D. 3.2～1.6
4. 用标准铰刀铰削 H7～H8、$D<30$ mm、Ra 1.6 μm 的内孔,其工艺过程一般是（　　）。
   A. 钻孔→扩孔→铰孔　　　　　　B. 钻孔→扩孔→粗铰→精铰
   C. 钻孔→扩孔　　　　　　　　　D. 钻孔→铰孔
5. （　　）的加工精度一般可达 IT11～IT10 级,表面粗糙度值为 Ra 6.3～3.2 μm,还能纠正被加工孔的轴心线歪斜。
   A. 扩孔　　　　B. 钻孔　　　　C. 铰孔　　　　D. 镗孔

三、判断题

1. 珩磨是用 4～6 根砂条组成的珩磨头对内孔进行光整加工。（　　）
2. 扩孔常作为精加工（如铰孔）前的准备工序,也可作为要求不高的孔的终加工工序。（　　）
3. 扩孔不能纠正被加工孔的轴心线歪斜。（　　）
4. 铰孔主要用于加工中小尺寸的孔,孔的直径范围一般为 1～100 mm。（　　）
5. 铰孔不宜于加工短孔、深孔和断续孔。（　　）
6. 镗孔能够修正前工序加工所导致的轴心线歪斜和偏移,从而可以提高位置精度。（　　）

四、简答题

1. 钻孔时为防止和减少钻头的偏斜,工艺上常采用哪些措施？
2. 零件内孔的精密加工方法有哪几种？各有何特点？

五、分析题

如图 2-1-4 所示密封套,毛坯尺寸为 $\phi 110$ mm×37 mm,零件材料为 45 钢。试分析零件图,编制数控加工工艺卡。

学习任务二
薄壁套的数控加工工艺制订与实施

视频——薄壁套加工

任务描述

如图 2-2-1 所示为一薄壁套,毛坯尺寸为 $\phi42\ mm \times 50\ mm$,材料为 45 钢,生产类型为单件或小批生产,无热处理工艺要求。试分析技术要求,选择刀具、切削用量、装夹方法,确定加工工艺方案,制订数控加工工艺。本任务通过分析薄壁套的加工工艺,掌握套类零件的加工方法、机床、刀具、切削用量、加工路线选择等。

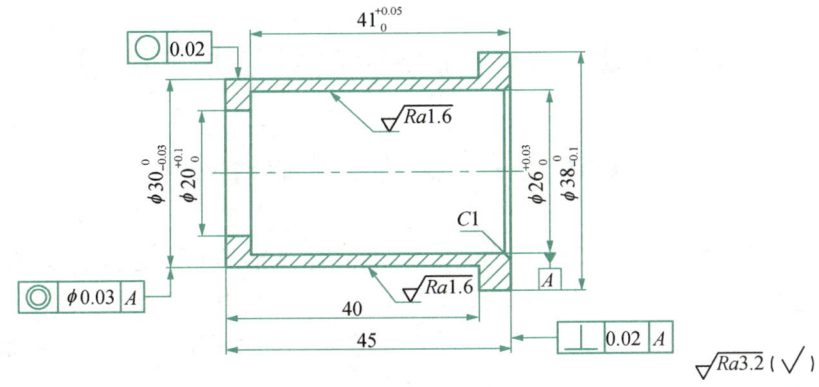

图 2-2-1 薄壁套

任务目标

1. 素质目标
① 通过自主学习,培养学生分析问题、解决问题的能力;
② 通过小组合作,培养学生的团队合作意识;
③ 通过编制薄壁套工艺文件,培养学生严谨细致、精益求精的工匠精神。
2. 知识目标
① 了解一般薄壁套类零件的主要技术要求及特点;
② 掌握薄壁套零件的常用刀具的种类、选用方法;
③ 掌握薄壁套零件的装夹方法;
④ 掌握薄壁套零件的加工方法。
3. 能力目标
① 能够分析薄壁套零件的加工工艺;

② 能合理选择薄壁套零件的毛坯、刀具、夹具、机床、切削用量、工件装夹方法、加工方法；

③ 能制订薄壁套零件的加工工艺。

任务分析

薄壁套零件孔壁较薄，装夹过程中很容易变形，因此装夹难度较大，一般可采用外圆定位和内孔定位夹紧的方法来完成，外圆定位时可使用特制的软卡爪装夹，内孔定位时可使用芯轴来装夹。图 2-2-1 所示薄壁套零件，零件外圆、内孔精度及表面粗糙度要求较高；右端面与 $\phi 26^{+0.03}_{0}$ mm 孔轴线有垂直度要求，加工时应在一次装夹中完成；$\phi 30^{\ 0}_{-0.03}$ mm 外圆既有圆度形位公差要求，又有同轴度要求，又因内孔存在阶台，无法一次装夹工件完成全部加工内容，因此可先加工完零件右端面及内孔，再使用芯轴装夹，完成零件外圆加工。

学习活动　制订薄壁套的数控加工工艺

知识点1　薄壁零件的特点

车削薄壁零件的关键是解决变形问题。工件产生变形的原因是切削力、夹紧力、切削热、定位误差和弹性变形。其中，对变形影响最大的是夹紧力和切削力。

因工件壁薄，在夹紧力的作用下容易产生变形，从而影响工件的尺寸精度和形状精度。

工件在夹紧力的作用下，会略微变成三边形，但车孔后得到的是一个圆柱孔。当松开卡爪，取下工件后，由于弹性恢复，外圆恢复成圆柱形，而内孔则变成弧形三边形。若用内径千分尺测量时，各个方向直径 D 相等，但内圆柱面已变形，则称为等直径变形。

工件较薄，切削力会引起工件热变形，使工件尺寸难以控制。

对于线膨胀系数较大的金属薄壁工件，在半精车和精车的一次安装中连续车削所产生的切削力会引起工件的热变形，对其尺寸精度影响极大，有时甚至会使工件卡死在夹具上。

在切削力(特别是径向切削力)的作用下，容易产生振动和变形，影响工件的尺寸精度、形状、位置精度和表面粗糙度。

知识点2　防止和减少薄壁工件变形的方法

减少夹紧力的方法：减小切削力或改变夹紧力的夹紧方向。减少切削力和切削热的方法：合理地选择切削用量、合理地选择刀具几何角度和刀具材料、合理地选择切削液等。

一、减少薄壁零件变形的方法

1. 工件加工分粗、精车阶段

粗车时,由于切削余量较大,夹紧力稍大些,变形也相应大些;精车时,夹紧力可稍小些,一方面夹紧变形小,另一方面还可以消除粗车时因切削力过大而产生的变形。

2. 合理选用刀具的几何参数

车削薄壁零件时,应控制主偏角,使轴向力 F_x 和径向力 F_y 朝向工件刚性差的方向减小,且刃倾角取正值,刃口要刃磨锋利,一般不磨倒棱;前角和后角比加工刚性好的零件取得大些。

精车薄壁工件时,要求刀柄的刚度高,车刀的修光刃不宜过长(一般取 0.2~0.3 mm),刃口要锋利。

3. 增加装夹接触面

将局部夹紧力机构改为均匀夹紧力机构,采用大面软爪、扇形软爪、开缝套筒、液性塑料定心夹具等,使接触面增大,让夹紧力均匀分布在工件上,从而使夹紧时工件不易产生形变,如图 2-2-2 所示。

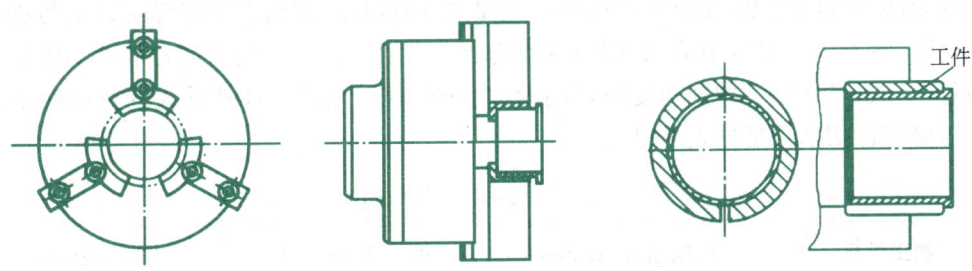

图 2-2-2 增加装夹接触面

4. 改变夹紧力的方向和着力点

夹紧力的方向应选择在有利于减小夹紧力的部位。如薄壁零件为套类,应尽量不使用径向夹紧,而优先选用轴向夹紧的方法。如图 2-2-3 所示,工件 1 靠螺母的端面实现轴向夹紧,由于夹紧力 F 沿工件轴向分布,而工件轴向刚度大,因此不易产生夹紧变形。如薄壁零件为盘类,则可改轴向夹紧力为径向夹紧力。当薄壁零件径向和轴向刚性都较差时,保证夹紧力的方向与切削力的方向一致,就能使较小夹紧力起到较大夹紧力的作用。夹紧力的着力点应落在支承点的正对面和切削部位的附近,以减少变形。

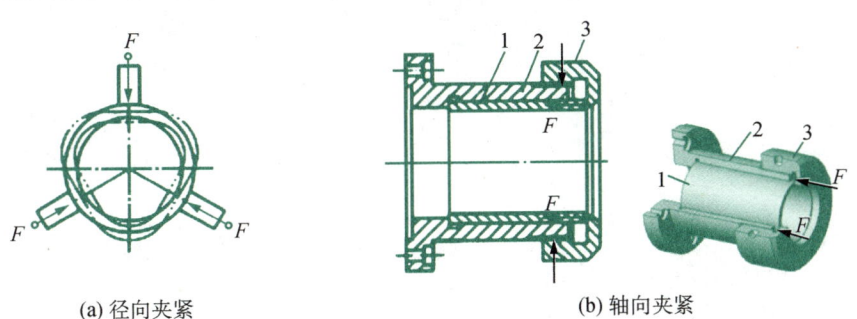

(a) 径向夹紧　　　(b) 轴向夹紧

1—薄壁工件;2—夹具体;3—螺母

图 2-2-3 夹紧装置

5. 增加工艺肋

有些薄壁工件在其装夹部位有特制的几根工艺肋,以增加此处刚性,使夹紧力作用在工艺肋上,以减少工件的变形,提高加工精度。加工完毕后,再去掉工艺肋,如图 2-2-4 所示。

6. 增加辅助支承面

辅助支承面可以提高薄壁零件在切削过程中的刚性,减少变形。

7. 充分浇注切削液

降低切削温度,可减少工件热变形。切削温度对薄壁零件的变形影响较大,因此,车削时一定要充分使用冷却润滑液,以降低切削温度的影响。

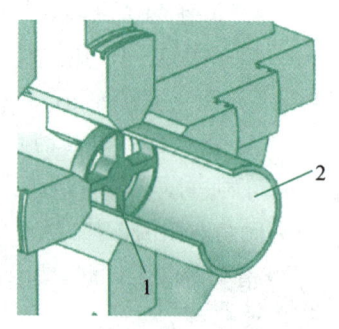

1—工艺肋;2—薄壁工件

图 2-2-4 增加工艺肋防止薄壁工件变形

二、选择合理的切削用量

针对薄壁件刚性差、变形大的特点,车削时按同种材料车削加工的背吃刀量与进给量选取范围,背吃刀量取较小值,而切削速度仍取正常值。因为影响切削力最大的因素是背吃刀量,其次是进给量,切削速度对切削力的影响很小,尤其车削塑性大的材料时更是如此。薄壁零件切削用量见表 2-2-1。

表 2-2-1 薄壁零件切削用量选择

加工性质	切削速度(m/min)	进给量(mm/r)	背吃刀量(mm)
粗车	70~80	0.6~0.8	1
精车	100~120	0.15~0.25	0.3~0.5

任务实施

环节 1 课前预习薄壁套的相关知识

1. 完成预习测试,归纳遇到的问题。
___
___
___

2. 针对学生提交的问题,教师进行讲解、指导,组织学生进行讨论、抢答、头脑风暴等活动,通过教学平台完成。

(1) 薄壁套有何特点?
___
___
___

(2) 防止和减少薄壁工件变形的方法有哪些?
___
___
___
___

环节 2 实战演练,锻炼技能

1. 请你根据薄壁套的零件图(图 2-2-1),分析薄壁套的数控加工工艺。
___
___
___

参考答案

2. 选择薄壁套数控加工的机床、刀具。
___
___
___
___

3. 选择薄壁套数控加工基准与加工方法。
___
___
___
___

4. 编制薄壁套的数控加工工艺卡。

环节 3 检查评价，评定反馈

请你认真检查自己与同学们的学习过程，进行自评、小组互评，取长补短。根据小组互评、教师点评，查找不足，写出总结报告。

薄壁套工艺制订的评价表

序号	过程考核		项目名称	考核内容与要求	配分	得分		备注
						自评	小组互评	
1	课前 （15分）		看视频、微课	回答问题	5			
			在线测试	完成测试	5			
			总结提问	问题的质量、难度	5			
2	课中 （50分）	选择加工方法、路线、方案	考勤	按时上课	5			
			活动参与	积极参与活动	5			
			加工方法选择	全面、正确	5			
			加工路线选择	正确	10			
			加工方案选择	合理	10			
			工艺制订	合理	15			
3	课后 （15分）	课程内容巩固	典型零件工艺分析	课后习题完成情况	15			
4	综合素质 （10分）		自主学习创新能力	线下、线上自主学习，分析解决问题的能力，创新意识	3			
			团队协作	团队合作、协调沟通、语言表达、竞争意识	2			
			工匠精神	崇尚、尊重劳动；吃苦耐劳、一丝不苟的工匠精神	5			
5	评定反馈 （10分）		任务完成	任务完成情况	5			
			任务测试	任务测试达标情况	5			
			合计					
			总分					

教师点评：

总结报告

拓展训练

如图 2-2-5 所示密封套,毛坯尺寸为 ϕ60 mm×290 mm,零件材料为 45 钢,分析该零件的数控加工工艺,编制数控加工工艺卡。

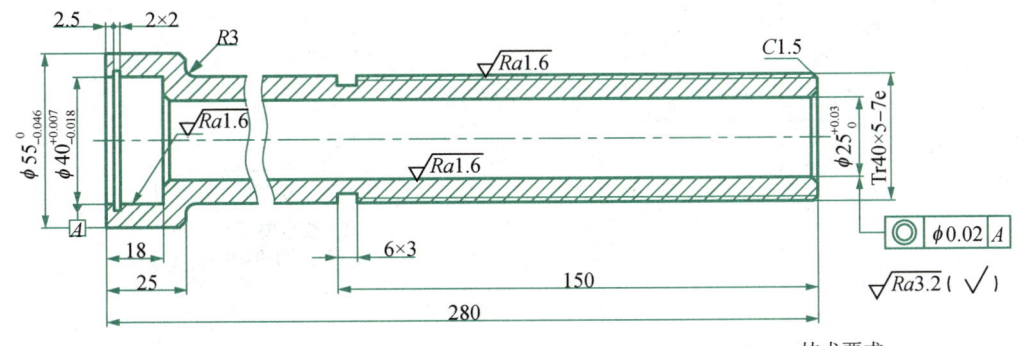

技术要求:
1. 热处理后硬度为28~32HRC;
2. 未注倒角为C2;
3. 未注公差尺寸按《一般公差 未注公差的线性和角度尺寸的公差》(GB/T 1804—2000)加工。

图 2-2-5 密封套

课后练习

一、填空题

1. 车削薄壁零件时，引起零件变形的因素很多，影响变形最大的因素是_____和_____。
2. 薄壁零件在车削时，按同种材料车削加工的背吃刀量与进给量选取范围，_____取较小值，而_____仍取正常值。

二、判断题

1. 车削薄壁零件的关键是解决变形问题。（ ）
2. 粗车时，由于切削余量较大，夹紧力比较大，变形也相应大些。（ ）
3. 装夹薄壁套类零件，应尽量不使用轴向夹紧，而优先选用径向夹紧的方法。（ ）
4. 在薄壁工件装夹部位可以增加工艺肋，以增加此处刚性，减少加工时的变形。（ ）
5. 精车薄壁工件时，要求刀柄的刚度高，车刀的修光刃不宜过短，刃口要锋利。（ ）

三、工艺制订题

如图 2-2-6 所示薄壁套，毛坯尺寸为 ϕ40 mm×80 mm，零件材料为 45 钢。试分析图纸，完成下列任务。

① 分析技术要求；
② 选择毛坯、刀具、装夹方法；
③ 编制数控加工工艺卡。

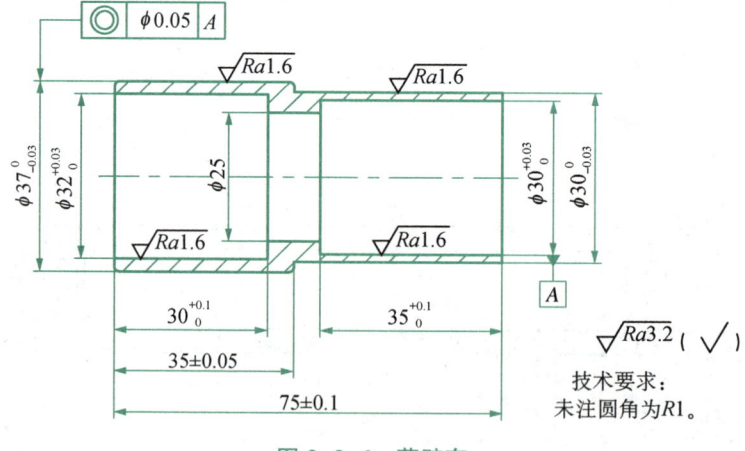

图 2-2-6 薄壁套

项目三

轮廓类零件的数控加工工艺制订与实施

数控铣床是机床设备中应用非常广泛的加工机床,它可以进行平面铣削、平面型腔铣削、外形轮廓铣削和三维及三维以上复杂型面铣削,还可进行钻削、镗削、螺纹切削等孔加工。轮廓类零件是在数控铣床上加工的典型零件之一,常见的有曲面轮廓、多边形轮廓等零件,加工的部位主要是外表面。

学习任务一
盖板的数控加工工艺制订与实施

◇ 任务描述

如图 3-1-1 所示为盖板零件图,盖板属于轮廓类零件,半成品尺寸为 110 mm× 90 mm×25 mm,材料为 A3,生产类型为单件或小批生产,无热处理工艺要求。试分析技术要求,选择刀具、切削用量、装夹方法,确定加工工艺方案,制订数控加工工艺。

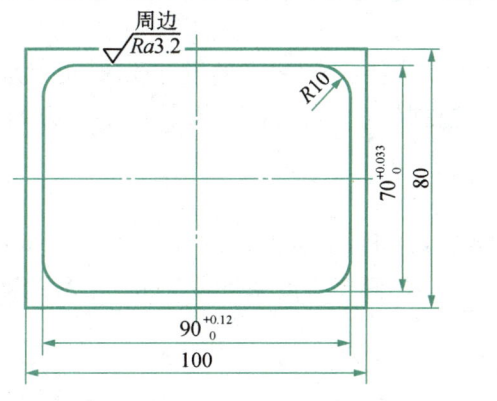

图 3-1-1　盖板

任务目标

1. 素质目标
① 通过自主学习,培养学生分析问题、解决问题的能力;
② 通过小组合作,培养学生的团队合作意识;
③ 通过编制盖板工艺文件,培养学生严谨细致、精益求精的工匠精神。
2. 知识目标
① 掌握数控铣床的主要加工对象;
② 掌握轮廓类零件的刀具;
③ 掌握轮廓类零件的装夹方法;
④ 掌握轮廓类零件的加工方法。
3. 能力目标
① 能够分析轮廓类零件的加工工艺;
② 能合理选择轮廓类零件的毛坯、刀具、夹具、机床、切削用量、工件装夹方法、加工方法;
③ 能制订轮廓类零件的加工工艺。

任务分析

该零件高度余量较大,可以先加工工艺夹头,然后加工零件轮廓,最后铣去工艺夹头。盖板轮廓精度要求较高,表面粗糙度值最高为 $Ra3.2~\mu m$,其余为 $Ra6.3~\mu m$,采用平口钳装夹。

学习活动1　分析盖板的结构工艺性,选择盖板的机床、刀具

知识点1　数控铣削零件的结构工艺性

零件的结构工艺性是指根据加工工艺特点,对零件的设计要求,也就是说零件的结构设计会影响或决定工艺性的好坏。根据铣削加工特点,可从以下六方面来考虑结构工艺性。

一、零件图样尺寸的正确标注

由于加工程序是以准确的坐标点来制订的,因此,各图形几何要素间的相互关系(如相切、相交、垂直和平行等)应明确,各种几何要素的条件要充分,应无引起矛盾的多余尺寸或影响工序安排的封闭尺寸等。

二、保证获得要求的加工精度

虽然数控机床精度很高,但也会产生一些特殊情况,例如过薄的底板与肋板,因为加

工时产生的切削拉力及薄板的弹性退让极易产生切削面的振动,使薄板厚度尺寸公差难以保证,其表面粗糙度也将增大。根据实践经验,对于面积较大的薄板,当其厚度小于3 mm时,就应在工艺上充分重视这一问题。

三、尽量统一零件轮廓内圆弧的有关尺寸

轮廓内圆弧半径 R 常常限制刀具的直径。如图 3-1-2 所示,工件的被加工轮廓高度低,转接圆弧半径也大,可以采用较大直径的铣刀来加工,且加工其底板面时,进给次数也相应减少,表面加工质量较好,因此工艺性也会较好。反之,数控铣削工艺性较差。一般来说,当 $R \leqslant 0.2H$(H 为被加工轮廓面的最大高度)时,可以判定零件上该部位的工艺性不好。

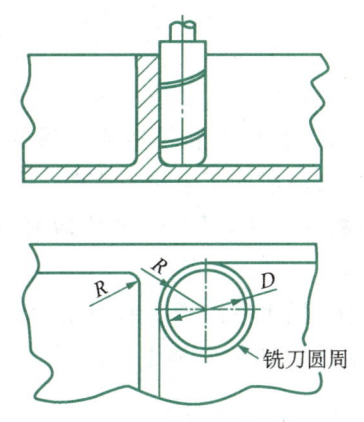

图 3-1-2 肋板的高度与内转接圆弧对零件铣削工艺性的影响

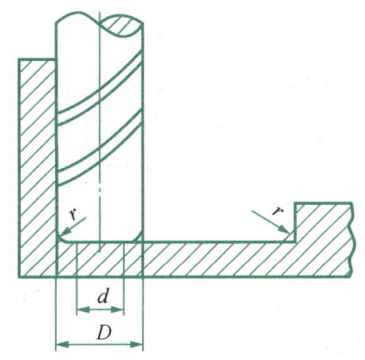

图 3-1-3 底板与肋板的转接圆弧对零件铣削工艺性的影响

侧壁与底平面相交处的圆角半径 r(图 3-1-3)应越小越好,r 越大,铣刀端刃铣削平面的能力越差,效率越低。当 r 大到一定程度时甚至必须用球头铣刀加工,效率最低,这是应当避免的。因为铣刀与铣削平面接触的最大直径 $d=D-2r$(D 为铣刀直径),当 D 越大而 r 越小时,铣刀端刃铣削平面的面积越大,加工平面的能力越强,铣削工艺性当然也越好。有时,当铣削的底面面积较大,底部圆弧 r 也较大时,只能用两把 r 不同的铣刀(一把刀的 r 小些,另一把刀的 r 符合零件图样的要求)分成两次进行切削。

一个零件上的凹圆弧半径在数值上的一致性对数控铣削的工艺性相当重要。一般来说,即使不能寻求完全统一,也要力求将数值相近的圆弧半径分组靠拢,达到局部统一,以尽量减少铣刀规格与换刀次数,并避免产生因频繁换刀而增加的零件加工面上的接刀痕,降低表面质量。

四、保证基准统一

有些零件需要在铣完一面后再重新安装并铣削另一面,由于数控铣削时不能使用通用铣床加工时常用的试切法来接刀,往往会产生因为零件的重新安装而接不好刀的现象。这时,最好采用统一基准定位,因此零件上应有合适的孔作为定位基准孔。如果零件上没有基准孔,也可以专门设置工艺孔作为定位基准,如可在毛坯上增加工艺凸台或在后继工序要铣去的余量上设基准孔。

五、分析零件的变形情况

零件在数控铣削加工时的变形,不仅影响加工质量,而且当变形较大时,将使加工不能继续进行下去。这时就应当考虑采取一些必要的工艺措施进行预防,如对钢件进行调质处理;对铸铝件进行退火处理;对不能用热处理方法解决的零件,也可考虑粗、精加工及对称去余量等常规方法。

六、毛坯的结构工艺性

除了上面讲到的有关零件的结构工艺性外,有时还需要考虑到毛坯的结构工艺性,因为在数控铣削加工零件时,加工过程是自动的,毛坯余量的大小、装夹方法等问题在选择毛坯时就要仔细考虑好,否则,一旦毛坯不适合数控铣削,加工将很难进行下去。根据经验,确定毛坯的余量和装夹方法应注意以下两点。

1. 毛坯加工余量应充足和尽量均匀

毛坯主要指锻件、铸件。锻模时的欠压量与允许的错模量会造成余量的不等;铸造时也会因砂型误差、收缩量及金属液体的流动性差而不能充满型腔等造成余量的不等;此外,锻造、铸造后,毛坯的挠曲与扭曲变形量的不同也会造成加工余量不充分、不稳定。因此除板料外,不论是锻件、铸件还是型材,只要采用数控加工,其加工面均应有较充分的余量。

热轧的中、厚钢板,经淬火时效后很容易在加工中、加工后出现变形现象,所以需要考虑在加工时要不要分层切削、分几层切削,一般应尽量做到各个加工表面的切削余量均匀,以减少内应力所致的变形。

2. 分析毛坯的装夹适应性

主要考虑毛坯在加工时定位和夹紧的可靠性与方便性,以便在一次安装中加工出尽量多的表面。对于不便装夹的毛坯,可考虑在毛坯上另外增加装夹余量或工艺凸台、工艺凸耳等辅助基准。如图 3-1-4 所示,由于该工件缺少合适的定位基准,可在毛坯上铸出三个工艺凸耳,在工艺凸耳上加工出定位基准孔。

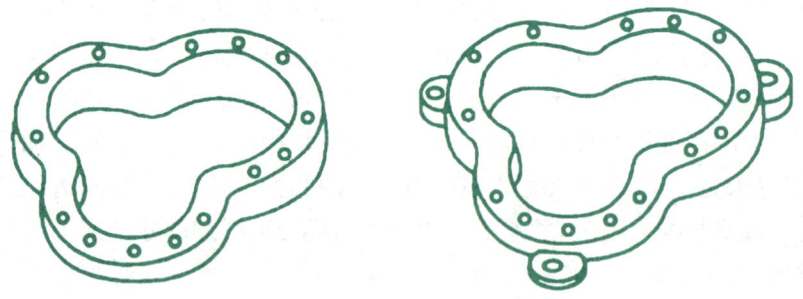

图 3-1-4 增加毛坯工艺凸耳示例

知识点 2 数控铣削常用刀具——铣刀

铣刀是用于铣削加工的、具有一个或多个刀齿的旋转刀具。工作时各刀齿依次间歇地切去工件的余量。铣刀主要用于在铣床上加工平面、台阶、沟槽、成形表面和切断工件等。数控铣床上所采用的刀具应根据被加工零件的材料、几何形状、表面质量要求、热处理状态、切削性能及加工余量等选择,须刚性好、耐用度高。

一、铣刀分类

1. 按刀具结构分类

（1）整体式

刀体和刀齿制成一体。

（2）整体焊齿式

刀齿用硬质合金或其他耐磨刀具材料制成,并钎焊在刀体上。

（3）镶齿式

用机械夹固的方法将刀齿紧紧固定在刀体上。这种可换的刀齿可以是整体刀具材料的刀头,也可以是焊接刀具材料的刀头。刀头装在刀体上刃磨的铣刀为体内刃磨式;刀头在夹具上单独刃磨的为体外刃磨式。

（4）可转位式（见可转位刀具）

这种结构已广泛用于面铣刀、立铣刀和三面刃铣刀等。

2. 按齿背的加工方式分类

（1）尖齿铣刀

在后面磨出一条窄的刃带以形成后角。由于切削角度合理,其寿命较高。尖齿铣刀的齿背有直线、曲线和折线三种形式。直线齿背常用于细齿的精加工铣刀。曲线和折线齿背的刀齿强度较好,能承受较重的切削负荷,常用于粗齿铣刀。

（2）铲齿铣刀

其后面用铲削（或铲磨）方法加工成阿基米德螺旋线式的齿背。铣刀用钝后只需重磨前面,能保持原有齿形不变,用于制造齿轮铣刀等各种成形铣刀。

3. 按用途分类

（1）圆柱铣刀

圆柱铣刀主要用于在卧式铣床加工平面,一般为整体式,如图 3-1-5 所示。

（2）面铣刀

面铣刀主要用于在立式铣床加工平面和台阶面等。面铣刀的主切削刃分布在铣刀的圆柱面上或圆锥面上,副切削刃分布在铣刀的端面上,如图 3-1-6 所示。

面铣刀多制成套式镶齿结构,刀齿为高速钢或硬质合金,刀体为 40Cr。与高速钢相比,硬质合金面铣刀的切削速度较高,可获得较高的加工效率和加工表面质量,并可加工带有硬皮和淬硬层的工件,故得到广泛应用。硬质合金面铣刀按刀片和刀齿安装方式的不同,可分为整体焊接式、机夹焊接式和可转位式三种。

图 3-1-5　圆柱铣刀

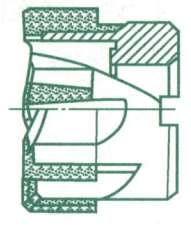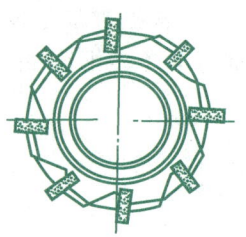

图 3-1-6 面铣刀

(3) 立铣刀

立铣刀是数控加工中应用最多的一种铣刀,主要用于加工凹槽、较小的台阶面以及平面轮廓,如图 3-1-7 所示。立铣刀的圆柱表面和端面上都有切削刃,它们可同时进行切削,也可单独进行切削。立铣刀圆柱表面的切削刃为主切削刃,端面上的切削刃为副切削刃。副切削刃主要用于加工与侧面垂直的底平面。要注意的是,因为普通立铣刀的端面中间有凹槽、无切削刃,所以一般不可以做轴向进给。

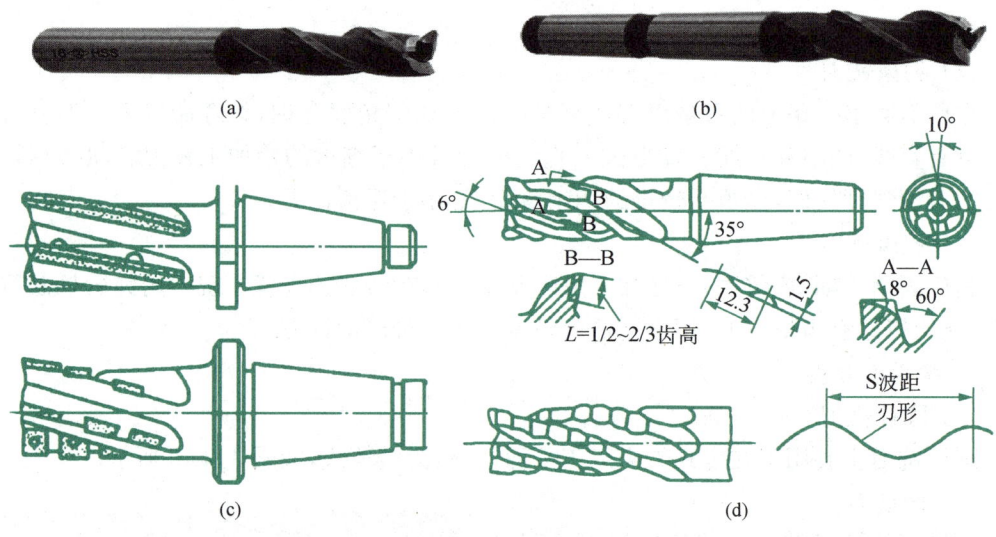

图 3-1-7 立铣刀

立铣刀按端部切削刃的不同可分为过中心刃和不过中心刃两种,按螺旋角大小可分为 30°、40°、60°等,按齿数分可分为粗齿、中齿、细齿三种。数控加工除了用普通的高速钢立铣刀外,还广泛使用以下三种先进的结构类型:

① 整体式立铣刀。硬质合金立铣刀侧刃采用大螺旋升角(≤62°)结构。立铣刀头部的过中心端刃往往呈弧线(或螺旋中心刃)形、负刃倾角,增大了切削刃长度,提高了切削平稳性、工件表面精度及刀具寿命,适应数控高速、平稳、三维的铣削加工特点,如图 3-1-7(a)、(b)所示。

② 可转位立铣刀。可转位立铣刀由可转位刀片组合而成,用于侧齿、端齿、过中心刃端齿的加工。满足数控高速、平稳、三维的铣削加工技术要求,如图 3-1-7(c)所示。

③ 波形立铣刀。其结构如图 3-1-7(d)所示,能将狭长的薄切屑变成厚而短的碎切

屑，使排屑变得流畅。相比普通铣刀而言，波形立铣刀容易切进工件，在相同进给量的条件下它的切削厚度要大些，并且减少了切削刃在工件表面的滑动现象，从而提高了刀具的寿命。它与工件接触的切削刃长度较短，刀具不容易产生振动。由于其切削刃是波形的，可使刀刃的长度增加，有利于散热。

（4）模具铣刀

模具铣刀由立铣刀发展而成，它是加工金属模具型面的铣刀的统称，如图 3-1-8 所示。模具铣刀可分为圆锥形立铣刀、圆柱形球头立铣刀、圆锥形球头立铣刀三种，其柄部有直柄、削平型直柄和莫氏锥柄三种。模具铣刀的结构特点是球头或端面上布满了切削刃，圆周刃与球头刃圆弧连接，可以做径向和轴向进给。模具铣刀的工作部分由高速钢或硬质合金制造。硬质合金制造的模具铣刀如图 3-1-9 所示。国家标准中模具铣刀的直径范围为 4～63 mm。

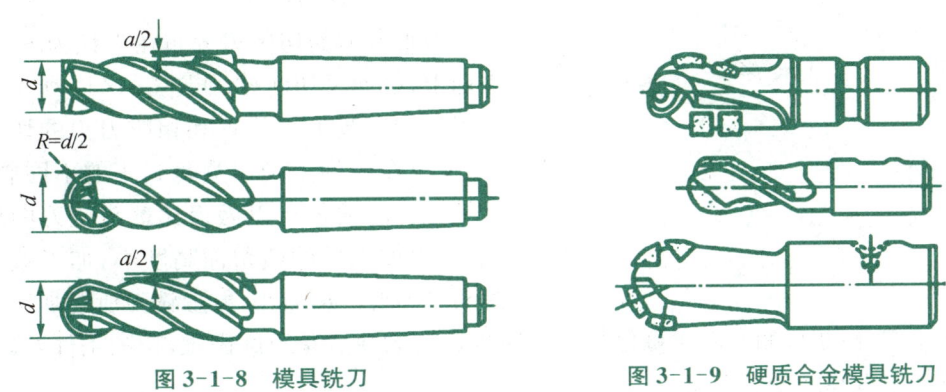

图 3-1-8　模具铣刀　　　　图 3-1-9　硬质合金模具铣刀

（5）键槽铣刀

键槽铣刀有两个刀齿，圆柱面和端面都有切削刃，端面刃延至中心，也可以把它看成立铣刀的一种，如图 3-1-10 所示。按国家标准规定，直柄键槽铣刀直径为 2～22 mm，锥柄键槽铣刀直径为 14～50 mm。键槽铣刀的直径偏差有 $e8$ 和 $d8$ 两种。加工时先轴向进给达到槽深，然后沿键槽方向铣出键槽全长。由于切削刃引起刀具和工件变形，一次走刀铣出的键槽形状误差较大。槽底一般不是直角，因此通常采用两步法铣削键槽，即先用小号铣刀粗加工出键槽，然后以逆铣方式精加工四周，可得到真正的直角，能获得最佳的加工精度。

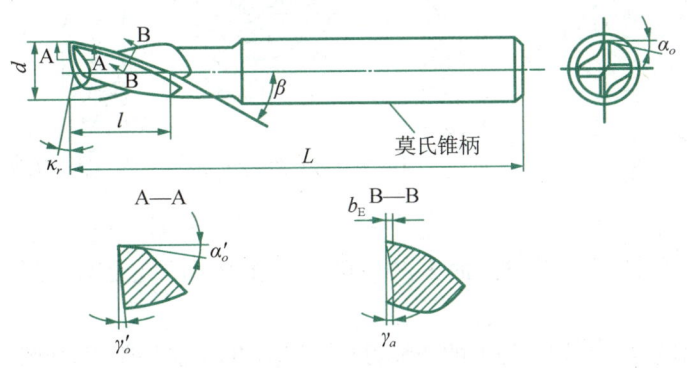

图 3-1-10　键槽铣刀

（6）成形铣刀

成形铣刀一般都是为特定的工件或加工内容专门设计制造的，如角度面、凹槽、特性孔或台，其结构如图3-1-11所示。

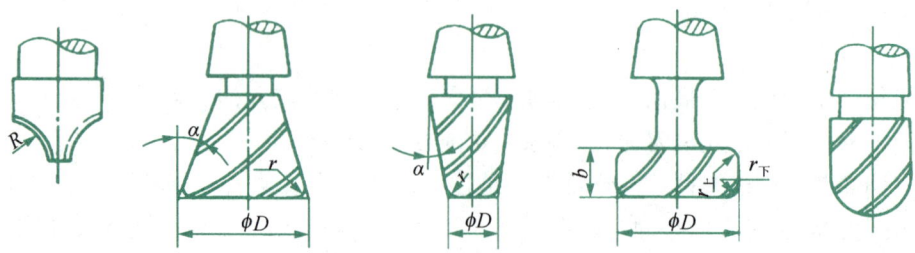

图 3-1-11 成形铣刀

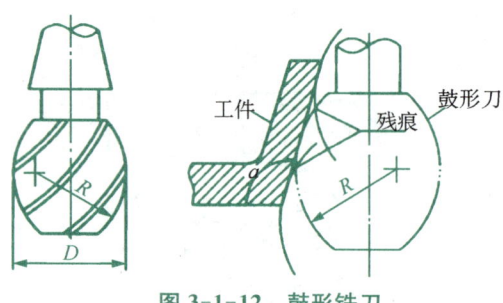

图 3-1-12 鼓形铣刀

（7）鼓形铣刀

鼓形铣刀的切削刃分布在半径为 R 的圆弧面上，端面无切削刃，如图3-1-12所示。加工时控制刀具上下位置和相应刀刃的切削部位，可以在工件上切出从负到正的不同斜角。鼓形铣刀的鼓径可以做得比球头铣刀的球径大，所以加工后的残留面高度小，加工效果比球头铣刀好。R 越小，鼓形铣刀所能加工的斜角范围越广，但获得的表面质量也越差。这种铣刀的缺点是刃磨困难，切削条件差，并且不适合加工有底的轮廓表面。

（8）角度铣刀

角度铣刀主要用于在卧式铣床上加工各种角度槽、斜面等。

① 单角铣刀。圆锥面上的切削刃是主切削刃，端面上的切削刃是副切削刃，如图3-1-13(a)所示。

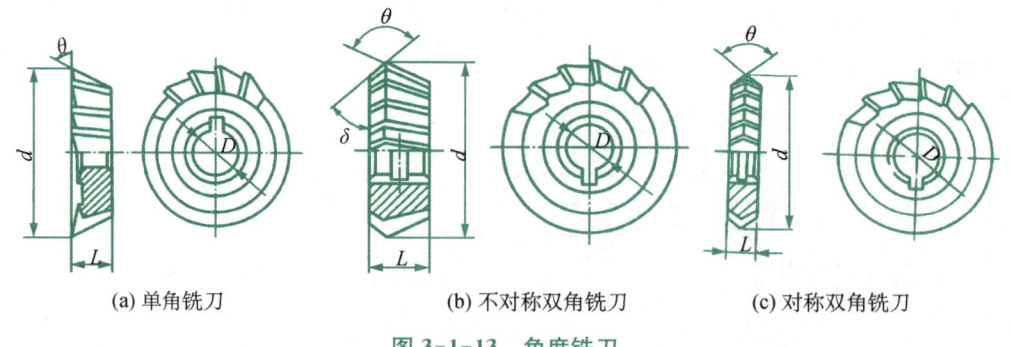

(a) 单角铣刀　　(b) 不对称双角铣刀　　(c) 对称双角铣刀

图 3-1-13 角度铣刀

② 不对称双角铣刀。两圆锥面上的切削刃是主切削刃，无副切削刃，如图3-1-13(b)所示。

③ 对称双角铣刀。两圆锥面上的切削刃是主切削刃，无副切削刃，如图3-1-13(c)所示。

角度铣刀的刀齿强度较小，铣削时，应选择恰当的切削用量，防止振动和崩刃。

（9）锯片铣刀

锯片铣刀主要用于大多数材料的切槽、切断，内外槽铣削，组合铣削，缺口实验的槽加工和齿轮毛坯粗齿加工等，如图 3-1-14 所示。

图 3-1-14　锯片铣刀

二、铣刀主要结构参数的合理选择

1. 铣刀直径的选择

铣刀直径的选择与铣削宽度有关，见表 3-1-1 和表 3-1-2。

表 3-1-1　面铣刀直径的选择

铣削宽度 a_e(mm)	40	60	80	100	120	150	200
铣刀直径 d_0(mm)	50～63	80～100	100～125	200～250	160～200	200～250	250～315

表 3-1-2　盘形槽铣刀和锯片铣刀直径的选择

铣削宽度 a_e(mm)	8	15	20	30	45	60	80
铣刀直径 d_0(mm)	63	80	100	125	160	200	250

2. 铣刀齿数的选择

可转位面铣刀的齿数分为粗、中、细齿三种。粗铣长切屑工件或因工作齿数过多而引起振动时，可选用粗齿面铣刀。铣短切屑工件或精铣钢件时，可选用中齿面铣刀。细齿面铣刀的每齿进给量较小，常适用于加工薄壁铸件，在 f_z 较小时，能使进给速度 v_f 增大，从而获得较高的生产率。硬质合金面铣刀齿数的选择参考数值，见表 3-1-3。

表 3-1-3　硬质合金面铣刀齿数的选择

铣刀直径 d_0 (mm)		50	63	80	100	125	160	200	250	315	400	500
齿数	粗齿	—	3	4	5	6	8	10	12	16	20	26
	中齿	3	4	5	6	8	10	12	16	20	26	34
	细齿	—	—	6	8	10	14	18	22	28	36	44

3. 铣刀几何参数的合理选择

（1）前角的数值选择原则

① 根据不同的工件材料，选择合理的前角数值。

② 不同的铣刀材料,加工相同材料的工件,铣刀的前角也应不相同。

③ 粗铣时一般取较小前角,精铣时取较大前角。

④ 工艺系统刚度较差和铣床功率较低时,宜采用较大的前角,以减小铣削力和铣削功率,并减少铣削振动。

⑤ 对数控机床、自动机床和自动线用铣刀,应选用较小的前角。

铣刀前角的选择参考数值,见表 3-1-4。

表 3-1-4　铣刀前角的选择

铣刀材料	工件材料					
	钢(σ_b/GPa)			铸铁(HBS)		铝镁合金
	<0.589	0.589~0.981	>0.981	≤150	>150	
高速钢	20°	15°	10°~12°	5°~15°	5°~10°	15°~35°
硬质合金	5°~10°	-5°~5°	-10°~-5°	5°	-5°	20°~30°

(2) 后角的数值选择原则

① 工件材料的硬度、强度较高时,宜采用较小的后角;工件材料塑性大或弹性大及易产生加工硬化时,应增大后角;加工脆性材料时,应选用较小的后角。

② 工艺系统刚度差、容易产生振动时,应采用较小的后角。

③ 粗加工时,选取较小的后角;精加工时,可选取较大的后角。当已采用负前角时,刃口的强度已得到加强,为提高表面质量,也可采用较大的后角。

④ 高速钢铣刀的后角可比硬质合金铣刀的后角大 2°~3°。

⑤ 尺寸精度要求较高的铣刀,应选用较小的后角。

铣刀后角的选择参考数值,见表 3-1-5。

表 3-1-5　铣刀后角的选择

铣刀类型	钢料		铸铁		高速钢锯片铣刀	键槽铣刀
	粗齿	细齿	粗铣	精铣		
后角 a_o	12°	16°	6°~8°	12°~15°	20°	8°

(3) 刃倾角的数值选择原则

① 铣削硬度较高的工件时,可选取绝对值较大的负刃倾角。

② 粗加工时,可取正刃倾角。

③ 工艺系统刚度不足时,不宜取负刃倾角。

④ 为了使圆柱铣刀和立铣刀切削平稳轻快,切屑容易从铣刀容屑槽中排出,提高铣刀寿命和生产率,减小已加工表面的粗糙度值,可选取较大的正刃倾角。

铣刀刃倾角或螺旋角的选择参考数值,见表 3-1-6。

表 3-1-6　铣刀刃倾角或螺旋角的选择

螺旋角的选择			刃倾角的选择		
铣刀类型		β	铣削条件(以面铣刀为例)		λ_s
带螺旋角的圆柱铣刀	细齿	25°～30°	铣削钢料等	工艺系统刚度中等时	4°～6°
	粗齿	45°～60°		工艺系统刚度较高时	10°～15°
立铣刀		30°～45°	粗铣铸铁时		−7°
盘铣刀		25°～30°	铣削高温合金		45°

（4）主偏角的数值选择原则

① 当工艺系统刚度足够时，应尽可能采用较小的主偏角。

② 加工高强度、高硬度的材料时，应取较小的主偏角。加工一般材料时，主偏角可取得稍大些。

③ 为增强刀尖强度，提高刀具寿命，面铣刀常磨出过渡刃。

（5）副偏角的数值选择原则

① 精铣时，副偏角应取得小些，以使表面粗糙度值较小。

② 铣削高强度、高硬度的材料时，应取较小的副偏角，以提高刀尖部分的强度。

③ 对锯片铣刀和槽铣刀等，为了保证刀尖强度和重磨后铣刀宽度变化较小，只能取 0.5°～2° 的副偏角。

④ 为避免铣削振动，可适当加大副偏角。

面铣刀的主偏角和副偏角的选择参考数值，见表 3-1-7。

表 3-1-7　面铣刀的主偏角和副偏角的选择

铣刀类型	尺寸	主偏角 κ_r	副偏角 κ_r'
面铣刀	—	30°～90°	1°～2°
双面刃和三面刃盘铣刀	—	—	1°～2°
铣槽铣刀	$d_0=40\sim60$ mm $L=0.6\sim0.8$ mm $L>0.8$ mm	—	0°15′ 0°30′
	$d_0=75$ mm $L=1\sim3$ mm $L>3$ mm	—	0°30′ 1°30′
锯片铣刀	$d_0=75\sim110$ mm $L=1\sim2$ mm $L>2$ mm	—	0°30′ 1°
	$d_0=110\sim200$ mm $L=2\sim3$ mm $L>3$ mm	—	0°15′ 0°30′

注：面铣刀的主偏角主要按工艺系统刚度选取，当系统刚度较高，铣削余量较小时，取 30°～45°；当系统为中等刚度而余量较大时，取 60°～75°；加工相互垂直表面的面铣刀和盘铣刀取 90°。

知识点3　数控铣床

一、数控铣床的分类

数控铣床按照主轴与工作台的相对位置分为立式数控铣床、卧式数控铣床和复合式数控铣床。

1. 立式数控铣床

（1）工作台升降式数控铣床

工作台升降式数控铣床，适用于棒形、圆片、角度、成形和端面铣刀进行平面、斜面、角度、沟槽和边缘的加工，在本机床上安装分度头等附件后，还能铣削齿轮、刀具、螺旋槽、凸轮和鼓轮等工件。这类数控铣床采用工作台移动、升降，而主轴不动的方式，一般为小型数控铣床（图3-1-15）。

（2）主轴头升降式数控铣床

主轴头升降式数控铣床采用工作台纵向和横向移动，且主轴沿垂向溜板上下运动的方式。主轴头升降式数控铣床在保持精度、承载质量、系统构成等方面具有很多优点，已成为数控铣床的主流。

（3）龙门式数控铣床

龙门式数控铣床主轴可以在龙门架的横向与垂向溜板上运动，而龙门架则沿床身做纵向运动，如图3-1-16所示。大型数控铣床因要考虑到扩大行程、缩小占地面积及刚性等技术上的问题，往往采用龙门架移动式结构。

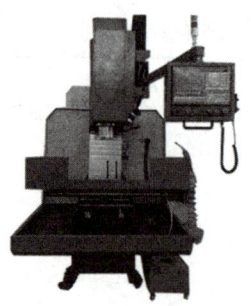
图3-1-15　工作台升降式数控铣床

图3-1-16　龙门式数控铣床

2. 卧式数控铣床

卧式数控铣床的主轴平行于水平面，如图3-1-17所示。为扩大加工范围和扩充功能，它的工作台大多是回转式的，工件一次装夹后，通过回转工作台改变工位，可实现除安装面和顶面以外其余四个面的加工。它特别适宜于箱体类零件的加工。

与立式数控铣床相比，卧式数控铣床的结构复杂，占地面积大，价格也较高，且试切时不易观察，生产时不易监视，装夹及测量不方便，加工深孔时切削液不易到位（若没有内冷却钻孔装置）；但加工时排屑容易，对加工有利。

3. 复合式数控铣床

这类数控铣床的主轴方向可任意转换，在一台机床上既可以进行立式加工，又可以进行卧式加工。由于同时具备了上述两种机床的功能，其使用范围更广、功能更强。若采用数控回转工作台，还能对工件进行除定位面外五个面的加工，如图 3-1-18 所示。

图 3-1-17　卧式数控铣床

图 3-1-18　复合式数控铣床

二、数控铣床的加工范围

数控铣削是机械加工中最常用和最主要的数控加工方法之一，它除了能铣削普通铣床所能铣削的各种零件表面外，还能铣削普通铣床不能铣削的需两坐标至五坐标联动的各种平面轮廓和立体轮廓。根据数控铣床的特点，从铣削加工的角度来考虑，适合数控铣削的主要加工对象有三类。

1. 平面类零件

平行或垂直于水平面，或加工面与水平面的夹角为定角的零件为平面类零件，如箱体、盘、套、板类等平面零件（图 3-1-19）。加工内容包括内外形轮廓、筋台、各类槽形及台肩、孔系、花纹图案等。目前在数控铣床上加工的绝大多数零件属于平面类零件。平面类零件的特点是各个加工面是平面或可以展开成平面。

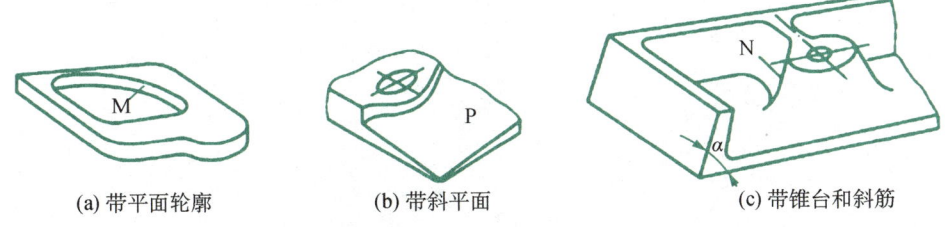

(a) 带平面轮廓　　(b) 带斜平面　　(c) 带锥台和斜筋

图 3-1-19　平面类零件

例如图 3-1-19 中的曲线轮廓面 M 和锥台面 N，展开后均为平面。平面类零件是数控铣削加工对象中最简单的一类零件，一般只需用三坐标数控铣床的两坐标联动（即两轴半坐标联动）就可以加工出来。

2. 变斜角类零件

加工面与水平面的夹角呈连续变化的零件称为变斜角类零件。如飞机上的整体梁、框、缘条与肋等，此外还有检验夹具与装配型架等也属于变斜角类零件。图 3-1-20 所示是飞机上的一种变斜角梁缘条，该零件的上表面在第 2 肋至第 5 肋的斜角从 3°10′ 均匀变化为 2°32′，从第 5 肋至第 9 肋再均匀变化为 1°20′，从第 9 肋至第 12 肋又均匀变化为 0°。

变斜角类零件的变斜角加工面不能展开为平面,但在加工中,加工面与铣刀圆周接触的瞬间为一条线。最好采用四坐标或五坐标数控铣床摆角加工,在没有上述机床时,可采用三坐标数控铣床,进行两轴半坐标近似加工。

3. 曲面类零件

加工面为空间曲面的零件称为曲面类零件,如模具、叶片、螺旋桨等。曲面类零件的加工面不能展开为平面,加工时,加工面与铣刀始终为点接触。加工曲面类零件一般采用三坐标数控铣床。当曲面较复杂、通道较狭窄、会伤及毗邻表面及需刀具摆动时,要采用四坐标或五坐标铣床及加工中心,如图 3-1-21 所示。

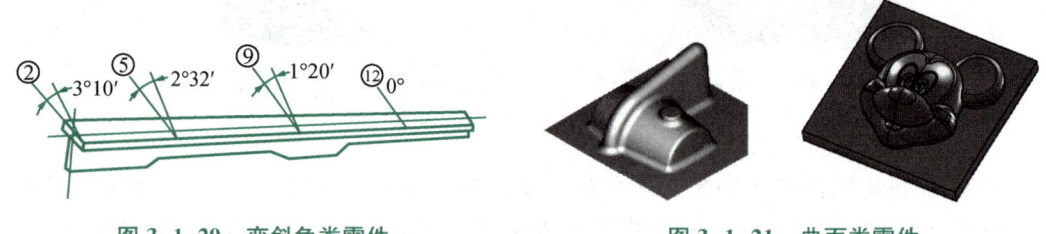

图 3-1-20　变斜角类零件　　　　图 3-1-21　曲面类零件

项目三　轮廓类零件的数控加工工艺制订与实施

📚 任务实施

环节 1　课前预习零件的结构工艺性、数控铣床、数控铣床刀具的相关知识

1. 完成预习测试，归纳遇到的问题。

2. 针对学生提交的问题，教师进行讲解、指导，组织学生进行讨论、抢答、头脑风暴等活动，通过教学平台完成。

(1) 常用数控铣刀是如何进行分类的？各有何特点？

(2) 数控铣床有哪几种？主要用于加工什么零件？

环节 2　实战演练，锻炼技能

1. 根据盖板的零件图(图 3-1-1)，分析盖板的数控加工工艺。

参考答案

2. 请你根据盖板的零件图(图 3-1-1)，选择数控铣床及刀具，编制刀具卡片。

数控加工刀具卡片

产品名称或代号：		零件名称：盖板		零件图号：	
序号	刀具规格及名称	材质	数量	加工表面	备注
1					
2					
3					
4					
编制：		审核：			

环节 3 检查评价，评定反馈

请你认真检查自己与同学们的学习过程，进行自评、小组互评，取长补短。根据小组互评、教师点评，查找不足，写出总结报告。

选择盖板的机床、刀具的评价表

序号	过程考核		项目名称	考核内容与要求	配分	得分		备注
						自评	小组互评	
1	课前 （15分）		看视频、微课	回答问题	5			
			在线测试	完成测试	5			
			总结提问	问题的质量、难度	5			
2	课中 （50分）	选择数控车床，编制刀具卡片	考勤	按时上课	5			
			活动参与	积极参与活动	10			
			机床选择	正确	5			
			刀具选择	合理	15			
			编制刀具卡片	合理	15			
3	课后 （15分）	课程内容巩固	典型零件工艺分析	课后习题完成情况	15			
4	综合素质 （10分）		自主学习创新能力	线下、线上自主学习，分析解决问题的能力，创新意识	3			
			团队协作	团队合作、协调沟通、语言表达、竞争意识	2			
			工匠精神	崇尚、尊重劳动；吃苦耐劳、一丝不苟的工匠精神	5			
5	评定反馈 （10分）		任务完成	任务完成情况	5			
			任务测试	任务测试达标情况	5			
	合计							
	总分							

教师点评：

总结报告

拓展训练

加工如图 3-1-22 所示盖板零件,毛坯尺寸为 100 mm×100 mm×45 mm,零件材料为硬铝,分析该零件的数控加工工艺,选择合适的机床和刀具。

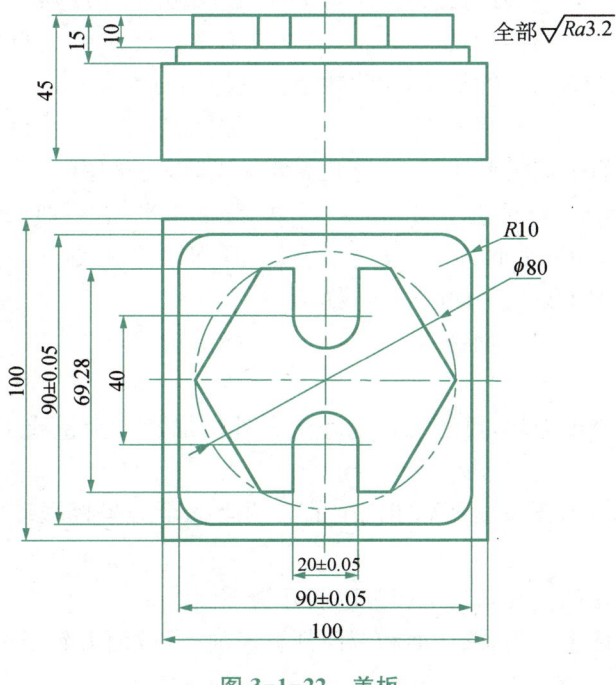

图 3-1-22　盖板

课后练习

一、填空题

1. 铣刀按刀具结构可分为_____、_____、_____和_____四种。
2. 铣刀按齿背的加工方式分为_____、_____两类。
3. 立铣刀按齿数可分为_____、_____、_____三种。
4. 铣削平面轮廓曲线工件时,铣刀半径应_____工件轮廓的_____凹圆半径。
5. 粗铣平面时,因加工表面质量不均,选择铣刀时直径要_____一些。精铣时,铣刀直径要_____,最好能包容加工面宽度。
6. 鼓形铣刀的切削刃分布在半径为 R 的圆弧面上,_____面无切削刃。
7. 锯片铣刀主要用于大多数材料的_____、_____,内外槽铣削,组合铣削,缺口实验的槽加工和齿轮毛坯粗齿加工等。

二、选择题

1. 数控铣床可以(　　)。
   A. 车削工件　　B. 磨削工件　　C. 刨削工件　　D. 钻、铣工件
2. 下列除(　　)外,均适宜在铣床上加工。
   A. 轮廓形状特别复杂或难以控制尺寸的零件
   B. 大批生产的简单零件
   C. 精度要求高的零件
   D. 小批量、多品种的零件
3. 在铣削工件时,若铣刀的旋转方向与工件的进给方向相反则称为(　　)。
   A. 顺铣　　B. 逆铣　　C. 横铣　　D. 纵铣
4. 铣削宽度为 100 mm 的平面,切除效率较高的铣刀为(　　)。
   A. 面铣刀　　B. 槽铣刀　　C. 端铣刀　　D. 侧铣刀
5. 在工件上既有平面需要加工,又有孔需要加工时,可采用(　　)。
   A. 粗铣平面→钻孔→精铣平面　　B. 先加工平面,后加工孔
   C. 先加工孔,后加工平面　　D. 任何一种形式
6. 用数控铣床加工较大平面时,应选择(　　)。
   A. 立铣刀　　B. 面铣刀　　C. 鼓形铣刀　　D. 锯片铣刀

三、判断题

1. 对于不便装夹的毛坯,可考虑在毛坯上另外增加装夹余量或工艺凸台、工艺凸耳等辅助基准。(　　)
2. 数控铣床能铣削普通铣床不能铣削的需两坐标至五坐标联动的各种平面轮廓和立体轮廓。(　　)
3. 变斜角类零件的变斜角加工面可以展开为平面。(　　)
4. 键槽铣刀有两个刀齿,圆柱面和端面都有切削刃,端面刃延至中心,也可以把它看成立铣刀的一种。(　　)

四、简答题

1. 普通数控铣刀按用途一般分为哪几种？各有何特点？
2. 要从哪些方面考虑数控铣削零件的结构工艺性？
3. 合理选择铣刀前角的原则是什么？

五、分析题

如图 3-1-23 所示凸台零件，毛坯尺寸为 200 mm×150 mm×50 mm，零件材料为硬铝。分析该零件的数控加工工艺，选择合适的机床和刀具。

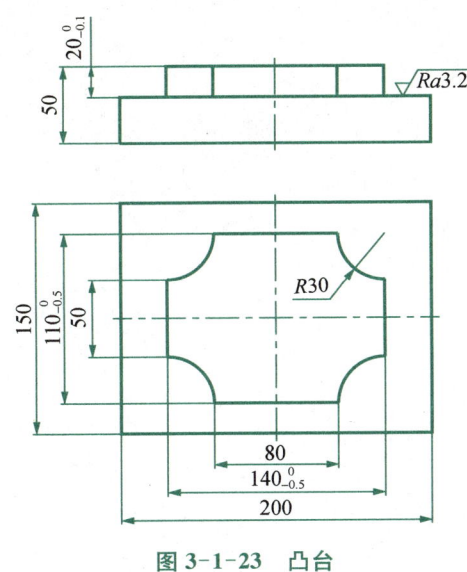

图 3-1-23　凸台

学习活动 2　选择加工方法，编制盖板数控加工工艺卡

知识点 1　数控铣床常用夹具

一、平口钳和压板

平口钳具有较大的通用性和经济性，适用于尺寸较小的方形工件的装夹。常用的精密平口钳如图 3-1-24 所示，一般采用机械螺旋式、气动式或液压式夹紧方式。

 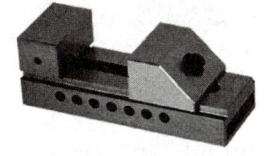 

图 3-1-24　平口钳

对于较大或四周不规则的工件，当无法采用平口钳或其他夹具装夹时，可直接采用压板进行装夹，如图 3-1-25 所示。

图 3-1-25　压板、垫铁、螺母

二、卡盘和分度头

常用的卡盘有三爪自定心卡盘、四爪单动卡盘和六爪卡盘等类型，如图 3-1-26 所示。在数控车床和数控铣床上应用较多的是三爪自定心卡盘和四爪单动卡盘。特别是三爪自定心卡盘，由于它具有自动定心作用和装夹简单的特点，中、小型圆柱形工件在数控铣床或数控车床上加工时，常采用三爪自定心卡盘进行装夹。卡盘的夹紧有机械螺旋式、气动式或液压式等多种形式。

图 3-1-26　卡盘的种类

分度头是数控铣床或普通铣床的主要部件。在机械加工中,常用的分度头有万能分度头、简单分度头、直接分度头等,如图 3-1-27 所示。但这些分度头的分度精度不是很高。因此,为了提高分度精度,数控机床上还采用投影光学分度头和数显分度头等对精密零件进行分度。

(a) 万能分度头　　　　　(b) 简单分度头　　　　　(c) 直接分度头

图 3-1-27　分度头的种类

三、工件的安装与找正

在数控铣床上常用的装夹方法主要有以下三种:

① 用平口钳装夹,适合一定形状和尺寸范围内的工件。

② 用压板、螺栓直接把工件装夹在机床的工作台面上,适合尺寸较大或形状较复杂的工件。

③ 用数控分度头装夹。

下面以在平口钳上装夹工件为例说明工件的装夹步骤:

① 把平口钳安装在数控铣床工作台面上,两固定钳口与 x 轴基本平行并张开到最大;

② 把装有杠杆百分表的磁性表座吸在主轴上;

③ 使杠杆百分表的触头与固定钳口接触;

④ 在 x 方向找正,直到使百分表的指针在一个格子内晃动为止,最后拧紧平口钳固定螺母;

⑤ 根据工件的高度情况,在平口钳钳口内放入形状合适和表面质量较好的垫铁后,再放入工件,一般是工件的基准面朝下,与垫铁表面靠紧,然后拧紧平口钳。在放入工件前,应对工件、钳口和垫铁的表面进行清理,以免影响加工质量;

⑥ 在 x、y 两个方向找正,直到使百分表的指针在一个格子内晃动为止;

⑦ 取下磁性表座,夹紧工件,工件装夹完成。

知识点 2　铣削用量的选择

在铣削过程中所选用的切削用量称为铣削用量。铣削用量主要由主轴转速 n、进给速度 v_f、铣削宽度 B 和背吃刀量 a_p 等因素决定。

一、背吃刀量

背吃刀量的选取主要根据机床、夹具、刀具和工件所组成的加工工艺系统的刚性、加工余量及对表面质量的要求来确定。

① 当工件表面粗糙度值要求较大,为 Ra 25~12.5 μm 时,如果圆周铣削的加工余量

小于 5 mm,端铣的加工余量小于 6 mm,粗铣一次就可以达到要求;但当余量较大、工艺系统刚性较差或机床动力不足时,可分两次铣削完成。第一次背吃刀量应取得大些,其好处是可以避免刀具在表面缺陷层内切削(因为余量大时往往不均匀),同时可减轻第二次铣削进给的负荷,有利于获得较好的表面质量。一般粗铣铸钢或铸铁时,a_p 取 5~7 mm,粗铣无硬皮的钢料时,a_p 取 3~5 mm。

② 当工件表面粗糙度值要求较小,为 Ra 12.5~3.2 μm 时,可分为粗铣和半精铣两步进行加工。粗铣时,背吃刀量的选取同前文所述;粗铣后留 0.5~1 mm 余量,在半精铣时切除。

③ 在工件表面粗糙度值要求很小,为 Ra 3.2~1.6 μm 时,可分为粗铣、半精铣、精铣三步进行加工。半精铣时 a_p 取 1.5~2 mm,精铣时 a_p 取 0.2~0.5 mm。

铣削背吃刀量的选择参考数值,见表 3-1-8。

表 3-1-8 铣削背吃刀量的数值

工件材料	高速钢铣刀		硬质合金铣刀	
	粗铣(mm)	精铣(mm)	粗铣(mm)	精铣(mm)
铸件	5~7	0.5~1	10~18	1~2
软钢	<5	0.5~1	<12	1~2
中硬钢	<4	0.5~1	<7	1~2
硬钢	<3	0.5~1	<4	1~2

二、铣削宽度

铣削宽度又称步距,是指铣刀在一次进给中切掉工件表层的宽度。一般铣削宽度与刀具直径成正比,与背吃刀量成反比。在粗加工中,步距取大些有利于提高加工效率。经济型数控加工中,使用平底刀时 B 一般的取值范围为 $(0.6~0.9)d$;使用圆鼻刀进行加工时,刀具直径应扣除刀尖的圆角部分,即 $d=D-2r$(D 为刀具直径,r 为刀尖圆角半径),故 B 的取值范围为 $(0.8~0.9)d$;使用球头刀进行精加工时,步距的确定应首先考虑所能达到的精度和表面粗糙度。

三、进给速度

铣削时的进给量有三种表示方法:每齿进给量 f_z、每转进给量 f 和进给速度 v_f。

粗铣时影响进给量选择的主要因素是工艺系统刚性、高生产率的要求,故应按每齿进给量进行选择(除了上述要求,还要考虑刀齿强度、切削层厚度、容屑情况等)。

精铣时影响进给量选择的主要因素是加工精度和表面粗糙度的要求,而每转进给量与已加工表面粗糙度关系密切,故半精铣和精铣时按每转进给量进行选择。

由于数控铣床主运动和进给运动是由两个伺服电动机分别传动的,它们之间没有内在联系,因此无论按每齿进给量,还是按每转进给量选择,最后都需计算出进给速度。进给速度与每齿进给量及每转进给量之间的关系是:

$$v_f = nf = nZf_z$$

进给速度的选择与刀具的寿命密切相关,当工件材料、刀具材料和结构确定后,进给速度就成为影响刀具寿命的最主要因素,过低或过高的切削速度都会使刀具寿命急剧下降。在加工时,尤其是精加工时,应尽量避免中途换刀,以得到较高的加工质量,因此应结合刀具寿命认真选择进给速度。

进给量与进给速度是衡量切削用量的重要参数,应根据零件的表面粗糙度、加工精度要求、刀具及工件材料等因素,参考有关切削用量手册选取。

切削用量的选择虽然可查阅切削用量手册或参考有关资料来确定,但就某一个具体零件而言,通过该方法确定的切削用量未必就非常理想,有时需进行试切,才能确定比较理想的切削用量。

知识点 3 加工路线

加工路线是指数控加工过程中刀具(严格说是刀位点)相对于被加工零件的运动轨迹,即刀具从起刀点开始运动,直至返回该点并结束加工程序所经过的路径,包括切削加工的路径及刀具引入、返回等非切削空行程。它不但包括了工步的内容,也反映了工步顺序。

由于精加工的加工路线基本上都是沿其零件轮廓顺序进行的,因此确定加工路线时的工作重点是确定粗加工及空行程的加工路线。

视频——
铣削路线

一、在确定加工路线时应遵循的原则

第一,加工路线应保证被加工工件的精度和表面质量。

第二,最终轮廓由一次进给完成。为保证工件轮廓表面加工后的表面粗糙度要求,最终轮廓应安排在最后一次走刀中连续加工出来。如图 3-1-28 所示为铣削内腔的三种进给路线。

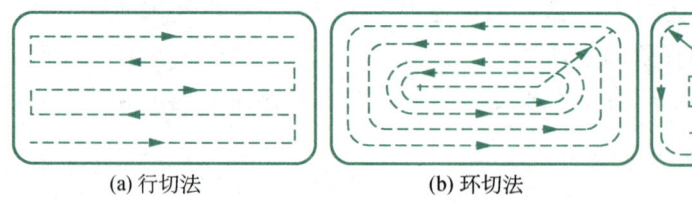

(a) 行切法 (b) 环切法 (c) 先行切后环切

图 3-1-28 铣削内腔的三种进给路线

① 行切法,能切除内腔中的全部余量,且加工路线短,但表面粗糙度达不到要求。
② 环切法,能达到表面粗糙度的要求,进给路线长。
③ 先行切后环切,能获得较好的效果。

第三,在数控铣床上铣削外轮廓时,为防止刀具在切入、切出时产生刀痕,铣刀的切入和切出点应沿工件轮廓曲线的延长线切向切入和切出工件表面,以保证工件轮廓的光滑过渡。常用的主要有三种切入方法,实际加工中要根据零件的实际结构合理选择。

① 直线切入法。铣刀轴线与工件轴线平行（处在同一平面内）并以直线进给切入工件外圆，然后再执行圆弧插补的加工方法，如图3-1-29所示。

② 切线切入法。铣刀沿工件外圆切线切入工件，然后再执行圆弧插补的加工方法，如图3-1-30所示。

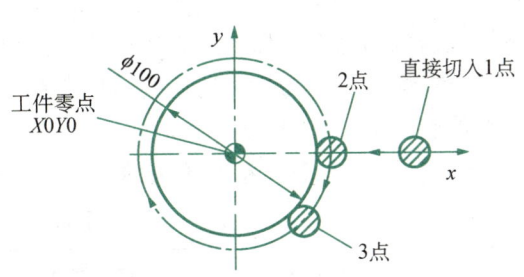

图3-1-29　直线切入法铣整圆

③ 圆弧切入法。铣刀以过渡圆弧切入工件外圆，然后再执行圆弧插补的加工方法，如图3-1-31所示。

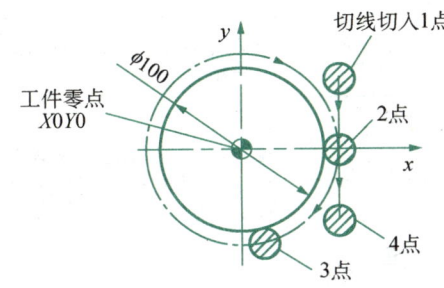

图3-1-30　切线切入法铣整圆

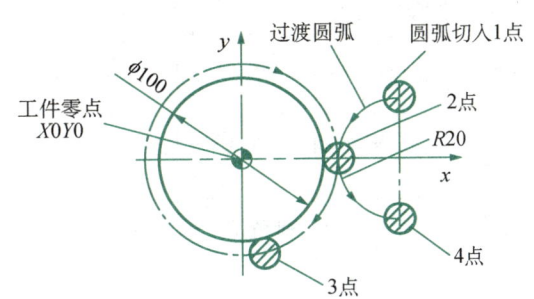

图3-1-31　圆弧切入法铣整圆

第四，应尽量简化数学处理时的数值计算工作量，以简化编程工作。

此外，确定加工路线时，还要考虑工件的形状与刚度、加工余量的大小、机床与刀具的刚度等情况。

知识点4　加工方法的选择

机械零件的结构形状是多种多样的，但它们都是由平面、外圆柱面、内圆柱面或曲面、成形面等基本表面所组成的。由于获得同一级精度及表面粗糙度的加工方法有许多，在实际加工过程中，应根据零件的加工精度、表面粗糙度、热处理要求、材料、结构形状、尺寸及生产类型等选择加工方法，在保证加工表面精度和表面粗糙度要求的前提下，尽可能提高加工效率。此外，还应考虑生产率和经济性的要求以及工厂的生产设备等实际情况。

一、平面的加工方法选择

平面的主要加工方法有铣削、刨削、车削、磨削及拉削等，精度要求高的表面还需经研磨或刮削。

① 最终工序为刮研的加工方案多用于单件、小批生产中配合表面要求高且不淬硬平面的加工。当批量较大时，可用宽刀细刨代替刮研。宽刀细刨特别适用于加工像导轨面这样的狭长平面，能显著提高生产率。

② 磨削适用于加工直线度及表面粗糙度要求高的淬硬工件和薄片工件，也适用于未淬硬钢件上面积较大的平面的精加工，但不宜加工塑性较大的有色金属。

③ 车削主要用于回转体零件的端面加工，以保证端面与回转轴线的垂直度要求。

④ 拉削适用于加工大批生产中质量要求较高且面积较小的平面。

⑤ 最终工序为研磨的方案适用于高精度、表面粗糙度值小的小型零件的精密平面，如量规等精密量具的表面。

平面加工方案与精度等级的关系，见表 3-1-9。

表 3-1-9　平面加工方案与精度等级的关系

加工方案	经济精度等级	表面粗糙度 $Ra(\mu m)$	适用范围
粗车→半精车	IT9	6.3～3.2	工件的端面加工
粗车→半精车→精车	IT8～IT7	1.6～0.8	
粗车→半精车→磨削	IT7～IT6	0.8～0.4	
粗刨（或粗铣）→精刨（或精铣）	IT10～IT8	6.3～1.6	一般的不淬硬平面（端铣的表面粗糙度值可较小）加工
粗刨（或粗铣）→精刨（或精铣）→刮研	IT7～IT6	0.8～0.1	精度要求较高的不淬硬平面加工，批量较大时宜采用宽刃精刨方案
粗刨（或粗铣）→精刨（或精铣）→宽刃精刨	IT6	0.8～0.2	
粗刨（或粗铣）→精刨（或精铣）→磨削	IT6	0.8～0.2	精度要求较高的淬硬平面或不淬硬平面加工
粗刨（或粗铣）→精刨（或精铣）→粗磨→精磨	IT7～IT6	0.4～0.025	
粗刨→拉	IT9～IT7	0.8～0.2	大批生产中加工较小的不淬硬平面
粗铣→精铣→磨削→研磨	IT5 以上	0.1～0.006	高精度平面的加工

二、平面轮廓的加工方法选择

平面轮廓零件的轮廓多由直线、圆弧和曲线组成。平面轮廓常用的加工方法有铣削、数控铣削、线切割及磨削等。对如图 3-1-32(a) 所示的内平面轮廓，当曲率半径较小时，可采用数控线切割方法加工。若选择铣削方法，因铣刀直径受最小曲率半径的限制，直径太小，刚性不足，会产生较大的加工误差。对图 3-1-32(b) 所示的外平面轮廓，可采用数控铣削方法加工，常用粗铣、精铣方案，也可采用数控

(a) 内平面轮廓　　　(b) 外平面轮廓

图 3-1-32　常见轮廓

线切割方法加工。对精度及表面粗糙度要求较高的轮廓表面，在数控铣削加工之后，再进行数控磨削加工。数控铣削加工适用于除淬火钢以外的各种金属，数控线切割加工可用于各种金属，数控磨削加工适用于除有色金属以外的各种金属。铣削和数控铣削的不同之处在于数控铣削可通过编程直接加工形状复杂的轮廓，而普通铣削加工形状复杂的轮廓时需要用许多专用装备，且效率较低。

任务实施

环节 1 课前预习盖板的加工方法、加工路线、加工方案的相关知识

1. 完成预习测试,归纳遇到的问题。

   _____

   _____

2. 针对学生提交的问题,教师进行讲解、指导,组织学生进行讨论、抢答、头脑风暴等活动,通过教学平台完成。

   (1) 数控铣床常用的夹具有哪几种?各适用于哪种场合?

   _____

   _____

   (2) 铣削用量有哪几个要素?如何选择?

   _____

   _____

   _____

   (3) 铣削内腔的进给路线有哪几种?

   _____

   _____

   _____

环节 2 实战演练,锻炼技能

1. 请你根据盖板的零件图(图 3-1-1),选择零件的基准及加工方案,并介绍选择理由。

参考答案

   _____

   _____

   _____

2. 编制盖板的数控加工工艺卡。

环节 3 检查评价,评定反馈

请你认真检查自己与同学们的学习过程,进行自评、小组互评,取长补短。根据小组

互评、教师点评，查找不足，写出总结报告。

盖板的工艺制订的评价表

序号	过程考核	项目名称	考核内容与要求	配分	得分		备注
					自评	小组互评	
1	课前（15分）	看视频、微课	回答问题	5			
		在线测试	完成测试	5			
		总结提问	问题的质量、难度	5			
2	课中（50分）	选择加工方法、路线、方案	考勤	按时上课	5			
			活动参与	积极参与活动	5			
			加工方法选择	全面、正确	5			
			加工路线选择	正确	10			
			加工方案选择	合理	10			
			工艺制订	合理	15			
3	课后（15分）	课程内容巩固	零件工艺分析	课后习题完成情况	15			
4	综合素质（10分）		自主学习创新能力	线下、线上自主学习，分析解决问题的能力，创新意识	3			
			团队协作	团队合作、协调沟通、语言表达、竞争意识	2			
			工匠精神	崇尚、尊重劳动；吃苦耐劳、一丝不苟的工匠精神	5			
5	评定反馈（10分）	任务完成	任务完成情况	5			
		任务测试	任务测试达标情况	5			
			合计				
			总分				

教师点评：

总结报告

_____

_____

_____

_____

_____

_____

_____

_____

_____

_____

_____

_____

_____

_____

_____

_____

_____

_____

_____

拓展训练

根据图 3-1-22 所示零件图,编制盖板的数控加工工艺卡。

_____

_____

_____

课后练习

一、填空题

1. 常用的分度头有_____、_____、_____等,数控机床上还采用_____、_____等对精密零件进行分度。

2. 常用的卡盘有_____、_____和_____等

类型。

3. 铣削用量主要有_____、_____、_____和_____四个要素。
4. 粗铣时影响进给量选择的主要因素是工艺系统刚性、高生产率的要求，故应按_____进给量进行选择。
5. 精铣时影响进给量选择的主要因素是_____和_____的要求。
6. 铣削内腔的三种进给路线是_____、_____、_____。
7. 在数控铣床上铣削外轮廓时，为防止刀具在切入、切出时产生刀痕，铣刀的切入点和切出点应_____切向切入和切出工件表面，以保证工件轮廓的光滑过渡。
8. 平面轮廓常用的加工方法有_____、_____、_____及磨削等。
9. 当加工平面轮廓曲率半径较小时，可采用_____方法加工。

二、选择题

1. 下列属于数控铣床或普通铣床的主要部件的是（　　）。
   A. 平口钳　　　　B. 压板　　　　C. 卡盘　　　　D. 分度头
2. 中、小型圆柱形工件在数控铣床或数控车床上加工时，常采用（　　）进行装夹。
   A. 三爪自定心卡盘　B. 四爪单动卡盘　C. 六爪卡盘　　D. 都可以
3. 当工件表面粗糙度值要求为 Ra 3.2～12.5 μm 时，可分为（　　）进行加工。
   A. 粗铣　　　　　　　　　　　　B. 粗铣、精铣
   C. 粗铣、半精铣　　　　　　　　D. 粗铣、半精铣、精铣
4. 在工件表面粗糙度值要求为 Ra 1.6～3.2 μm 时，可分为（　　）进行加工。
   A. 粗铣　　　　　　　　　　　　B. 粗铣、精铣
   C. 粗铣、半精铣　　　　　　　　D. 粗铣、半精铣、精铣
5. 以下平面加工的方法中主要用于回转体零件的端面加工，以保证端面与回转轴线的垂直度要求的是（　　）。
   A. 铣削　　　　B. 磨削　　　　C. 拉削　　　　D. 车削
6. 下列属于铣床上用的平口钳的是（　　）。
   A. 通用夹具　　B. 专用夹具　　C. 成组夹具　　D. 组夹具
7. 进行轮廓铣削时，应避免（　　）工件轮廓。
   A. 切向切入　　　　　　　　　　B. 法向切入，法向退出
   C. 切向退出　　　　　　　　　　D. 法向退出

三、判断题

1. 用压板、螺栓直接把工件装夹在机床的工作台面上，适合尺寸较大或形状较复杂的工件。（　　）
2. 用平口钳装夹，适合一定形状和尺寸范围内的工件。（　　）
3. 铣削用量中切削速度的选择与刀具的寿命密切相关。（　　）
4. 一般铣削宽度与刀具直径成正比，与背吃刀量成反比。（　　）
5. 最终工序为刮研的加工方案多用于单件、小批生产中配合表面要求高且不淬硬平面的加工。（　　）
6. 磨削适用于直线度及表面粗糙度要求高的淬硬工件和薄片工件，也适用于未淬硬

钢件上面积较大的平面的精加工,还可加工塑性较大的有色金属。　　　　(　)

  7. 拉削平面适用于大批生产中加工质量要求较高且面积较大的平面。　(　)

  8. 普通铣削加工形状复杂的轮廓时需要用许多专用装备,且效率较低。　(　)

四、简答题

  1. 在数控铣床上常用的装夹方法主要有哪三种?

  2. 如何选择平面的加工方法?

五、分析题

  如前文图 3-1-23 所示凸台零件,毛坯尺寸为 200 mm×150 mm×50 mm,零件材料为硬铝。分析零件图,制订零件的数控加工工艺。

学习任务二
凸台槽孔板的数控加工工艺制订与实施

视频——
凸台槽孔板加工

📒 任务描述

如图 3-2-1 所示为凸台槽孔板零件图,毛坯为 100 mm×80 mm×26 mm 半成品,材料为铸铁,生产类型为单件或小批生产,无热处理工艺要求,主要加工上平面、两个销孔、一个腰型槽和一个六边形。试分析技术要求,选择刀具、切削用量、装夹方法,确定加工工艺方案,制订数控加工工艺。

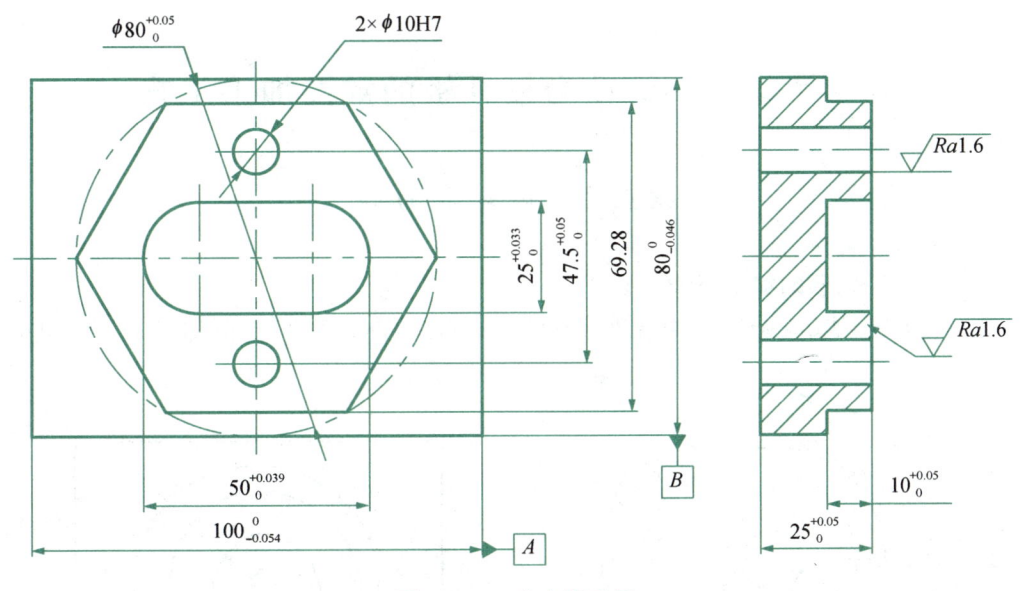

图 3-2-1 凸台槽孔板

📒 任务目标

1. 素质目标
① 通过自主学习,培养学生分析问题、解决问题的能力;
② 通过小组合作,培养学生的团队合作意识;
③ 通过编制凸台槽孔板工艺文件,培养学生严谨细致、精益求精的工匠精神。
2. 知识目标
① 巩固数控铣床的主要加工对象;

② 掌握内轮廓类零件的刀具选择方法；
③ 掌握内轮廓类零件的加工方法；
④ 掌握内轮廓类零件的进刀路线。

2．能力目标

① 能够分析内轮廓类零件的加工工艺；
② 能合理选择内轮廓类零件的毛坯、刀具、夹具、机床、切削用量、工件装夹方法、加工方法；
③ 能制订内轮廓类零件的加工工艺。

任务分析

该零件的尺寸精度要求较高，用尺寸精度控制形位精度。因底面不加工，在安装工件时应找正底面，保证上平面与底面平行。该零件主要涉及钻、扩、铰孔，铣槽，铣削外轮廓。精铣削腰型槽时，要采用圆弧切入的方式，保证表面粗糙度。

学习活动　制订凸台槽孔板的数控加工工艺

知识点1　内轮廓的加工

一、圆形内轮廓的加工路线

内轮廓的进刀方法只能选用直进法和圆弧切入法，方法同外轮廓，如图 3-2-2 所示。

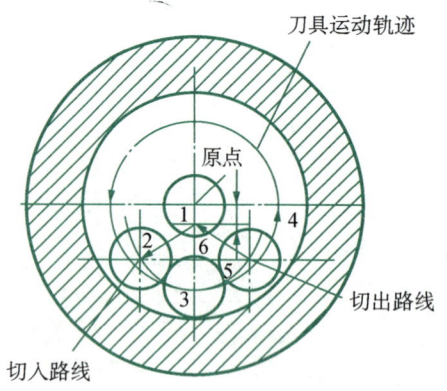
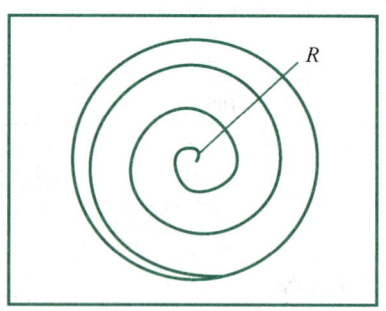

图 3-2-2　铣削内轮廓的加工路线

圆形型腔的加工路线,如图 3-2-3 所示。

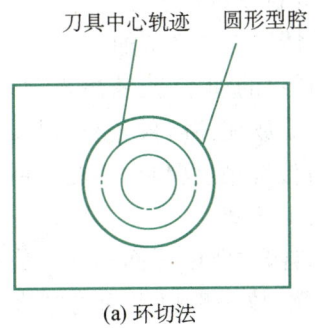
(a) 环切法

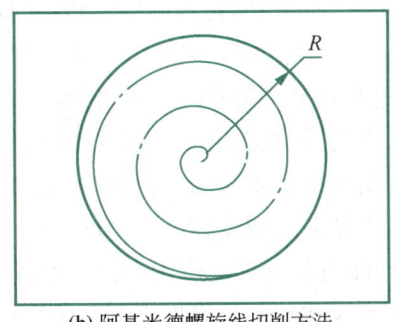
(b) 阿基米德螺旋线切削方法

图 3-2-3　加工圆形型腔平面的进给路线

二、加工内轮廓时的深度进刀方式

常用的有垂直切深进刀、在工艺孔中进刀、三轴联动斜线进刀[图 3-2-4(a)]、三轴联动螺旋线进刀[图 3-2-4(b)]等。

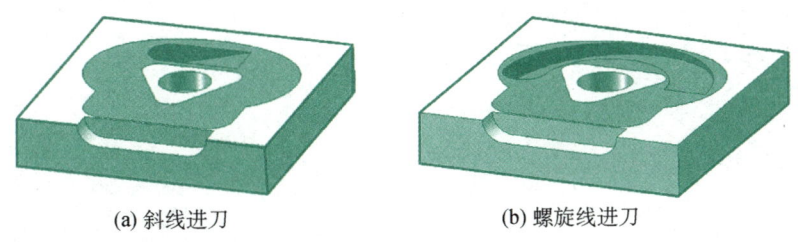

(a) 斜线进刀　　　　　　　(b) 螺旋线进刀

图 3-2-4　深度进刀方式

知识点 2　孔的加工方法选择

内圆柱孔、圆锥孔表面的加工方法有钻孔、扩孔、铰孔、镗孔、拉孔、磨孔以及光整加工等。应根据被加工孔的加工要求、尺寸、具体的生产条件、批量的大小以及毛坯上有无预加工孔合理选用。具体到数控加工时孔的加工与普通铣床加工还有区别,孔精度要求较低且孔径较大时,可采用立铣刀粗铣→精铣的加工方案,无须镗孔,可提高生产效率,降低生产成本。

螺纹加工主要方法有攻螺纹、铣螺纹。螺纹孔的加工可遵循以下方法:对于在 M5～M20 之间的螺纹,通常在数控机床上完成底孔加工后再采用攻螺纹的方法加工。对于在 M6 以下的螺纹,在数控机床上完成底孔加工后,通过其他手段来完成攻螺纹。对于在 M25 以上的螺纹,可采用镗刀片镗削加工或采用圆弧插补(G02 或 G03)指令来完成。

知识点 3　加工顺序的确定

工件的加工过程通常包括机械加工工序、热处理工序以及辅助工序。在安排加工顺序时,常遵循以下原则:

① 基面先行。先以粗基准定位加工出精基准，以便尽快为后续工序提供基准，如基准不统一，则应按基准转换顺序，以逐步提高精度的原则安排基准面加工。

② 先粗后精。首先粗加工，其次半精加工，最后安排精加工和光整加工。

③ 先主后次。先考虑主要表面（装配基面、工作表面等）的加工，后考虑次要表面（键槽、螺孔、光孔等）的加工。主要表面加工容易产生废品，应放在前阶段进行，以减少工时的浪费。由于次要表面加工量较少，而且又和主要表面有位置精度要求，因此一般应放在主要表面半精加工或光整加工之前完成。

④ 先面后孔。对于箱体、支架、连杆等类的零件（其结构主要由平面和孔组成），因为平面的轮廓尺寸较大且表面平整，用以定位比较稳定可靠，故一般以平面为基准来加工孔。这样能够确保孔与平面的位置精度，加工孔时也较方便，所以应先加工平面后加工孔。

⑤ 就近不就远。在安排加工顺序时，还要考虑车间的机床布置情况，当类似机床布置在同一区域时，应尽量把类似工种的加工工序就近布置，以避免在车间内往返搬运工件。

项目三 轮廓类零件的数控加工工艺制订与实施

任务实施

环节 1 课前预习凸台槽孔板的数控铣床、数控铣床刀具的相关知识

1. 完成预习测试,归纳遇到的问题。

_____
_____

2. 针对学生提交的问题,进行教师讲解、指导,组织学生进行讨论、抢答、头脑风暴等活动,通过教学平台完成。

(1)平面轮廓常用的加工方法有哪几种?

_____
_____

(2)凸台槽板的机械加工顺序一般遵循哪些原则?

_____
_____
_____

环节 2 实战演练,锻炼技能

请你根据凸台槽孔板的零件图(图 3-2-1),编制数控加工工艺卡。

1. 分析凸台槽孔板的加工工艺。

_____
_____

参考答案

2. 选择凸台槽孔板的机床刀具,编制刀具卡片。

数控加工刀具卡片

产品名称或代号:		零件名称:凸台槽孔板		零件图号:	
序号	刀具规格及名称	材质	数量	加工表面	备注
1					
2					
3					
4					
编制:		审核:			

203

3. 选择凸台槽孔板基准与加工方法。

_____

_____

_____

4. 编制凸台槽孔板数控加工工艺卡片。

环节 3　检查评价，评定反馈

请你认真检查自己与同学们的学习过程，进行自评、小组互评，取长补短。根据小组互评、教师点评，查找不足，写出总结报告。

制订凸台槽孔板的加工工艺的评价表

序号	过程考核		项目名称	考核内容与要求	配分	得分		备注
						自评	小组互评	
1	课前 （15分）		看视频、微课	回答问题	5			
			在线测试	完成测试	5			
			总结提问	问题的质量、难度	5			
2	课中 （50分）	制订凸台槽孔板的数控加工工艺	考勤	按时上课	5			
			活动参与	积极参与活动	10			
			机床刀具选择	正确	10			
			加工方法选择	合理	10			
			编制工艺卡片	合理	15			
3	课后 （15分）	课程内容巩固	典型零件车床、刀具选择	课后习题完成情况	15			
4	综合素质 （10分）		自主学习 创新能力	线下、线上自主学习，分析解决问题的能力，创新意识	3			
			团队协作	团队合作、协调沟通、语言表达、竞争意识	2			
			工匠精神	崇尚、尊重劳动；吃苦耐劳、一丝不苟的工匠精神	5			
5	评定反馈 （10分）		任务完成	任务完成情况	5			
			任务测试	任务测试达标情况	5			
合计								
总分								

(续表)

序号	过程考核	项目名称	考核内容与要求	配分	得分		备注
					自评	小组互评	
教师点评：							

总结报告

拓展训练

加工如图 3-2-5 所示凸台槽板零件,毛坯尺寸为 100 mm×100 mm×45 mm,零件材料为硬铝,分析该零件的数控加工工艺,编制数控加工工艺卡。

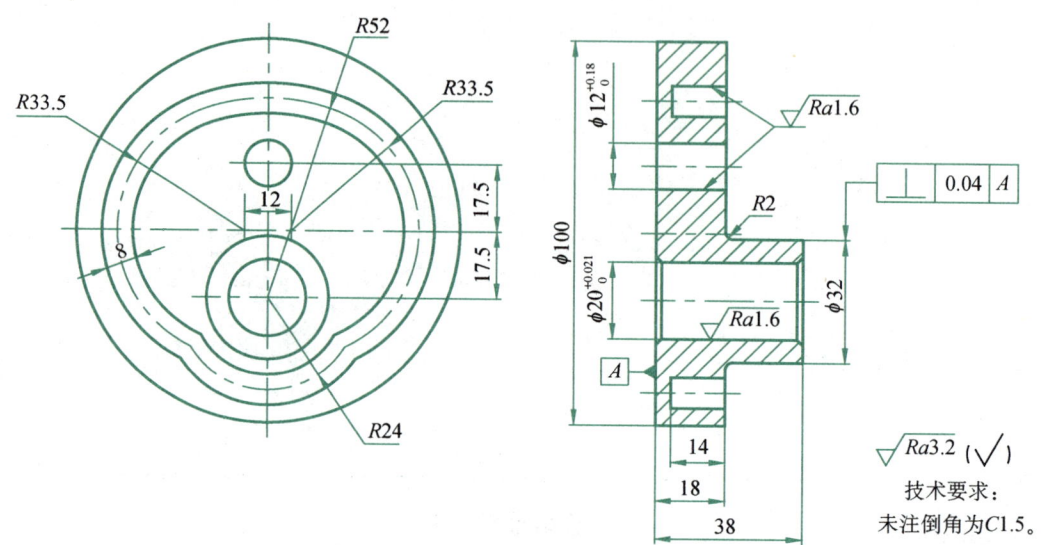

图 3-2-5　凸台槽板

课后练习

一、填空题

1. 对于内平面轮廓,当曲率半径较小时,可采用_____方法加工。
2. 加工内轮廓时的深度进刀方式有_____、_____、_____等。
3. 螺纹加工主要方法有_____、_____。

二、判断题

1. 平面轮廓零件的轮廓多由直线、圆弧和曲线组成。（　　）
2. 对于在 M25 以上的螺纹,通常在数控机床上完成底孔加工后再采用攻螺纹的方法加工。（　　）
3. 次要表面一般应放在主要表面半精加工或光整加工之前完成。（　　）

三、简答题

安排凸台槽板的加工顺序时,一般要考虑哪些原则?

四、工艺制订题

如图 3-2-6 所示模板,毛坯尺寸为 100 mm×100 mm×25 mm 的半成品,底面已精加工,零件材料为硬铝。试分析图纸,完成下列任务。

① 分析技术要求；
② 选择毛坯、刀具、装夹方法；
③ 编制数控加工工艺卡。

视频——
模板的加工

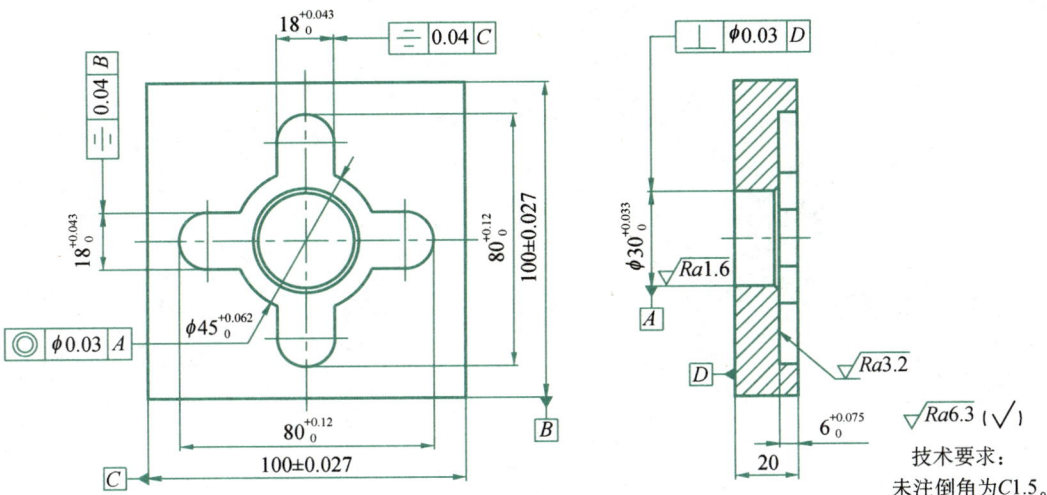

图 3-2-6　模板

项目四

孔系类零件的数控加工工艺制订与实施

孔系是指两个或两个以上在空间具有一定相对位置的孔。常见的孔系有同轴孔系、平行孔系和垂直孔系。

学习任务一
端盖的数控加工工艺制订与实施

端盖是孔系零件中的一种,加工部位是孔及平面,各种箱体的端盖、盖板等零件都属于孔系零件中的零件,结构简单,零件材料一般选用铸件。

◆ 任务描述

在立式加工中心上加工图 4-1-1 所示端盖零件,零件材料为 HT200,半成品尺寸为 160 mm×160 mm×18 mm,主要加工上平面、四个台阶孔、四个螺孔和一个通孔。试分析技术要求,选择刀具、切削用量、装夹方法,确定加工工艺方案,制订数控加工工艺。

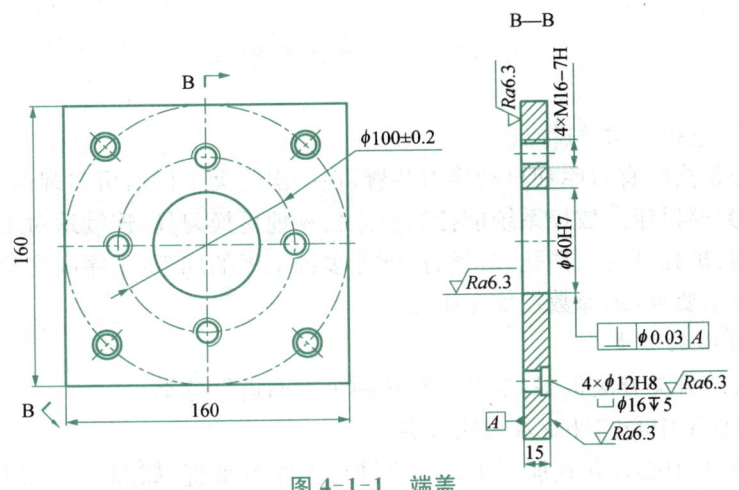

图 4-1-1 端盖

任务目标

1. 素质目标
① 通过自主学习,培养学生分析问题、解决问题的能力;
② 通过小组合作,培养学生的团队合作意识;
③ 通过编制板类零件工艺文件,培养学生严谨细致、精益求精的工匠精神。
2. 知识目标
① 掌握各种孔的加工方法;
② 掌握板类零件加工的常用刀具;
③ 掌握板类零件的装夹方法;
④ 掌握板类零件的加工方法。
2. 能力目标
① 能够分析板类零件的加工工艺;
② 能合理选择板类零件的毛坯、刀具、夹具、机床、切削用量、工件装夹方法、加工方法;
③ 能制订板类零件的加工工艺。

任务分析

图 4-1-1 所示零件的中间有 ϕ60 mm 内孔、四个螺孔,尺寸精度较高,精度为 IT7 级,四个 ϕ12 mm 内孔尺寸精度为 IT8 级,表面粗糙度值最高为 Ra 0.8 μm,其余为 Ra 6.3 μm、Ra 12.5 μm,通孔轴线对底面的垂直度公差要求为 ϕ0.03 mm。装夹方法采用平口钳装夹,一次完成零件的加工,注意保证上平面与地面的平行度。通过学习本任务内容,使学生掌握板类零件的数控加工工艺知识,会合理选择加工方法,制订合理的加工工艺。

学习活动 制订端盖的数控加工工艺

知识点 1 加工中心

一、加工中心的分类与特点

加工中心是指配有刀库和自动换刀装置,在一次装夹工件后可实现多工序(甚至全部工序)加工的数控机床。数控系统能控制机床自动地更换刀具,连续地对工件各加工表面自动进行钻削、扩孔、铰孔、镗孔、攻丝、铣削等多种工序的加工,工序高度集中。可根据工件的结构与技术要求,选择数控加工中心。

1. 加工中心的分类

加工中心的分类方法很多,本书主要从两个方面进行分类。

(1)按照加工中心的外观及功能分类

① 立式加工中心。立式加工中心的主轴与工作台垂直,如图 4-1-2 所示,主要适用

于加工板材类、壳体类工件,也可以用于模具加工。它的优点是工件装夹方便、操作方便、找正容易、便于观察切削情况、程序调试容易、占地面积小等,所以得到了广泛的应用。但它受立柱高度及自动换刀(Automatic Tool Changer,ATC)的限制,不能加工太高的零件,也不适于加工箱体类零件。

图 4-1-2 立式加工中心

图 4-1-3 卧式加工中心

图 4-1-4 复合加工中心

② 卧式加工中心。卧式加工中心的主轴线与工作台平面方向平行,如图 4-1-3 所示。卧式加工中心的工作台大多为可分度的回转台或由伺服电动机控制的数控回转台,在工件的一次装夹中通过旋转工作台可实现多加工面加工。如果工作台是数控回转台,还可参与机床各坐标轴的联动,实现螺旋线加工。卧式加工中心适于加工箱体类零件及小型模具型腔,是加工中心中种类最多、规格最全、应用范围最广的一种。其缺点是占地面积大,结构复杂,调试程序及试切时不易观察,生产时不易监视,装夹及测量不方便,加工深孔时切削液不易到位(若没有内冷却钻孔装置)。卧式加工中心的加工准备时间比立式的长,但加工件数越多,其多工位加工、主轴转速高、机床精度高等优势就越明显,因此适用于批量加工。

③ 复合加工中心。复合加工中心,如图 4-1-4 所示,主要是指在一台加工中心上有立、卧两个主轴,或主轴可以转角 90°,或工作台可带动工件一起旋转 90°。这样可在一次装夹中完成除安装面外所有五个面的加工任务,适用于加工复杂箱体类零件和具有复杂曲线的工件(如螺旋桨叶片及各种复杂模具)。

(2) 按加工范围分类

① 车削加工中心。在数控车床基础上增加附设主轴,可进行回转零件的车削、铣削、钻孔、镗孔加工。

② 镗铣加工中心。主轴轴线一般为水平的,也称卧式加工中心。以镗、铣为主,适用于箱体、壳体以及各种复杂零件的特殊曲线轮廓的多工序加工。这种加工中心一般具有回转工作台,一次装夹,可对箱体的四个表面进行加工。

③ 钻削加工中心。钻削加工中心以钻削为主,刀库以转塔头形式为主,适用于中、小零件的钻孔、扩孔、铰孔、攻螺纹及连续轮廓铣削等多工序加工。

2. 加工中心的特点

与普通机床加工相比,加工中心具有许多显著的特点。

(1) 加工精度高

在加工中心上加工,工序高度集中,一次装夹即可加工出零件上大部分表面,避免了工件因多次装夹所产生的装夹误差。同时,加工中心多采用半闭环或全闭环位置补偿功能,有较高的定位精度和重复定位精度,它与普通机床相比,能获得较高的尺寸精度。

211

(2) 精度稳定

整个加工过程由程序自动控制,不受操作者人为因素的影响,加工出来的零件尺寸一致性好。

(3) 加工效率高

一次装夹完成多个工步,减少了多次装夹工件所需的辅助时间。同时,减少了工件在机床与机床之间、车间与车间之间的运输时间。它比普通的机床效率高3～4倍。

(4) 表面质量好

加工中心具有自适应控制功能,能随刀具和工件材质及刀具参数的变化把切削参数调整到最佳数值,从而提高加工表面的质量。为了满足较好的工艺要求,加工中心在结构上也有许多与普通机床不同的地方。

① 机床的刚度高、抗振性好。
② 机床的传动系统结构简单,传递精度高,速度快。
③ 主轴系统结构简单,无齿轮箱变速系统(特殊的加工中心只保留1～2级齿轮传动)。
④ 加工中心的导轨都采用了耐磨损材料和新结构,能长期地保持导轨的精度,在高速切削下,保证运动部件不振动、低速进给时不爬行及运动中的高灵敏度。
⑤ 设置有刀库和换刀机构。
⑥ 使用多个工作台,工作台可自动切换。

二、加工中心的主要加工对象

根据以上工艺特点,加工中心主要适合高效、高精度,形状复杂,需多工位、多工序集中加工,重复投产或经常需要局部改进的零件。主要加工对象有以下六类。

1. 箱体类零件加工

箱体类零件一般是指具有多个孔系,内部有型腔或空腔,在长、宽、高方向有一定比例的零件,如图4-1-5所示。这类零件在机床、汽车、飞机等行业应用较多,如汽车的发动机缸体、变速箱体,机床的床头箱、主轴箱,柴油机缸体,齿轮泵壳体等。箱体类零件一般都需要进行孔系、轮廓、平面的多工位加工,公差要求特别是形位公差要求较为严格,通常要经过铣、镗、钻、扩、铰、锪、攻丝等工序,使用的刀具、工装较多,在普通机床上需多次装夹、找正,测量次数多,导致工艺复杂,加工周期长,成本高,尤其是精度难以保证。这类零件在加工中心上加工,二次装夹可以完成普通机床60%～95%的工序内容,零件各项精度一致性好,质量稳定,同时可缩短生产周期,降低生产成本。

加工工位较多,需工作台多次旋转角度才能完成的零件,一般选用卧式加工中心。当加工的工位较少,且跨距不大时,可选立式加工中心,从一端进行加工。

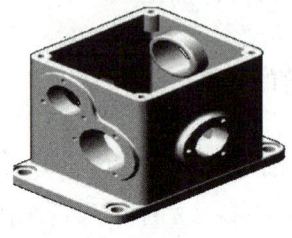

图 4-1-5 箱体类零件

图 4-1-6 复杂曲面

2. 复杂曲面加工

同数控铣床一样,加工中心也适合加工复杂曲面(图 4-1-6),如飞机、汽车零件的型面、叶轮、螺旋桨,各种曲面成型模具等。就加工的可能性而言,在不出现加工过切或加工盲区时,复杂曲面一般可以采用球头铣刀进行三坐标联动加工,加工精度较高,但效率较低。如果工件存在加工过切或加工盲区,如整体叶轮等,就必须考虑采用四坐标或五坐标联动的机床。仅仅加工复杂曲面,特别是加工模具类的单件并不能发挥加工中心自动换刀的优势,因为复杂曲面的加工一般经过粗铣、(半)精铣、清根等步骤,所用的刀具较少。

3. 异形件加工

异形件是指支架、拨叉类外形不规则的零件,如支架、基座、样板、靠模、支架等,大多采用点、线、面多工位混合加工,如图 4-1-7 所示。异形件的刚性一般较差,夹压及切削变形难以控制,加工精度也难以保证。这时可充分发挥加工中心工序集中的特点,采用合理的工艺措施,一次或两次装夹,完成多道工序或全部的加工内容。经验表明,加工异形件时,形状越复杂,精度要求越高,就越能显示加工中心的优势。

图 4-1-7 异形件

图 4-1-8 盘、套、板类零件

4. 盘、套、板类零件加工

盘、套、板类零件指带有键槽或径向孔,或端面有分布孔系以及曲面的盘套或轴类零件,如带法兰的轴套、带有键槽或方头的轴类零件等;具有较多孔加工的板类零件,如各种电机盖等(图 4-1-8)。端面分布有孔系、曲面的盘、套、板类零件宜选用立式加工中心,有径向孔的可选用卧式加工中心。

5. 结构形状复杂、普通机床难加工的零件

难加工的零件是指其主要表面由复杂曲线、曲面组成的零件,如图 4-1-9 所示。

6. 其他类零件

数控铣床/加工中心除常用于加工以上特征的零件外,还较适宜加工周期性投产的零件、加工精度要求较高的中小批量零件和试制中的新产品零件等。

(a) 凸轮类零件　　(b) 整体叶轮类零件　　(c) 模具类零件

图 4-1-9 难加工的零件

三、加工中心的选用

任何一台加工中心都有一定的规格、精度、加工范围和使用范围。规格相近的加工中

心中,一般卧式加工中心要比立式加工中心加工费用高50%～100%。因此,从经济性角度考虑,完成同样的工艺内容,如立式加工中心能完成,则首先考虑选用立式加工中心。只有立式加工中心不适合加工零件时才考虑选用卧式加工中心。

1. 加工中心类型的选择

立式加工中心适用于单工位加工的零件,如箱盖、端盖和平面凸轮等。

卧式加工中心适用于多工位加工和位置精度要求较高的零件,如箱体、泵体、阀体和壳体等。

当工件的位置精度要求较高,宜选用卧式加工中心;若卧式加工中心不能在一次装夹中完成多工位加工以保证位置精度,则应选用复合加工中心。

当工件尺寸较大,一般立柱式加工中心的工作范围不足时,则应选用龙门式加工中心。

当然,上述加工中心类型的选择原则也不是绝对的。如果企业不具备各种类型的加工中心,则应从保证工件的加工质量出发,灵活地选用设备类型。

2. 加工中心规格的选择

选择加工中心规格需要考虑的主要因素有工作台大小、坐标轴数量、各坐标轴行程及主电机功率等。

(1) 工作台规格选择

工作台应略大于零件的尺寸,以便安装夹具。例如零件外形是450 mm×450 mm×450 mm的箱体,选取尺寸为500 mm×500 mm的工作台即可。加工中心工作台台面尺寸与x、y、z三坐标行程有一定的比例,如工作台台面为500 mm×500 mm,则x、y、z坐标行程分别为700～800 mm、550～700 mm、500～600 mm。另外,工件和夹具的总重量不能大于工作台的额定负载;工件移动轨迹不能干涉机床防护罩;交换刀具时,不得与工件夹具相碰;等等。

(2) 加工范围选择

若工件尺寸大于坐标行程,则加工区域必须在坐标行程以内。如VTC-16A型立式加工中心的工作台尺寸为900 mm×410 mm,而其x、y、z轴的行程为560 mm×410 mm×510 mm,其中x轴向工作台尺寸明显大于其行程,在选择适合加工的零件时,可以选择x轴向尺寸大于行程的,但此时必须注意保证各加工表面都处于坐标行程范围内,同时还要考虑刀具长度的影响。

(3) 机床主轴电机功率及扭矩选择

机床主轴电机功率反映了机床的切削效率和切削刚性。加工中心一般都配置功率较大的交流或直流调速电机,调速范围比较宽,可满足高速切削的要求。但在用大直径盘铣刀铣削平面和粗镗大孔时,转速较低,输出功率较小,扭矩受限制。因此,必须对低速转矩进行校核。

3. 选择加工中心时主要考虑的功能

(1) 数控系统功能

每种数控系统都具备许多功能,如随机编程、图形显示、人机对话、故障诊断等功能。有些功能属于基本功能,有些功能属于选择功能。在基本功能的基础上,每增加一项功能,都需要增加数千甚至数万元费用。因此,应根据实际需要选择数控系统的功能。

(2) 坐标轴控制功能

坐标轴控制功能主要从零件本身的加工要求来选择。如平面凸轮需两轴联动,复杂曲面的叶轮、模具等需要三轴或四轴以上联动。

(3) 工作台自动分度功能

当零件在卧式加工中心上需经多工位加工时,机床的工作台应具有分度功能。普通型的卧式加工中心多采用鼠齿盘定位的工作台自动分度,分度定位精度较高,其分度定位间距有 0.5°×720、1°×360、3°×120、5°×72 等几种,根据零件的加工要求选择相应的分度定位间距。立式加工中心可配置数控分度头。

知识点 2　孔系加工路线的确定

在保证加工精度的前提下,应尽量缩短孔系加工路线,减少刀具的空行程,提高生产率。

如图 4-1-10 所示,按照一般习惯应先加工均布于同一圆周上的八个孔,再加工另一圆周上的孔[图 4-1-10(a)]。但对于点位控制的数控机床而言,这并不是最短的加工路线,应按图 4-1-10(b)所示的路线进行加工,使各孔间的距离总和最小,以节省加工时间。

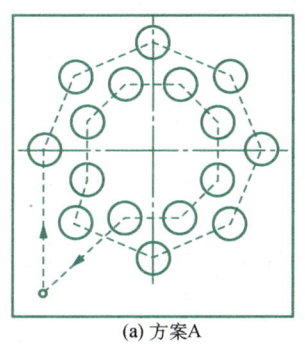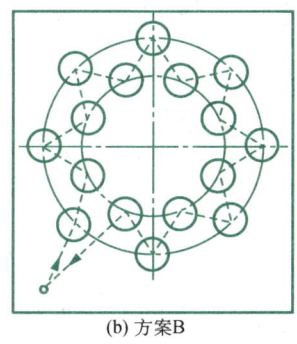

图 4-1-10　孔系加工路线

镗孔加工时,若位置精度要求较高,加工路线的定位方向应保持一致。

加工如图 4-1-11(a)所示零件的四个孔。如图 4-1-11(b)的加工路线,在加工孔Ⅳ时,x 方向的反向将影响孔Ⅲ—Ⅳ的孔距精度;如图 4-1-11(c)的路线,加工完孔Ⅲ后移至⑤的位置,再前移加工Ⅳ孔,这样可使各孔的定位方向一致,传动系统的间隙不会影响孔的位置精度。

确定加工路线时应尽量简化数学处理时的数值计算工作量,以简化编程工作。

此外,确定加工路线时,还要考虑工件的形状与刚度、加工余量的大小、机床与刀具的刚度等情况。

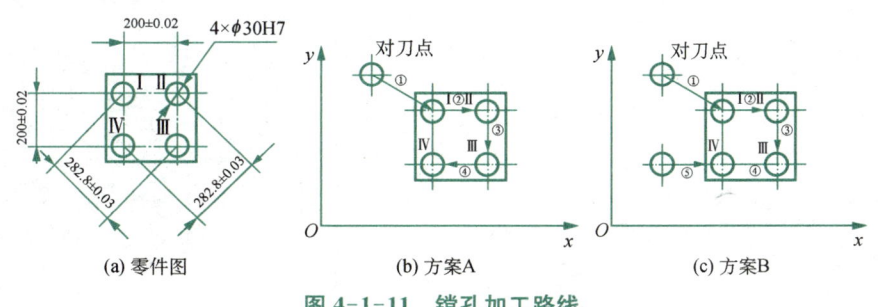

图 4-1-11　镗孔加工路线

任务实施

环节 1 课前预习孔系类零件的数控铣床、数控铣床刀具的相关知识

1. 完成预习测试,归纳遇到的问题。

___
___
___

2. 针对学生提交的问题,教师进行讲解、指导,组织学生进行讨论、抢答、头脑风暴等活动,通过教学平台完成。

(1) 加工中心分为哪几种?有何特点?

___
___
___

(2) 加工中心的主要加工对象有哪些?

___
___
___

(3) 孔系类零件的加工路线一般遵循哪些原则?

___
___
___

环节 2 实战演练,锻炼技能

请你根据端盖的零件图(图 4-1-1),编制数控加工工艺卡。

1. 分析端盖的加工工艺。

___
___
___

2. 选择端盖的机床刀具,编制刀具卡片。

数控加工刀具卡片

产品名称或代号:		零件名称:端盖		零件图号:	
序号	刀具规格及名称	材质	数量	加工表面	备注
1					
2					
3					
4					
编制:			审核:		

3. 选择端盖基准与加工方法。

_____

_____

4. 编制端盖数控加工工艺卡片。

环节 3　检查评价，评定反馈

请你认真检查自己与同学们的学习过程，进行自评、小组互评，取长补短。根据小组互评、教师点评，查找不足，写出总结报告。

制订端盖的加工工艺的评价表

序号	过程考核		项目名称	考核内容与要求	配分	得分		备注
						自评	小组互评	
1	课前 （15分）		看视频、微课	回答问题	5			
			在线测试	完成测试	5			
			总结提问	问题的质量、难度	5			
2	课中 （50分）	制订端盖的数控加工工艺	考勤	按时上课	5			
			活动参与	积极参与活动	10			
			机床刀具选择	正确	5			
			加工方法选择	合理	15			
			编制数控加工工艺卡	合理	15			
3	课后 （15分）	课程内容巩固	典型零件车床、刀具选择	课后习题完成情况	15			

(续表)

序号	过程考核	项目名称	考核内容与要求	配分	得分 自评	得分 小组互评	备注
4	综合素质（10分）	自主学习创新能力	线下、线上自主学习,分析解决问题的能力,创新意识	3			
		团队协作	团队合作、协调沟通、语言表达、竞争意识	2			
		工匠精神	崇尚、尊重劳动;吃苦耐劳、一丝不苟的工匠精神	5			
5	评定反馈（10分）	任务完成	任务完成情况	5			
		任务测试	任务测试达标情况	5			
			合计				
			总分				

教师点评：

总结报告

_____
_____
_____
_____
_____
_____

拓展训练

如图4-1-12所示泵盖,泵盖材料为HT20~40,铸件,生产纲领为1 000台/年。分析该零件的数控加工工艺,编制数控加工工艺卡。

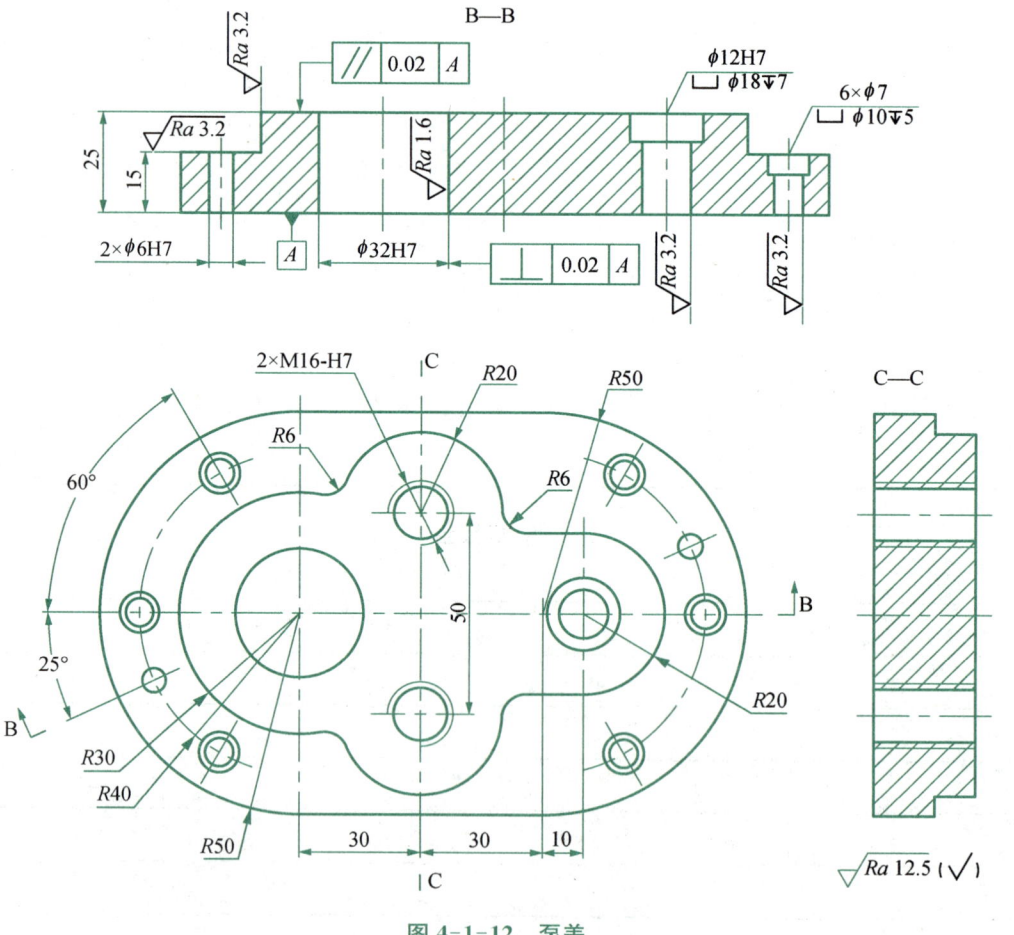

图4-1-12 泵盖

课后练习

一、填空题

1. 按照加工中心的外观及功能分类,加工中心分为_____、_____、_____、_____。
2. _____加工中心适用于多工位加工和位置精度要求较高的零件。
3. 选择加工中心规格需要考虑的主要因素有_____、_____、_____及主电机功率等。

二、选择题

1. 适于加工箱体类零件及小型模具型腔,种类最多、规格最全、应用范围最广的一种加工中心是(　　)。
   A. 卧式　　　B. 立式　　　C. 复合　　　D. 都不可以
2. 下列哪项不是加工中心的主要加工对象?(　　)
   A. 箱体类零件　　　　　　B. 复杂曲面零件
   C. 异形零件　　　　　　　D. 普通机床可以加工的零件

三、判断题

1. 加工中心具有自动换刀装置,在一次安装中,可以完成零件上平面的铣削,孔系的钻削、镗削、铰削、铣削及攻螺纹等多工步加工。(　　)
2. 立式加工中心受立柱高度及 ATC 的限制,不能加工太高的零件,也不适于加工箱体类零件。(　　)
3. 加工中心比普通的机床效率高 3~4 倍。(　　)
4. 立式加工中心适用于加工复杂箱体类零件和具有复杂曲线的工件。(　　)
5. 在保证加工精度的前提下,应尽量缩短加工路线,减少刀具的空行程,提高生产率。(　　)

四、简答题

1. 选择加工中心时主要考虑的功能有哪些?
2. 孔系类零件确定加工路线的原则是什么?

五、工艺制订题

如图 4-1-13 所示端盖零件图,毛坯为半成品铸件,零件材料为 HT150,生产类型为单件或小批生产。试分析图纸,完成下列任务。

① 分析技术要求;
② 选择毛坯、刀具、装夹方法;
③ 编制数控加工工艺卡。

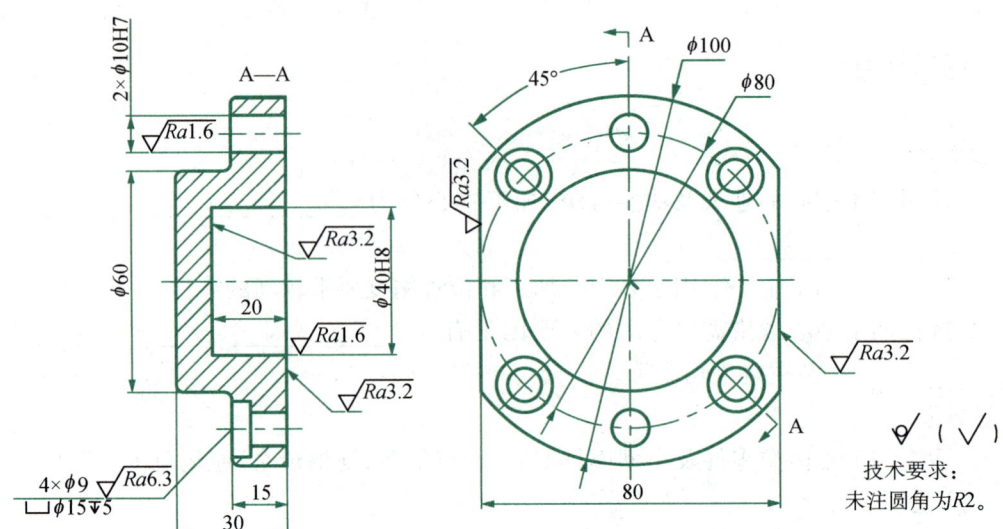

图 4-1-13 端盖

学习任务二
蜗轮减速器箱体的数控加工工艺制订与实施

箱体类零件是各类机器的基础零件,它将机器和部件中的轴、套、齿轮等有关零件连接成一个整体,并保持正确的相互位置,以传递转矩或改变转速来完成规定的运动。因此,箱体类零件的加工质量直接影响机器的工作精度、使用性能和寿命。

任务描述

蜗轮减速器箱体零件属于孔系零件,它们的特点是加工部位主要是孔,各种精度的孔较多。如图 4-2-1 所示为一蜗轮减速器箱体零件图,毛坯材料为 HT200,生产类型为单件或小批生产。下面以蜗轮减速器箱体为例,试分析技术要求,选择刀具、切削用量、装夹方法,确定加工工艺方案,制订数控加工工艺。

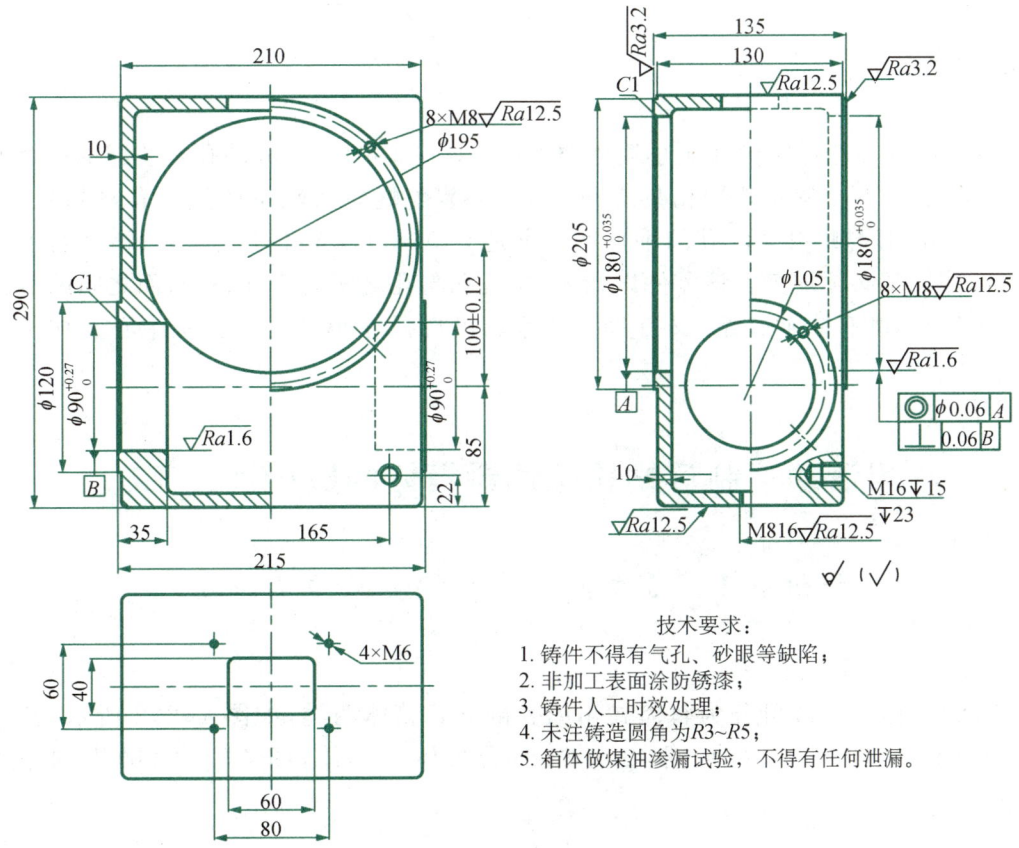

技术要求:
1. 铸件不得有气孔、砂眼等缺陷;
2. 非加工表面涂防锈漆;
3. 铸件人工时效处理;
4. 未注铸造圆角为 $R3 \sim R5$;
5. 箱体做煤油渗漏试验,不得有任何泄漏。

图 4-2-1　蜗轮减速器箱体

任务目标

1. 素质目标
① 通过自主学习,培养学生分析问题、解决问题的能力;
② 通过小组合作,培养学生的团队合作意识;
③ 通过编制端盖工艺文件,培养学生严谨细致、精益求精的工匠精神。
2. 知识目标
① 巩固加工中心的主要加工对象的相关知识;
② 掌握箱体类零件的主要技术要求;
③ 掌握箱体类零件的装夹方法;
④ 掌握箱体类零件的加工方法。
3. 能力目标
① 能够分析箱体类零件的加工工艺;
② 能合理选择箱体类零件的毛坯、刀具、夹具、机床、切削用量、工件装夹方法、加工方法;
③ 能制订箱体类零件的加工工艺。

任务分析

蜗轮减速器箱体零件属于小箱体类零件。两个 $\phi 90H7$ mm 的孔是装配蜗杆及轴承的重要孔。两个蜗轮装配孔 $\phi 180H7$ mm 是装配蜗轮及轴承的重要孔,同轴度为 $\phi 0.06$ mm,且与蜗杆装配孔的垂直度要求是 0.06 mm,光孔孔径较大,精度要求较高。两侧面都必须加工。该零件以孔为主,且孔与孔之间的精度、孔与面之间的位置要求也较高,既有同轴孔系,又有垂直孔系。可选择在小型复合镗铣中心上加工该零件。

学习活动　制订蜗轮减速器箱体的数控加工工艺

知识点1　箱体类零件的种类及结构特点

一、箱体类零件的种类

按结构形状一般可分为整体式箱体和剖分式箱体两类,如图 4-2-2 所示,其中图 4-2-2(a)、图 4-2-2(c)、图 4-2-2(d) 为整体式箱体,图 4-2-2(b) 为剖分式箱体。

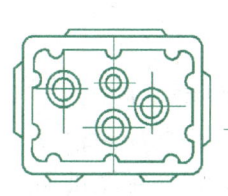 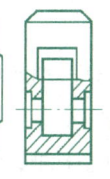 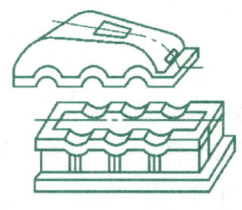 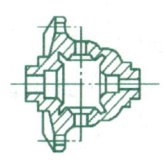 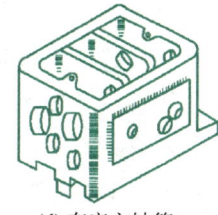

(a) 组合机床主轴箱　　　　(b) 减速器箱体　　　(c) 汽车后桥差速器箱体　　(d) 车床主轴箱

图 4-2-2　箱体类零件示例

二、箱体类零件共同的结构特点

箱体类零件结构形状复杂，内部呈腔形，箱体的壁较薄且不均匀，箱体壁上有多种精度要求高的轴承孔和装配用的基准平面，此外还有一些精度要求不高的紧固孔和次要平面。因此，箱体零件不但加工部位较多，而且加工的难度也较大。

1. 结构复杂

箱体通常作为装配的基础件，在它上面安装的零件或部件愈多，箱体的形状愈复杂。因为安装时要有定位面、定位孔，还要有固定用的螺钉孔等；为了支承零部件，需要有足够的刚度，其结构常采用较复杂的截面形状和加强肋等；为了储存润滑油，需要具有一定形状的空腔；另外，还要有观察孔、放油孔，以及考虑吊装搬运方便而设置的吊钩、凸耳等。

2. 体积较大

箱体内要安装和容纳有关零部件，因此它必须有足够大的内腔体积。

3. 壁薄易变形

为了减轻箱体的质量，结构设计上多为薄壁结构。因此，在铸造、焊接和切削加工过程中往往会产生较大内应力，引起箱体变形。即使在搬运过程中，方法不当也会引起其变形。

4. 有精度要求较高的平面和孔系

箱体类零件结构上有装配基准面、安装轴承的支承孔系。它们在尺寸精度、形状和位置精度等方面都有较高要求，且要求表面粗糙度值较小，这些会直接影响箱体的装配精度及使用性能。

三、箱体类毛坯材料

箱体材料一般选用 HT200～400 的各种牌号的灰铸铁，而最常用的为 HT200。

灰铸铁不仅成本低，而且具有较好的耐磨性、可铸性、可切削性和阻尼特性。在单件生产或某些简易机床的箱体生产中，为了缩短生产周期和降低成本，可采用钢材焊接结构。毛坯的加工余量与生产批量，毛坯尺寸、结构、精度和铸造方法等因素有关。有关数据可查有关资料及根据具体情况确定。

毛坯铸造时，应防止砂眼和气孔的产生。为了减少毛坯制造时产生的残余内应力，应使箱体壁厚尽量均匀，箱体浇铸后应安排时效或退火工序。

知识点 2　箱体类零件的主要技术要求

箱体类零件的加工表面主要是平面和孔系，其主要技术要求涉及箱体主要平面的精度和轴承孔尺寸的形状精度。

一、箱体主要平面的精度

箱体的主要平面是指装配基准面(如主轴箱箱体的底面和导向面)和加工中的定位基准面。它们直接影响箱体在加工中的定位精度,影响箱体与机器总装后的相对位置与接触精度,因而具有较高的形状精度和表面粗糙度要求。一般机床箱体的装配基准面和定位基准面的平面度公差为 0.03～0.01 mm,表面粗糙度值为 Ra 3.2～1.6 μm;箱体上其他平面对装配基准面的平行度公差,一般在全长范围内为 0.2～0.05 mm,垂直度公差在 300 mm 长度内为 0.10～0.06 mm。

二、轴承孔尺寸的形状精度

1. 轴承孔尺寸精度

箱体零件上轴承孔的尺寸精度、形状精度和表面粗糙度直接影响与轴承的配合精度和轴的回转精度。普通机床的主轴箱,主轴轴承孔的尺寸精度为 IT6 级,形状误差应小于孔径公差的 1/2,表面粗糙度值为 Ra 1.6～0.8 μm;其他轴承孔的尺寸精度一般为 IT7 级,形状误差应小于孔径公差,表面粗糙度值为 Ra 3.2～1.6 μm。

2. 轴承孔相互位置精度

(1) 各轴承孔的中心距和轴线间的平行度

一般机床箱体轴承孔的中心距偏差为 ±(0.025～0.06) mm;轴线的平行度公差在 300 mm 长度内为 0.03 mm。

(2) 同轴线轴承孔的同轴度

机床主轴轴承孔的同轴度误差一般小于 ϕ0.008 mm,一般孔的同轴度误差不超过最小孔径公差的一半。

(3) 轴承孔轴线对装配基准面的平行度和对端面的垂直度

一般机床主轴轴线对装配基准面的平行度公差在 650 mm 长度内为 0.03 mm;对端面的垂直度公差为 0.02～0.015 mm。

知识点 3　箱体类零件的装夹方法

一、粗基准的选择

选择粗基准时应考虑三条要求:第一,在保证各加工面都有加工余量的前提下保证各孔加工余量尽量均匀;第二,所选定位基面应使定位夹紧可靠;第三,工作时运动部件不至于同机体非加工面相碰。为此,通常以箱体的重要孔(如轴承孔)作粗基准,这样可以保证箱体上重要孔加工余量均匀,对提高孔的加工质量、耐磨性等有重要意义。同时,因为铸造箱体毛坯时,形成重要孔、其他孔以及机体内壁的泥芯常是做成(或装成)整体放入的,所以还能较好地全面保证这些孔加工余量的均匀性,对整个孔系加工都有利。此外,这也促使运动部件不容易与机体不加工的内壁相碰。反之,若以机体的底面作粗基准,虽然可得到较好的外形尺寸,并且支撑、定位较为稳定,但上述第一、第三条要求则难以保证。

实际上,由于以轴承孔作粗基准,表面粗糙,定位不稳,自动定心夹紧的夹具结构复杂,加之箱体形状复杂,加工面多,为了能面面俱到,在一般批量不大、毛坯精度要求不太

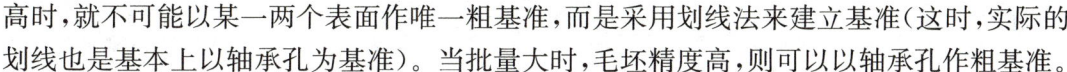

高时,就不可能以某一两个表面作唯一粗基准,而是采用划线法来建立基准(这时,实际的划线也是基本上以轴承孔为基准)。当批量大时,毛坯精度高,则可以以轴承孔作粗基准。

二、精基准的选择

1. 以"一面两孔"作为精基准

以"一面两孔"作为精基准,即以箱体底面和底面上的两个螺栓孔作为精基准。为此,此两孔先要经过钻、扩、铰工序,使加工精度提高到IT7级。用一面两孔定位的优点是可限制六个自由度,定位稳定可靠,在一次安装下可同时加工除定位面外的所有五个方向上的孔和面。也可在多次安装下,用多道工序加工这些表面,从而达到基准统一。但底面和螺孔不是设计基准,故会产生定位误差。此法由于夹紧方便,易于实现自动定位和夹紧,故适用于大批量自动线生产。

2. 以装配基面作精基准

通常采用大轴承孔及端面作为精基准来加工孔系及其端面,这里的大轴承孔及其端面就是装配基面。此法符合基准重合原则,可减少定位误差。它可消除五个自由度,从而减少辅助时间。

这两种定位方式各有优缺点,实际生产中的选用与生产类型有很大关系。中、小批生产时,尽可能使定位基准与设计基准重合,即一般选择设计基准作为统一的定位基准;大批生产时,优先考虑的是如何稳定加工质量和提高生产率,不过分地强调基准重合问题,一般多用典型的"一面两孔"作为统一的定位基准,由此而引起的基准不重合,可采用适当的工艺措施去解决。

三、夹紧部位的选择

选择工件在机床上安装时的夹紧部位必须考虑操作方便,同时工件变形要小。在箱体顶面自上向下夹紧容易使工件变形,在箱体内部、下部夹紧则操作不便。若用箱体底部定位时,可选择在底座上的螺孔处夹紧,则可避免上述变形和操作不便的缺点;若用轴承孔及其端面定位时,其夹紧部位选在端面上螺孔处,则也可达到同样效果。

四、加工路线的选择

1. 先面后孔原则

箱体主要是由孔和平面组成的,在加工中先加工平面后加工孔是箱体加工中的一般规律。箱体加工中对孔的加工精度要求较为严格,且由于孔分布在箱体的各个平面上,加工难度较大;同时,平面的面积比较大,用来定位稳定可靠,有的主要平面在机器上也起着装配基准的作用,因此先以孔为粗基准加工平面,再以平面为精基准加工孔,使定位基准、设计基准和装配基准重合,避免基准不重合所带来的误差,也避免了加工支承孔时钻头的引偏和扩孔铰孔时刀具的崩刃。

2. 加工阶段粗、精分开原则

箱体结构复杂、壁厚不均、刚性差、生产批量较大、主要平面和孔系加工要求精度又高,故重要的表面加工要粗、精分开进行。

3. 工序集中、先主后次原则

为了保证箱体上孔和平面的位置精度以及减少装夹次数,一般在加工时尽量选择在同一工序中进行。紧固螺纹孔、油孔的工序应安排在平面、支承孔和主要平面精加工之后再进行。

知识点 4　箱体类零件热处理工序的安排

热处理工序是用来提高材料的力学性能，消除残余内应力，改善金属的切削加工性能的。它在工艺路线中的安排，主要取决于零件的材料和热处理的目的。热处理根据目的的不同，一般可分为如下五种。

一、预备热处理

预备热处理的目的是消除毛坯制造过程中产生的内应力，改善金属材料的切削加工性能，为最终热处理准备良好的金相组织。其热处理工艺主要有退火、正火和调质。退火和正火一般安排在机械加工之前；调质一般安排在粗加工之后，半精加工之前。由于调质的综合力学性能较好，对于仅要求改善力学性能的零件，也可以作为最终热处理工序。

二、时效处理

时效处理主要分为人工时效和自然时效两种，目的是消除毛坯制造和机械加工中产生的残余内应力，减少工件变形。时效处理一般安排在粗加工之后、精加工之前；对于精度要求较高的零件可在半精加工之后再安排一次时效处理。

三、最终热处理

最终热处理的目的是提高零件材料的硬度、耐磨性和强度等力学性能。其热处理工艺主要有淬火、渗碳淬火、渗氮等。最终热处理一般应安排在粗加工、半精加工之后，精加工之前进行。变形较大的热处理，如渗碳淬火、调质等，应安排在半精加工之后、精加工之前进行；变形较小的热处理，如渗氮等，则可安排在精加工之后进行。

四、表面热处理

表面热处理的目的是提高零件的抗蚀能力、耐磨性和装饰表面。其热处理工艺有电镀、发蓝、涂层、氧化、阳极化等。表面热处理通常安排在工艺过程的最后进行。

五、辅助工序安排

辅助工序包括工件的检验、去毛刺、清洗、去磁、防锈和平衡等。其中检验是最主要的辅助工序，它对保证产品质量有重要的作用。

1. 检验工序

除各工序自检外，下列场合还应单独安排检验工序：

① 粗加工全部结束后；
② 零件转换车间的前后，特别是进行热处理工序的前后；
③ 各加工阶段前后，重要工序或加工工时较长的工序前后；
④ 全部加工工序结束之后。

2. 去毛刺及清洗

毛刺对机器的装配质量影响很大，切削加工之后，应安排去毛刺工序；装配零件之前，一般应安排清洗工序。工件内孔、箱体内腔易存留切屑，研磨、珩磨等光整加工工序之后，微小磨粒易附着在工件表面上，也需要安排清洗工序。

3. 特殊需要的工序

在用磁力夹紧工件的工序之后，应安排去磁工序；平衡试验、检查渗漏等工序应安排在精加工之后进行。除此之外，有的零件还要安排探伤、密封、称重等辅助工序。

知识点 5　箱体零件的加工工艺过程

剖分式箱体工艺路线与整体式箱体工艺路线的主要区别在于：剖分式箱体的整个加工过程分为两个阶段。第一个阶段先对箱盖和底座分别进行加工，主要完成对合面及其他平面、紧固孔和定位孔的加工，为箱体的合装做准备；第二阶段在合装后的箱体上加工孔及其端面。在两个阶段中间安排钳工工序，将两部分合装成箱体，并用两销定位，使其保持一定的位置关系。

箱体类零件的生产过程一般分单件、小批生产和大批生产的工艺过程。

1. 单件、小批生产箱体类零件的工艺过程

铸造毛坯→时效→划线→粗加工主要平面和其他平面→划线→粗加工支承孔→二次时效→精加工主要平面和其他平面→精加工支承孔→划线→钻各小孔、攻螺纹、去毛刺。

2. 大批生产箱体类零件的工艺过程

铸造毛坯→时效→加工主要平面和工艺定位孔→二次时效→粗加工各平面上的孔→攻螺纹、去毛刺→精加工各平面上的孔。

项目四　孔系类零件的数控加工工艺制订与实施

◆ 任务实施

环节 1　课前预习箱体类零件的数控铣床、数控铣床刀具的相关知识

1. 完成预习测试,归纳遇到的问题。
   _____
   _____
   _____

2. 针对学生提交的问题,教师进行讲解、指导,组织学生进行讨论、抢答、头脑风暴等活动,通过教学平台完成。

   (1) 箱体类零件有何结构特点?
   _____
   _____
   _____

   (2) 箱体类零件主要的技术要求有哪些?
   _____
   _____
   _____
   _____

   (3) 箱体类零件的热处理一般分为哪几种?
   _____
   _____
   _____

环节 2　实战演练,锻炼技能

请你根据蜗轮减速器箱体的零件图(图 4-2-1),完成以下任务。

1. 分析蜗轮减速器箱体的加工工艺。
   _____
   _____
   _____

2. 选择蜗轮减速器箱体的机床、刀具,编制刀具卡片。

参考答案

数控加工刀具卡片

产品名称或代号：		零件名称：蜗轮减速器箱体		零件图号：	
序号	刀具规格及名称	材质	数量	加工表面	备注
1					
2					
3					
4					
编制：		审核：			

3. 选择蜗轮减速器箱体的基准与加工方法。

_____

_____

4. 编制蜗轮减速器箱体数控加工工艺卡。

环节 3 检查评价，评定反馈

请你认真检查自己与同学们的学习过程，进行自评、小组互评，取长补短。根据小组互评、教师点评，查找不足，写出总结报告。

制订蜗轮减速器箱体的加工工艺的评价表

序号	过程考核	项目名称	考核内容与要求	配分	得分		
					自评	小组互评	备注
1	课前 （15分）	看视频、微课	回答问题	5			
		在线测试	完成测试	5			
		总结提问	问题的质量、难度	5			
2	课中 （50分）	制订蜗轮减速器箱体的数控加工工艺	考勤	按时上课	5		
			活动参与	积极参与活动	10		
			机床刀具选择	正确	10		
			加工方法选择	合理	10		
			编制数控加工工艺卡	合理	15		
3	课后 （15分）	课程内容巩固	典型零件车床、刀具选择	课后习题完成情况	15		
4	综合素质 （10分）		自主学习创新能力	线下、线上自主学习，分析解决问题的能力，创新意识	3		
			团队协作	团队合作、协调沟通、语言表达、竞争意识	2		
			工匠精神	崇尚、尊重劳动；吃苦耐劳、一丝不苟的工匠精神	5		

(续表)

序号	过程考核	项目名称	考核内容与要求	配分	得分		备注
					自评	小组互评	
5	评定反馈 （10分）	任务完成	任务完成情况	5			
		任务测试	任务测试达标情况	5			
合计							
总分							

教师点评：

总结报告

拓展训练

如图 4-2-3 所示箱体零件,零件材料为铸件,分析该零件的数控加工工艺,编制数控加工工艺卡。

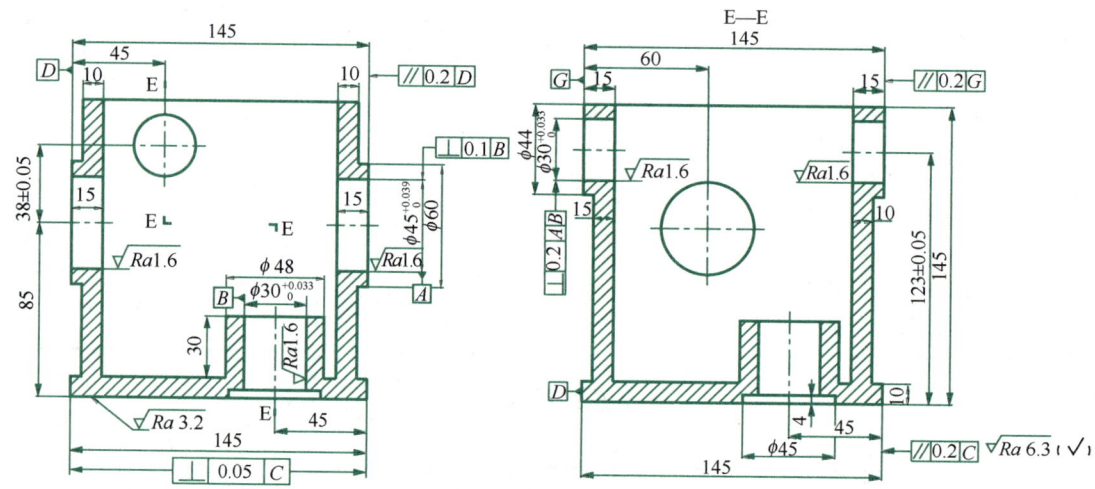

图 4-2-3 箱体零件

课后练习

一、填空题

1. 箱体类零件的种类很多,按结构形状一般可分为_____箱体和_____箱体两类。
2. 箱体材料一般选用_____,负荷大的主轴箱材料也可采用_____。
3. 在进给量一定的情况下,减小_____或增大_____,可减小表面粗糙度。
4. 孔加工各工步的刀具直径根据_____和_____确定。
5. 箱体零件精基准选择有_____、_____两种典型方案可供选择。
6. 先加工_____,后加工_____,这是箱体零件加工的一般规律。
7. 用一面两孔定位的优点是可限制_____个自由度。

8. 以装配基面作精基准,可限制_____个自由度。
9. 箱体类零件的生产过程一般分_____生产和_____生产的工艺过程。

二、选择题

1. 加工箱体类零件时常选用一面两孔作为定位基准,这种方法一般符合(   )。
   A. 基准重合原则　　B. 基准统一原则　　C. 互为基准原则　　D. 自为基准原则
2. 下列箱体上基本孔的工艺性最好的是(   )。
   A. 盲孔　　　　　　B. 通孔　　　　　　C. 阶梯孔　　　　　D. 交叉孔
3. 箱体零件的材料一般选用(   )。
   A. 各种牌号的灰铸铁　　　　　　　　B. 45钢
   C. 40Cr　　　　　　　　　　　　　　D. 65Mn
4. 铸铁箱体上ϕ180H孔常采用的加工路线是(   )。
   A. 粗镗→半精镗→精镗　　　　　　　B. 粗镗→半精镗→铰
   C. 粗镗→半精镗→粗磨　　　　　　　D. 粗镗→半精镗→粗磨→精磨
5. 箱体加工选择用箱体顶面作为精基准时,下列说法不正确的是(   )。
   A. 适用于成批、大量生产　　　　　　B. 出现了基准不重合误差
   C. 加工时不便于观察各表面加工情况　D. 符合基准重合原则
6. 箱体上中等尺寸的孔常采用钻→镗精加工,较小尺寸的孔常采用(   )精加工。
   A. 钻→扩→拉　　B. 钻→镗　　　　C. 钻→铰　　　　D. 钻→扩→铰
7. 箱体类零件常以"一面两孔"定位,相应的定位元件是(   )。
   A. 一个平面、两个短圆柱销
   B. 一个平面、一个短圆柱销、一个短削扁销
   C. 一个平面、两个长圆柱销
   D. 一个平面、一个长圆柱销、一个短圆柱销
8. 加工整体式箱体时应采用的粗基准是(   )。
   A. 顶面　　　　　B. 主轴承孔　　　C. 底面　　　　　D. 侧面
9. 大型的箱体零件应选用(   )铣削加工。
   A. 立式铣床　　　B. 仿形铣床　　　C. 龙门铣床　　　D. 万能卧式铣床

三、判断题

1. 一般来说,箱体类零件不但需要加工的部位多,而且加工难度也较大。(   )
2. 箱体零件上轴承孔的尺寸精度、形状精度和表面粗糙度不会直接影响与轴承的配合精度和轴的回转精度。(   )
3. 以"一面两孔"作为精基准,可限制六个自由度,定位稳定可靠,在一次安装下可同时加工除定位面外的所有五个方向上的孔和面。(   )
4. 选择工件在机床上安装时的夹紧部位必须考虑操作方便,同时工件变形要小。(   )
5. 时效处理一般安排在粗加工之后、精加工之前。(   )
6. 最终热处理一般应安排在粗加工、半精加工之后,精加工之前进行。(   )
7. 表面热处理通常安排在工艺过程的最后进行。(   )

四、简答题

1. 安排箱体类零件的工艺时，为什么一般要依据"先面后孔"的原则？
2. 箱体零件加工中进行粗基准选择时应考虑哪些问题？生产批量不同时，安装方式有何不同？
3. 制订箱体类零件加工工艺时，单件、小批生产和大批生产的工艺有何不同？

五、工艺制订题

已知如图4-2-4所示箱体零件，毛坯为半成品铸件，零件材料为HT150，生产类型为单件或小批生产。试分析图纸，完成下列任务。

① 分析技术要求；
② 选择毛坯、刀具、装夹方法；
③ 编制数控加工工艺卡。

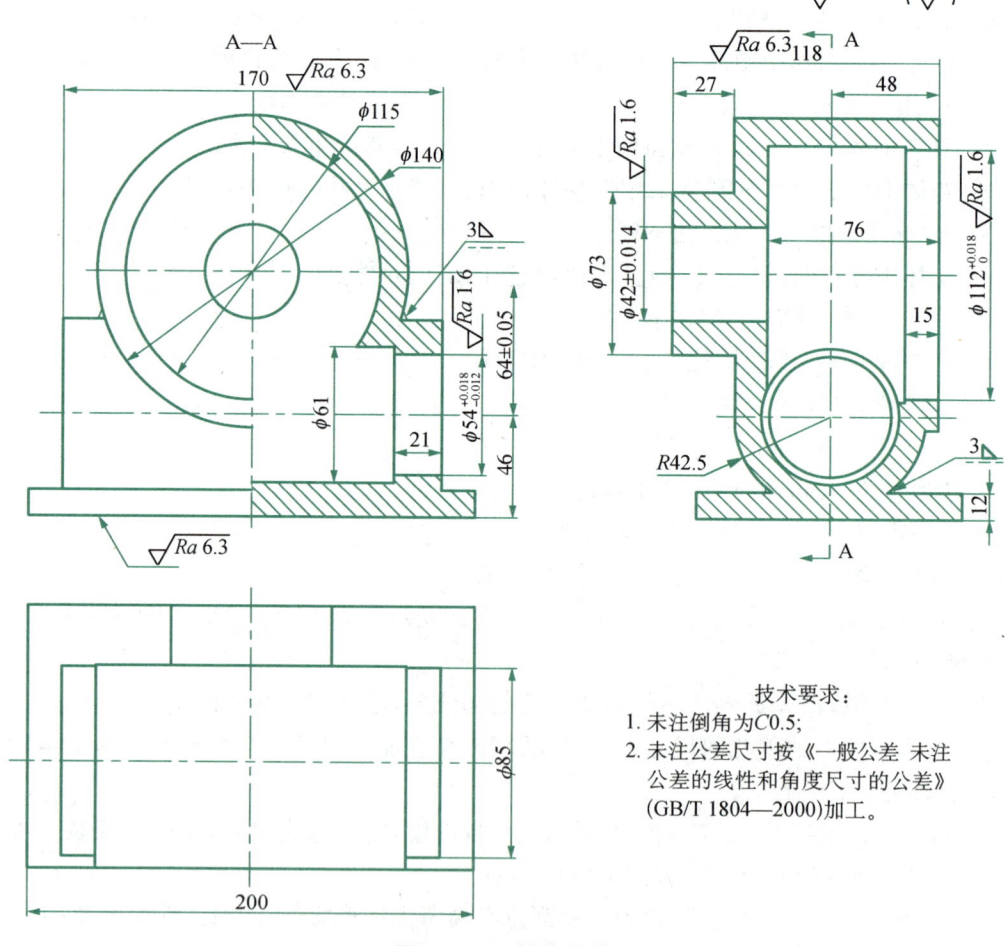

技术要求：
1. 未注倒角为C0.5；
2. 未注公差尺寸按《一般公差 未注公差的线性和角度尺寸的公差》(GB/T 1804—2000)加工。

图4-2-4 箱体零件

习题答案

项目一 轴类零件的数控加工工艺制订与实施

学习任务一 台阶轴的数控加工工艺制订与实施

学习活动1 明确工作任务,分析台阶轴的工艺

一、填空题

1. 生产过程
2. 工艺过程
3. 生产类型
4. 工艺规程
5. 正火
6. 尺寸、形状、表面质量
7. 工艺规程

二、选择题

1. A 2. B 3. C 4. C 5. B 6. D

三、判断题

1. √ 2. × 3. × 4. √ 5. × 6. √ 7. √

四、简答题

1. 零件的技术要求分析包括下列五个方面:

① 加工表面的尺寸精度。

② 主要加工表面的形状精度。

③ 主要表面之间的相互位置精度。

④ 各加工表面的粗糙度以及表面质量方面的其他要求。

⑤ 热处理要求及其他要求(如动平衡等)。

2. 制订工艺规程的步骤有六步:

① 分析研究零件图样,了解该零件在产品或部件中的作用,找出其要求较高的主要表面及主要技术要求,并了解各项技术要求的制订依据,审查其结构工艺性。

② 选择和确定毛坯。

③ 拟订工艺路线。

④ 详细拟订工序具体内容。

⑤ 对工艺方案进行技术经济分析。

⑥ 填写工艺文件。

3. 找出工件正确位置的过程叫定位。在加工过程中切削力产生后,为保证工件在该力作用下不改变其定位确定的正确位置,应对工件进行固定,该过程叫夹紧。定位和夹紧是两个不同的概念,不能互相代替。

五、分析题

提示:主要从技术要求和结构工艺性方面分析零件的加工工艺。

1. 分析零件的技术要求

该零件有四处外圆精度要求,尺寸精度要求最高的表面是 $\phi 45$ mm 圆柱面,公差值是 0.016 mm,相当于 IT6 级精度,其余部位精度都低于该公差要求。该传动轴的主要位置精度要求是右侧 $\phi 30^{+0.015}_{+0.002}$ mm 的轴线相对于左侧 $\phi 30^{+0.015}_{+0.002}$ mm 轴线的同轴度公差值为 $\phi 0.015$ mm。所有外圆柱表面的表面粗糙度要求是 Ra 1.6 μm。其他技术要求为热处理调质 40~45 HRC,未注倒角为 C_1,材料为 45 钢锻件。

2. 分析零件的结构工艺性

该传动轴是由外圆柱表面形成的轴类零件,零件材料为 45 钢,材料性能较好,便于加工。

学习活动 2 选择台阶轴的机床、刀具,编制刀具卡片

一、填空题

1. 立式数控车床、卧式数控车床

2. 尖形车刀、圆弧形车刀、成形车刀

3. 焊接式、机夹式、可转位式

4. 轮廓形状特别复杂或难以控制尺寸的回转体零件、精度要求高的零件、特殊的螺旋零件

5. 06、19

二、选择题

1. A 2. B 3. D 4. A 5. D

三、判断题

1. × 2. √ 3. √ 4. × 5. √ 6. × 7. √

四、简答题

1. 数控车床按照主轴位置分为立式数控车床和卧式数控车床。立式数控车床归属于大型机械设备,用于加工径向尺寸大而轴向尺寸相对来说较小,形状复杂的大型和重型工件。例如各种盘、轮和套类工件的圆柱面、端面、圆锥面、圆柱孔、圆锥孔等。卧式数控车床广泛用于高精度加工操作中。

2. C:刀片形状为菱形,N:法后角为 0°,M:刀片精度为 M 级,G:代表刀片类型,单面有断屑槽,12:刀片边长 12 mm,04:刀片厚度 4 mm,08:刀尖圆角半径 0.8 mm。

3. 强度高、精度高、适应高速和大进给量切削、可靠性好、寿命长。

五、分析题

机床选择：选用卧式数控车床，由于零件精度要求不是很高，结构较简单，可选用经济型数控车床。

刀具选择：该零件因结构较简单，尺寸精度较高，工件材料为 45 钢，可选择焊接式或可转位 90°外圆车刀，材料为 YT15。

学习活动 3　选择台阶轴的定位基准，确定装夹方法

一、填空题

1. 设计基准、工艺基准
2. 定位基准
3. 基准统一原则、基准重合原则、自为基准原则、互为基准原则、便于装夹原则
4. 基准统一
5. 设计、定位
6. 一夹一顶
7. 三爪自定心卡盘装夹、一夹一顶装夹、在两顶尖间装夹

二、选择题

1. A　2. A　3. A　4. D　5. A　6. A　7. C　8. D

三、判断题

1. ×　2. √　3. √　4. √　5. √

四、简答题

1. 工艺基准按其用途可分为定位基准、测量基准、装配基准和工序基准。

2. 粗基准的选择原则有五个：

① 为了保证加工面与不加工面之间的位置要求，应选择不加工面作定位基准。

② 为保证各加工面都有足够的加工余量，应选择毛坯余量最小的面为粗基准。

③ 为了保证重要加工表面的余量均匀，应选择重要表面为粗基准。

④ 应避免重复使用粗基准，在同一尺寸方向上通常只允许使用一次。

⑤ 选作粗基准的表面应平整、光洁，要避开锻造飞边和铸造浇冒口、分型面等缺陷，以保证定位准确，夹紧可靠。

⑥ 当使用夹具装夹时，选择的粗基准面最好使夹具结构简单、操作方便。

3. 中心孔有四种类型，分别是 A 型、B 型、C 型、R 型。A 型适用于精度要求一般的工件；B 型适用于精度要求较高或工序较多的工件；C 型适用于当需要把其他零件轴向固定在轴上时；R 型适用于轻型和高精度轴类工件。

五、分析题

心轴直径方向的基准是轴线，长度方向的基准是左、右端面。三爪卡盘夹持工件左端外圆，右端以中心孔定位。

学习活动 4　选择切削用量，计算时间定额

一、填空题

1. 工件

2. 已加工表面、加工表面、待加工表面

3. 主运动、进给运动

4. 切削速度、进给量、背吃刀量

5. 基本时间、辅助时间

二、选择题

1. B 2. A

三、判断题

1. √ 2. √ 3. × 4. √ 5. × 6. × 7. × 8. × 9. √

四、简答题

1. 切削用量是表示主运动和进给运动大小的参数。切削用量有切削速度(v_c)、进给量(f)和背吃刀量(a_p)三要素。

切削用量的确定原则有三个：

(1) 背吃刀量的确定

在"机床—夹具—刀具—零件"这一工艺系统刚性允许的条件下，应尽可能选取较大的背吃刀量，以减少走刀次数，提高生产效率。当零件的精度要求较高时，则应考虑适当留出精车余量，其所留精车余量一般比普通车床车削时所留余量小，常取 0.1~0.5 mm。

(2) 切削速度的确定

确定加工时的切削速度可根据表 1-1-12 中的数值确定，还可以根据实践经验来确定。除螺纹加工外，主轴转速的确定方法与普通车削加工一样，可根据零件上被加工部位的直径、零件结构和刀具的材料、加工要求等条件所允许的切削速度来确定。

(3) 进给量的选择原则

① 在满足表面质量的情况下，为提高生产效率，可选择较大的进给量。

② 切断、车削深孔或用高速钢刀具车削时，宜选择较小的进给量，如切断时取 0.05~0.2 mm/r。

③ 刀具空行程，特别是远距离"回零"时，可设定尽量大的进给量。

④ 在粗车时进给量的取值可大一些，精车时应小一些，如一般粗车时取 0.3~0.8 mm/r。

⑤ 进给量应与切削速度和背吃刀量相适应。

2. 所谓时间定额是指在一定生产条件下，规定生产一件产品或完成一道工序所需消耗的时间，用 T_j 表示。它是安排生产计划、核算生产成本、确定设备数量、编制人员安排以及规划生产面积的重要依据。

时间定额包括基本时间、辅助时间、布置工作地时间、休息与生理需要时间、准备与终结时间。

3. 车削时的主运动是工件的旋转运动，进给运动是刀具的直线运动；钻削时的主运动是钻头的旋转运动，钻头向下运动为进给运动。

学习活动 5 选择加工方法，编制数控加工工艺卡

一、填空题

1. 车削加工、磨削加工

2. 中心磨削法、无心磨削法

3. 纵向、横向

4. 粗车、半精车、精车、精细车

5. 先粗后精、先近后远、先内后外

6. 起刀点

二、选择题

1. A 2. B 3. B 4. A 5. D 6. B 7. C

三、判断题

1. √ 2. × 3. √ 4. × 5. × 6. √

四、简答题

1. 工艺处理的一般原则：①因地制宜；②总结经验；③灵活运用；④考虑周全。

2. 工艺安排的原则有三个：

① 上道工序的加工不能影响下道工序的定位与夹紧，中间穿插有普通车床加工工序的也应综合考虑。

② 先进行内腔加工，后进行外形加工。

③ 以相同定位、夹紧方式或同一把刀具加工的工序，最好连续加工，以减少重复定位次数和换刀次数。

五、工艺制订题

略。

学习任务二　螺纹轴的数控加工工艺制订与实施

学习活动1　选择螺纹轴的材料和毛坯

一、填空题

1. 普通碳素结构钢、优质碳素结构钢、合金结构钢

2. 冷拔

3. 锻件

二、选择题

1. A 2. B 3. C

三、判断题

1. √ 2. ×

四、简答题

1. 实际生产中常见的工艺措施有以下三种：

① 为了加工时工件装夹方便，有些铸件毛坯需要铸出便于装夹的夹头，夹头在零件加工后再予以切除。

② 在机械加工中，有时会遇到车床走刀系统中的开合螺母外壳等零件。为了保证这些零件的加工质量和加工便利性，常将这些零件先做成一个整体毛坯，加工到一定阶段后再切割分离。

③ 为了提高生产效率和在加工中便于装夹,对于一些垫圈类零件,应将多件零件合成一个毛坯。

2. 机械加工常见的毛坯类型有铸件、锻件、型材和焊接件。

形状复杂的毛坯多用铸件;自由锻适用于单件、小批生产以及大型锻件生产,模锻的生产率较高,适用于产量较大的中小型锻件生产;型材有热轧和冷拔两类,热轧型材尺寸较大,精度较低,多用于一般零件的毛坯,而冷拔型材尺寸较小,精度较高,多用于制造毛坯精度要求较高的中小型零件,适用于自动机加工;焊接件简单方便,适用于大件特别是单件、小批生产。

五、工艺制订题

略。

学习活动 2 确定加工余量、工序尺寸及公差

一、填空题

1. 工序余量、加工总余量
2. 入体原则
3. 小
4. 增环、减环、增环、减环

二、选择题

1. C 2. D 3. C 4. B 5. C 6. A 7. D 8. A 9. D

三、判断题

1. × 2. √ 3. √ 4. ×

四、简答题

1. 影响加工余量的因素有以下四个方面:

① 前道工序的表面粗糙度 Ra 和表面缺陷层厚度 T_a。

② 前道工序的尺寸公差 δ_a。

③ 前道工序的形位误差 ρ_a。

④ 本工序的安装误差 ε_b。

2. 确定加工余量的方法有以下三种:

(1) 查表修正法。该方法在生产中应用广泛。

(2) 经验估计法。根据工艺人员本身积累的经验确定加工余量。该方法主要适用于单件、小批生产。

(3) 分析计算法。这种方法较合理,但需要全面可靠的试验资料,计算复杂,所以该方法一般应用较少。

五、计算题

绘制工艺尺寸链简图。

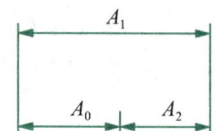

① 按加工顺序逐个标出组成环,每道工序从工艺基准开始标注。

② 确定封闭环。

图中 A_0 是由通过测量的工艺尺寸 A_2 间接得到的,因此 A_0 是封闭环,$A_0 = \phi 15_{-0.36}^{0}$ mm。

③ 判断组成环性质。

增环:$A_1 = \phi 40_{-0.17}^{0}$ mm;

减环:大孔尺寸 A_2。

④ 用极值法确定大孔尺寸 A_2 的深度尺寸及公差。

$$A_0 = \sum_{i=1}^{m} \vec{A}_i - \sum_{j=m+1}^{n-1} \vec{A}_j$$

$A_0 = A_1 - A_2$

$A_2 = A_1 - A_0 = 40 - 15 = 25$ mm

⑤ 确定 A_0 的上下偏差。

$$ESA_0 = \sum_{i=1}^{m} ES\vec{A}_i - \sum_{j=m+1}^{n-1} EI\vec{A}_J$$

$ESA_0 = ESA_1 - EIA_2$

$EIA_2 = ESA_1 - ESA_0 = 0 - 0 = 0$

$$EIA_0 = \sum_{i=1}^{m} EI\vec{A}_i - \sum_{j=m+1}^{n-1} ES\vec{A}_J$$

$EIA_0 = EIA_1 - ESA_2$

$ESA_2 = EIA_1 - EIA_0 = -0.17 - (-0.36) = 0.19$ mm

所以,$A_2 = 25_{0}^{+0.19}$ mm

学习任务三　传动轴的数控加工工艺制订与实施

学习活动　制订传动轴的数控加工工艺

一、填空题

1. 25

2. 中心架、跟刀架

3. 主偏角、背向力

二、判断题

1. √　2. √　3. √

三、简答题

1. 车细长轴主要是解决工件车削过程中的刚性问题及变形问题。

2. 中心架安装在床身导轨上,使用中心架可提高工件车削过程中的刚性,但由于工件分两段车削,因此工件中间有接刀痕迹。对不允许有接刀的工件,应采用跟刀架。跟刀架固定在床鞍上,和车刀一起纵向运动。跟刀架只能用于光轴零件。

四、工艺制订题

略。

项目二　套类零件的数控加工工艺制订与实施

学习任务一　轴套的数控加工工艺制订与实施

学习活动 1　明确工作任务，分析轴套的工艺

一、填空题
　　1. 支承、导向
　　2. 同轴度、较小、大于
　　3. 过盈、过渡
　　4. 钻、扩、铰、镗
二、判断题
　　1. √　2. ×　3. √
三、分析题
　　略。

学习活动 2　选择轴套的加工刀具

一、填空题
　　1. 颈部、柄部
　　2. 五
　　3. 直柄、锥柄、方榫柄
　　4. 通孔车刀、盲孔车刀
二、选择题
　　1. B　2. B
三、判断题
　　1. √　2. ×
四、简答题
　　由于内孔车刀的刀体强度较差，在选择切削用量时，应适当减小其数值。总的来说，内孔车刀的切削用量主要根据其截面尺寸、刀具材料、工件材料以及加工性质等因素来选择。刀杆截面尺寸大的切削用量选得大些；硬质合金内孔车刀比高速钢内孔车刀选用的切削用量要大；车塑性材料时的切削速度比车脆性材料时的切削速度要高，而进给量要略小一些。
五、分析题
　　略。

学习活动 3　选择轴套的装夹方法

一、填空题
　　1. 定位装置、夹紧装置、夹具体、其他原件及装置
　　2. 通用夹具、专用夹具、可调夹具

3. 位置、定位基准

4. 过定位

5. 完全

6. 四、两

7. 靠近、两

二、选择题

1. A 2. B 3. D 4. C 5. D 6. A 7. A 8. B 9. D 10. C

三、判断题

1. √   2. ×   3. √   4. √   5. √

四、简答题

1. 机床夹具的用途如下：

① 保证被加工表面的位置精度。由于使用夹具装夹工件可以准确地确定工件与机床、刀具间的相对位置，因而能稳定地获得较高的位置精度。

② 减少辅助时间，提高劳动生产率。

③ 扩大机床的使用范围。利用夹具可使机床完成其本身所不能完成的任务，如以车代镗，在卧式铣床上利用仿形夹具加工成形表面。

④ 实现工件的装夹加工。对一些支架、箱体及拐臂等形状复杂的工件须使用专用夹具才能实现装夹加工。

⑤ 减轻劳动强度，改善工作条件，保证生产安全。

2. 根据零件的加工要求需要限制的自由度，在实际定位时有部分（或全部）自由度未被限制的定位，称为欠定位。欠定位是不被允许的，因为在欠定位的情况下，将不能满足工件加工精度的要求。

根据零件加工要求，限制工件部分自由度的定位，称为不完全定位。不完全定位即限制数少于六个自由度，但是满足工件定位要求，这是工件定位经常出现的情况。

3. 工件的定位形式有以平面定位、以圆柱孔定位和以外圆柱面定位。

工件的定位方式有完全定位、不完全定位、欠定位和过定位。

五、分析题

略。

学习活动 4　选择加工方法，编制数控加工工艺卡

一、填空题

1. 钻孔、扩孔、铰孔、镗孔、车孔

2. 35 mm、50%～70%

3. 精细镗、研磨、珩磨、滚压

4. 5 mm

二、选择题

1. A 2. C 3. A 4. A 5. A

三、判断题

1. √　2. √　3. ×　4. ×　5. √　6. √

四、简答题

1. 钻孔时常采用的工艺措施如下：

① 钻孔前先加工孔的端面，以保证端面与钻头轴心线垂直。

② 先采用 90°顶角、直径大而且长度较短的钻头预钻一个凹坑，以引导钻头钻削，此方法多用于转塔车床和自动车床，防止钻偏。

③ 仔细刃磨钻头，使其切削刃对称。

④ 钻小孔或深孔时应采用较小的进给量。

⑤ 采用工件回转的钻削方式，注意排屑和切削液的合理使用。

2. 零件内孔的精密加工方法有精细镗、研磨、珩磨、滚压。

精细镗孔加工余量较小，高速切削下可切去截面很小的切屑。由于切削力很小，故尺寸精度能达到 IT5 级，表面粗糙度值为 $Ra\ 0.4 \sim 0.2\ \mu m$，孔的几何形状误差为 $3 \sim 5\ \mu m$。

内孔研磨的工艺特点如下：

① 尺寸精度可达 IT6 级以上；表面粗糙度值为 $Ra\ 0.1 \sim 0.01\ \mu m$。

② 孔的位置精度只能由前工序保证。

③ 生产率低，研磨之前孔必须经过磨削、精铰或精镗等工序，对中小尺寸孔，研磨加工余量约为 0.025 mm。

珩磨不但生产率高，并且加工精度也很高，一般尺寸精度可达 IT6～IT5 级，表面粗糙度值为 $Ra\ 0.8 \sim 0.1\ \mu m$，并能修正孔的几何形状偏差。珩磨的应用范围很广，可加工铸铁、淬硬或不淬硬的钢件，但不宜加工易堵塞油石的韧性金属零件。珩磨可以加工孔径为 5～500 mm 的孔，也可加工 $L/D>10$ 的深孔，因此珩磨工艺广泛应用于汽车、拖拉机、煤矿机械、机床和军工等生产部门。

滚压加工效率高，近年来已用滚压工艺来代替珩磨工艺，效果很好。内孔经滚压后，精度在 0.01 mm 以内，表面粗糙度值约为 $Ra\ 0.1\ \mu m$，且表面硬化耐磨，生产效率提高了数倍。

五、分析题

略。

学习任务二　薄壁套的数控加工工艺制订与实施

学习活动　制订薄壁套的数控加工工艺

一、填空题

1. 夹紧力、切削力
2. 背吃刀量、切削速度

二、判断题

1. √　2. √　3. ×　4. √　5. ×

三、工艺制订题

略。

项目三　轮廓类零件的数控加工工艺制订与实施

学习任务一　盖板的数控加工工艺制订与实施

学习活动1　分析盖板的结构工艺性，选择盖板的机床、刀具

一、填空题

1. 整体式、整体焊齿式、镶齿式、可转位式
2. 尖齿、铲齿
3. 粗齿、中齿、细齿
4. 小于、最小
5. 小、大
6. 端
7. 切槽、切断

二、选择题

1. D　2. B　3. B　4. A　5. B　6. B

三、判断题

1. √　2. √　3. ×　4. √

四、简答题

1. 数控铣刀按用途分为圆柱铣刀、面铣刀、立铣刀、模具铣刀、键槽铣刀、成形铣刀、鼓形铣刀、角度铣刀、锯片铣刀。

圆柱铣刀主要用于在卧式铣床加工平面，一般为整体式。面铣刀主要用于在立式铣床加工平面和台阶面等。面铣刀的主切削刃分布在铣刀的圆柱面上或圆锥面上，副切削刃分布在铣刀的端面上。立铣刀是数控加工中应用最多的一种铣刀，主要用于加工凹槽、较小的台阶面以及平面轮廓。立铣刀的圆柱表面和端面上都有切削刃，它们可同时进行切削，也可单独进行切削。模具铣刀的结构特点是球头或端面上布满了切削刃，圆周刃与球头刃圆弧连接，可以做径向和轴向进给。键槽铣刀有两个刀齿，圆柱面和端面都有切削刃，端面刃延至中心，也可以把它看成立铣刀的一种。成形铣刀一般都是为特定的工件或加工内容专门设计制造的，如角度面、凹槽、特性孔或台。鼓形铣刀的切削刃分布在半径为 R 的圆弧面上，端面无切削刃。R 越小，鼓形铣刀所能加工的斜角范围越广，但获得的表面质量也越差。这种铣刀的缺点是刃磨困难，切削条件差，并且不适合加工有底的轮廓表面。角度铣刀主要用于在卧式铣床上加工各种角度槽、斜面等。锯片铣刀主要用于大多数材料的切槽、切断，内外槽铣削，组合铣削，缺口实验的槽加工和齿轮毛坯粗齿加工等。

2. 数控铣削的结构工艺性可从六个方面考虑。

① 零件图样尺寸的正确标注。

② 保证获得要求的加工精度。

③ 尽量统一零件轮廓内圆弧的有关尺寸。

④ 保证基准统一。

⑤ 分析零件的变形情况。

⑥ 毛坯的结构工艺性。

3. 选择铣刀的原则如下：

① 根据不同的工件材料，选择合理的前角数值。

② 用不同的铣刀材料，加工相同材料的工件，铣刀的前角也应不相同。

③ 粗铣时一般取较小前角，精铣时取较大前角。

④ 工艺系统刚度较差和铣床功率较低时，宜采用较大的前角，以减小铣削力和铣削功率，并减少铣削振动。

⑤ 对数控机床、自动机床和自动线用铣刀，应选用较小的前角。

五、分析题

略。

学习活动 2　选择加工方法，编制盖板数控加工工艺卡

一、填空题

1. 万能分度头、简单分度头、直接分度头、投影光学分度头、数显分度头

2. 三爪自定心卡盘、四爪单动卡盘、六爪卡盘

3. 主轴转速、进给速度、铣削宽度、背吃刀量

4. 每齿

5. 加工精度、表面粗糙度

6. 行切法、环切法、先行切再环切

7. 沿工件轮廓曲线的延长线

8. 铣削、数控铣削、线切割

9. 数控线切割

二、选择题

1. D　2. A　3. C　4. D　5. D　6. A　7. B

三、判断题

1. √　2. √　3. √　4. √　5. √　6. ×　7. ×　8. √

四、简答题

1. 装夹方法有三种。

① 用平口钳装夹，适合一定形状和尺寸范围内的工件。

② 用压板、螺栓直接把工件装夹在机床的工作台面上，适合尺寸较大或形状较复杂的工件。

③ 用数控分度头装夹。

2. 平面的加工方法如下：

① 最终工序为刮研的加工方案多用于单件、小批生产中配合表面要求高且不淬硬平面的加工。当批量较大时，可用宽刀细刨代替刮研。宽刀细刨特别适用于加工像导轨面

这样的狭长平面,能显著提高生产率。

② 磨削适用于加工直线度及表面粗糙度要求高的淬硬工件和薄片工件,也适用于未淬硬钢件上面积较大的平面的精加工,但不宜加工塑性较大的有色金属。

③ 车削主要用于回转体零件的端面加工,以保证端面与回转轴线的垂直度要求。

④ 拉削平面适用于加工大批生产中质量要求较高且面积较小的平面。

⑤ 最终工序为研磨的方案适用于加工高精度、表面粗糙度值小的小型零件的精密平面,如量规等精密量具的表面。

五、分析题

略。

学习任务二 凸台槽孔板的数控加工工艺制订与实施

一、填空题

1. 线切割
2. 垂直切深进刀、在工艺孔中进刀、三轴联动斜线进刀
3. 攻螺纹、铣螺纹

二、判断题

1. √ 2. × 3. √

三、简答题

在安排加工顺序时,常遵循以下原则:基面先行、先粗后精、先主后次、先面后孔、就近不就远。

四、工艺制订题

略。

项目四 孔系类零件的数控加工工艺制订与实施

学习任务一 端盖的数控加工工艺制订与实施

一、填空题

1. 立式加工中心、卧式加工中心、复合加工中心
2. 卧式
3. 工作台大小、坐标轴数量、各坐标轴行程

二、选择题

1. A 2. D

三、判断题

1. √ 2. √ 3. √ 4. × 5. √

四、简答题

1. 主要考虑的功能有:① 数控系统功能;② 坐标轴控制功能;③ 工作台自动分度功能。

2. 确定加工路线的原则如下：

① 在保证加工精度的前提下，应尽量缩短加工路线，减少刀具的空行程，提高生产率。

② 镗孔加工时，若位置精度要求较高，加工路线的定位方向应保持一致。

③ 确定加工路线时应尽量简化数学处理时的数值计算工作量，以简化编程工作。

④ 确定加工路线时，还要考虑工件的形状与刚度、加工余量的大小、机床与刀具的刚度等情况。

五、工艺分析题

略。

学习任务二　蜗轮减速器箱体的数控加工工艺制订与实施

一、填空题

1. 整体式、剖分式
2. 灰铸铁、铸钢
3. 主偏角、负偏角
4. 孔径、加工余量
5. 一面两孔、装配基面
6. 平面、孔
7. 六
8. 五
9. 单件、小批、大批

二、选择题

1. B　2. B　3. A　4. A　5. D　6. D　7. B　8. B　9. D

三、判断题

1. √　2. ×　3. √　4. √　5. √　6. √　7. √

四、简答题

1. 箱体主要是由孔和平面组成的，在加工中先加工平面后加工孔是箱体加工中的一般规律。箱体加工中对孔的加工精度要求较为严格，且由于孔分布在箱体的各个平面上，加工难度较大；同时，平面的面积比较大，用来定位稳定可靠，有的主要平面在机器上也起着装配基准的作用，因此先以孔为粗基准加工平面，再以平面为精基准加工孔，使定位基准、设计基准和装配基准重合，避免基准不重合所带来的误差，也避免了加工支承孔时钻头的引偏和扩孔铰孔时刀具的崩刃。

2. 选择粗基准时应考虑三条要求：第一，在保证各加工面都有加工余量的前提下保证各孔加工余量尽量均匀；第二，所选定位基面应使定位夹紧可靠；第三，工作时运动部件不至于同机体非加工面相碰。由于以轴承孔作粗基准，表面粗糙，定位不稳，自动定心夹紧的夹具结构复杂，加之箱体形状复杂，加工面多，为了能面面俱到，在一般批量不大、毛坯精度不太高时，就不可能以某一两个表面作唯一粗基准，而是采用划线法来建立基准（这时，实际的划线也是基本上以轴承孔为基准）。当批量大时，毛坯精度高，则可以以轴承孔作粗基准。

3. 单件、小批生产时,箱体类零件的工艺过程:

铸造毛坯→时效→划线→粗加工主要平面和其他平面→划线→粗加工支承孔→二次时效→精加工主要平面和其他平面→精加工支承孔→划线→钻各小孔、攻螺纹、去毛刺。

(2) 大批生产时,箱体类零件的工艺过程:

铸造毛坯→时效→加工主要平面和工艺定位孔→二次时效→粗加工各平面上的孔→攻螺纹、去毛刺→精加工各平面上的孔。

五、工艺制订题

略。

参 考 文 献

［1］ 郑旭.数控加工工艺制订与实施[M].成都:西南交通大学出版社,2013.
［2］ 蒋兆宏.典型零件的数控加工工艺编制[M].北京:高等教育出版社,2010.
［3］ 侯云霞,梁东明.机械加工工艺制订与实施[M].南京:南京大学出版社,2011.
［4］ 翟瑞波.数控加工工艺[M].北京:北京理工大学出版社,2010.
［5］ 金捷.机械加工工艺编制项目教程[M].北京:机械工业出版社,2013.
［6］ 顾京.数控加工编程及操作[M].北京:高等教育出版社,2003.
［7］ 李正峰.数控加工工艺[M].上海:上海交通大学出版社,2004.
［8］ 覃岭.数控加工工艺基础[M].重庆:重庆大学出版社,2004.
［9］ 罗辑.数控加工工艺及刀具[M].重庆:重庆大学出版社,2006.
［10］ 徐小东.机械制造工艺项目教程[M].北京:电子工业出版社,2012.
［11］ 陈秋霞,赵金凤.数控加工工艺制订与实施[M].北京:中国水利水电出版社,2016.
［12］ 宋宏明,杨丰.数控加工工艺[M].北京:机械工业出版社,2018.